UG NX 中文版模具设计
从入门到精通

胡仁喜 刘昌丽 等编著

机 械 工 业 出 版 社

本书主要介绍了 UG NX 的注射模设计功能和相关的基础知识，其中详细介绍了 UG NX 模具设计基本工具，并通过若干基本实例和综合实例展示了使用 UN NX 进行注射模设计的基本方法和技巧。

本书分为 3 个部分共 15 章。第 1 部分（第 1 章～第 6 章）介绍了模具设计的有关基础知识，其中第 1 章介绍了 UG NX 注射模设计基础，第 2 章介绍了模具设计初始化工具，第 3 章介绍了模具修补和分型工具，第 4 章介绍了模架库和标准件，第 5 章介绍了浇注系统和冷却组件，第 6 章介绍了其他工具；第 2 部分（第 7 章～第 11 章）通过对散热盖模具、充电器座模具、播放器盖模具、上下圆盘模具、发动机活塞模具 5 个典型结构模具设计实例，介绍了模具设计的一般过程；第 3 部分（第 12 章～第 15 章）通过手机中体模具、上盖模具、电池模具和壳体模具 4 个模具设计综合实例，介绍了模具设计的操作步骤。

随书配送的网盘资料中包含了全书所有实例的源文件和效果图演示，以及典型实例操作过程 AVI 文件，可以帮助读者更加形象直观地学习本书。

本书适用于高等院校机械专业和模具专业的学生，以及从事模具、机械加工等行业的设计师、技术人员学习 UG NX 模具设计。

图书在版编目（CIP）数据

UG NX 中文版模具设计从入门到精通 / 胡仁喜等编著. -- 北京：机械工业出版社，2022.11

ISBN 978-7-111-71585-6

Ⅰ．①U… Ⅱ．①胡… Ⅲ．①模具－计算机辅助设计－应用软件 Ⅳ．①TG76-39

中国版本图书馆CIP数据核字(2022)第168429号

机械工业出版社（北京市百万庄大街 22 号　邮政编码 100037）
策划编辑：曲彩云　　　责任编辑　王　珑
责任校对：刘秀华　　　责任印制：任维东
北京中兴印刷有限公司印刷
2022 年 11 月第 1 版第 1 次印刷
184mm×260mm　·26.75 印张　·659 千字
标准书号：ISBN 978-7-111-71585-6
定价：89.00 元

电话服务　　　　　　　　　网络服务
客服电话：010-88361066　　机 工 官 网：www.cmpbook.com
　　　　　010-88379833　　机 工 官 博：weibo.com/cmp1952
　　　　　010-68326294　　金 书 网：www.golden-book.com
封底无防伪标均为盗版　　机工教育服务网：www.cmpedu.com

前　言

UG 是德国西门子公司的核心软件产品。UG 以强大的功能、先进的技术、优质的服务闻名于 CAD/CAM/CAE 领域，经过将近半个世纪的不断完善、开拓与发展，现已将常用的功能都实现了图标化，且人机交互界面更生动、更人性化。作为一款独具特色的优秀 CAD/CAM/CAE 软件，UG 目前广泛应用于航天、航空、汽车和机械等众多专业领域。

本书主要介绍了 UG NX 的注射模设计功能和相关的基础知识，其中详细介绍了 UG NX 模具设计基本工具，并通过若干基本实例和综合实例展示了使用 UG NX 进行注射模设计的基本方法和技巧。

本书分为 3 个部分共 15 章。第 1 部分（第 1 章～第 6 章）介绍了模具设计的有关基础知识，其中第 1 章介绍了 UG NX 注射模设计基础，第 2 章介绍了模具设计初始化工具，第 3 章介绍了模具修补和分型工具，第 4 章介绍了模架库和标准件，第 5 章介绍了浇注系统和冷却组件，第 6 章介绍了其他工具；第 2 部分（第 7 章～第 11 章）通过对散热盖模具、充电器座模具、播放器盖模具、上下圆盘模具、发动机活塞模具 5 个典型结构模具设计实例，介绍了模具设计的一般过程；第 3 部分（第 12 章～第 15 章）通过手机中体模具、上盖模具、电池模具和壳体模具 4 个模具设计综合实例，介绍了模具设计的操作步骤。

随书配送的网盘资料中包含了全书所有实例的源文件和效果图演示，以及典型实例操作过程 AVI 文件，可以帮助读者更加形象直观地学习本书，读者可以登录百度网盘（地址：https://pan.baidu.com/s/1eltw-7yXFxxZn_9Qro2KNg；密码：swsw）下载本书网盘资料。

本书适用于高等院校机械专业和模具专业的学生，以及从事模具、机械加工等行业的设计师、技术人员学习 UG NX 模具设计。

本书由胡仁喜、刘昌丽、康士廷、闫聪聪、杨雪静、卢园、孟培、李亚莉、解江坤、秦志霞、张亭、毛瑢、闫国超、吴秋彦、甘勤涛、李兵、王敏、孙立明、王玮、王培合、王艳池、王义发、王玉秋、张琪、朱玉莲、徐声杰、张俊生、王兵学编写。由于编者水平有限，书中不足之处在所难免，恳请广大读者予以指正，编者将不胜感激。读者也可以致函 714491436@qq.com，或登录 QQ 群（334596627）参加交流讨论。

编　者

目　录

第 1 章

UG NX 注射模设计基础

UG NX 是紧密集成的面向制造业的 CAD/CAM/CAE/CAID 高端软件，现在已被当今许多世界领先的制造商用来从事概念设计、工业设计、详细的机械设计以及工程仿真等工作，如在模具制造行业，尤其是注射模 CAD/CAM/CAE 领域被广泛应用。

要想成为一个合格的注射模工程师，首先必须要了解和掌握有关模具专业的基础理论知识。

学 习 要 点

◎ 塑料注射成型的原理与特点

◎ 注射模设计理论

◎ 模具的一般制造方法

◎ UG NX/Mold Wizard 概述

1.1 基本概念

1.1.1 塑料的成分和种类

塑料是以树脂为主要成分，添加一定数量和一定类型的助剂，在加工过程中能够形成流动的成型材料。塑料的基本性能主要取决于树脂的类别，添加某些添加剂可以有效地改进塑料的性能。

按照凝固过程是否发生化学变化，塑料可分为两类：

1．热塑性塑料。这类塑料主要成分的树脂为线型或支链型大分子链的结构，受热软化熔融，冷却后变硬定型，并可反复多次熔融、冷却而始终具有可塑性，分子结构和性能无显著变化，可回收再次成型。这类塑料成型工艺简单，具有相当高的物理和力学性能，并能反复回炉，所以热塑性塑料在产品品种、质量和产量上的发展都非常迅速，其缺点是耐热性和刚性较差。代表性的塑料有聚乙烯（PE）、聚丙烯（PP）、聚苯乙烯（PS）、聚碳酸甲酯（PC）、聚氯乙烯（PVC）、聚甲醛（POM）、聚酰胺（PA）、聚碳酸酯（PC）和丙烯腈-丁二烯-苯乙烯共聚物（ABS）。

2．热固性塑料。这类塑料加热初期具有一定的可塑性，软化后可制成各种形状的制品。但是随加热时间延长，分子逐渐交联形成网状体形结构，固化而失去塑性，冷却后再加热也不会软化，若再受高热即被分解破坏。这类塑料具有较高的耐热性和受压不易变形的特点，但成型工艺较复杂，不利于连续生产和提高生产率，不能重复利用。主要有酚醛树脂（PF）、环氧树脂（EP）、氨基树脂和醇酸树脂。

按照用途，塑料可以分为四类：

1．通用塑料。这种塑料产量大、用途广、价格低廉。主要品种有聚烯烃、聚氯乙烯、聚苯乙烯、酚醛、氨基塑料。

2．通用工程塑料。这种塑料产量大、力学强度高、可代替金属用作工程结构材料。主要品种有聚酰胺、聚碳酸酯、聚甲醛、ABS、聚苯醚（PPO）、聚对苯二甲酸丁二醇酯（PBTP）及其改性产品。

3．特种工程塑料（高性能工程塑料）。这种塑料产量小、价格昂贵、耐高温，可用作结构材料。主要品种有聚砜（PSU）、聚酰亚胺（PI）、聚苯硫醚（PPS）、聚醚砜（PES）、聚芳酯（PAR）、聚酰胺酰亚胺（PAI）、聚苯酯、聚四氟乙烯（PTFE）、聚醚酮类、离子交换树脂、耐热环氧树脂。

4．功能塑料。这种塑料具有特种功能，如耐辐射、超导电、导磁、感光等。主要品种有氟塑料、有机硅塑料。

1.1.2 常用塑料的特性与用途

1．热塑性塑料的性能与应用。热塑性塑料一般为线型聚合物，可反复受热软化、熔融和冷却硬化，在软化、熔融状态下可进行各种成型加工。由于热塑性塑料在成型加工过程中几乎没有化学反应，因而能反复成型加工。下面介绍几种常用热塑性塑料的特性与用途。

（1）聚乙烯。纯净的聚乙烯（PE）外观为白色蜡状固体粉末，微显角质状，无味无臭无毒。由于制品具有较高的结晶度，因此除薄膜外，其他制品都不透明。

聚乙烯的各项力学性能指标中除冲击强度较高外，其他力学性能绝对值在塑料材料中都是较低的。

聚乙烯本身无极性，决定了它有优异的介电及电绝缘性。它的吸湿性很小，电性能不受环境湿度改变的影响。聚乙烯介电常数小，体积电阻率高，由于是非极性材料，故其介电性能不受电源频率的影响。

聚乙烯具有优良的化学稳定性，室温下能耐酸、碱和盐类的水溶液，如盐酸、氢氟酸、磷酸、甲酸、醋酸、氨、氢氧化钠、氢氧化钾以及各类盐溶液，即使较高浓度对聚乙烯也无显著作用。但浓硫酸和浓硝酸及其他氧化剂会缓慢侵蚀聚乙烯，温度升高后，氧化作用更为显著。

聚乙烯在大气、阳光和氧的作用下会发生老化，表现为伸长率和耐寒性降低，力学性能和电性能下降，并逐渐变脆、产生裂纹，最终丧失其使用性能。

聚乙烯是通用塑料中产量最大、应用最广的塑料品种。聚乙烯专用于高频绝缘，还可制成各种工业用品及日常用品，如生活用品中的水桶、各种大小的盆、碗、灯罩、瓶壳、茶盘、梳子、淘米箩、玩具、文具、娱乐用品等，也可制作自行车、汽车、拖拉机、仪器仪表中的某些零件。

（2）聚丙烯。聚丙烯（PP）在常温下为白色蜡状固体，外观与高密度聚乙烯相似，但比高密度聚乙烯轻和透明，无臭无味无毒，是现有塑料中最轻的一种。

聚丙烯在室温以上有较好的冲击性能，刚度和硬度比聚乙烯高。优良的耐弯曲疲劳性是聚丙烯的一个特殊力学性能，聚丙烯包片直接弯曲成型的铰链或注射成型的铰链能经受几十万次的折叠弯曲而不损坏。聚丙烯摩擦因数小于聚乙烯，自身对磨的摩擦因数为 0.12，对钢的摩擦因数是 0.33。聚丙烯的缺点是韧性不够好，特别是温度较低时脆性明显。

聚丙烯的耐热性稍高于聚乙烯，无载下最高连续使用温度可超过 120℃，轻载下可达 120℃，低载下可达 100℃，较重载荷下可达 90℃。聚丙烯耐沸水、耐蒸汽性良好，在 135℃的高压锅内可蒸煮 1000h 不破坏，特别适合制备医用高压消毒用品。聚丙烯的相对分子质量对耐热性也有影响，相对分子质量提高，热变形温度会下降，但耐寒性改善。

聚丙烯属于非极性聚合物，具有优良的电绝缘性，且电绝缘性不受环境湿度的影响。介电常数和介质损耗因数很小，几乎不受温度和电源频率的影响，因此可在较高温度和电源频率下使用。

聚丙烯具有优良的化学稳定性，除强氧化剂、浓硫酸、浓硝酸、硫酸与铬酸混合酸等对它有侵蚀作用外，其他试剂对聚丙烯无作用。

聚丙烯的注射成型制品表面光洁，具有高的表面硬度和刚性，耐应力开裂，耐热。聚丙烯可用于制造以下制品：医疗器械中的注射器、盒、输液袋、输血工具。一般用途机械零件中轻载结构件，如壳、罩、手柄、手轮，特别适用于制作反复受力的铰链、活页、法兰、接头、阀门、泵叶轮、风扇轮等；汽车零部件，如转向盘、蓄电池壳、空气过滤器壳、

离合器踏板、发动机零件等。

（3）聚氯乙烯。聚氯乙烯树脂（PVC）是白色或淡黄色的坚硬粉末，纯聚合物吸湿性不大于 0.05%，增塑后吸湿性增大，可达到 0.5%，纯聚合物的透气性和透湿率都较低。

聚氯乙烯一般都加有多种助剂。不含增塑剂或含增塑剂不超过 5% 的聚氯乙烯称为硬聚氯乙烯。含增塑剂的聚氯乙烯中，增塑剂的加入量一般都很大以使材料变软，故称为软聚氯乙烯。助剂的品种和用量对塑料材料物理力学性能的影响很大。

由于聚氯乙烯是极性聚合物，故其固体表现出良好的力学性能，但力学性能的数值主要取决于相对分子质量的大小和所添加塑料助剂的种类及数量，尤其是增塑剂的加入，不但能提高聚氯乙烯的流动性，降低塑化温度，而且能使其变软。

聚氯乙烯是无定形聚合物，它的玻璃化转变温度一般为 80℃，80～85℃开始软化，完全流动时的温度约为 140℃，这时的聚合物开始明显分解。在现有的塑料材料中，聚氯乙烯是热稳定性特别差的材料之一,工业上生产的各品级和牌号的聚氯乙烯都加有热稳定剂。聚氯乙烯的最高连续使用温度在 65～80℃之间。

聚氯乙烯具有较好的电性能，是体积电阻和击穿电压较高、介质损耗因数较小的电绝缘材料之一，其电绝缘性可与硬橡胶媲美。随着环境温度的升高，其电绝缘性能降低；随着电源频率的增大，电性能变坏，特别是体积电阻率下降，介质损耗因数增大。聚氯乙烯的电性能还与配方中加入的增塑剂、稳定剂等的品种和数量有关，与树脂的受热情况也有关。当聚氯乙烯发生热分解时，产生的氯离子会使其电绝缘性降低，如果大量的氯离子不能被稳定剂所中和，会使电绝缘性能明显下降。另外，树脂的电性能还与聚合时留在树脂中的残留物的数量有关。一般悬浮法树脂较乳液法树脂的电性能好。

聚氯乙烯的耐化学腐蚀性比较优异，除浓硫酸、浓硝酸对它有损害外，其他大多数无机酸、碱类、无机盐类、过氧化物等对聚氯乙烯无侵蚀作用，因此可以作为防腐材料。

聚氯乙烯可用来生产凉鞋、壳体、管件、阀门、泵等制品。聚氯乙烯注射成型时必须使用螺杆注塑机，使用不同的模具，即可生产不同的制品。

（4）丙烯腈-丁二烯-苯乙烯树脂。丙烯腈-丁二烯-苯乙烯（ABS）树脂呈微黄色，外观是不透明粒状或粉状热塑性树脂，无毒无味，其制品五颜六色，并具有 60% 的高光泽度。ABS 同其他材料的结合性好，表面易于印刷及进行涂层、镀层处理。

ABS 具有优秀的力学性能，其冲击韧性极好，可在低温下使用。即使 ABS 制品被破坏也只能是拉伸破坏而不会是冲击破坏。ABS 的冲击韧性随温度的降低下降缓慢，即使在-40℃的温度时，仍能保持原冲击韧性的 1 / 3 以上。

ABS 的耐磨性优良，尺寸稳定性好，具有耐油性，并且具有较好的综合性能，因而被广泛地用作工程塑料。其耐热性一般，可在-40～85℃的温度范围内使用。

ABS 用途十分广泛，通过注射成型可制得各种机壳、电器零件、机械零件、汽车零件、冰箱内衬、灯具、家具、安全帽、杂品等。

（5）聚四氟乙烯。聚四氟乙烯（PTFE）是氟塑料中综合性能最好、产量最大、应用最广的一种。它属于结晶型线性高聚物。

聚四氟乙烯主要的特性是具有优异的耐热性，它的长期使用温度为-250～260℃。聚四氟乙烯的化学稳定性特别突出，强酸、强碱及各种氧化剂对它都毫无作用，甚至沸腾的王水和原子工业中用的强腐蚀剂五氟化钠对它也不起作用，有塑料王之称。聚四氟乙烯的摩擦因数非常小，且在工作温度范围内摩擦因数几乎保持不变。聚四氟乙烯具有极其优异的介电性能，在 0℃以上其介电性能不随温度和电源频率而变化，也不受潮湿和腐蚀气体的影响，是一种理想的高频绝缘材料。但聚四氟乙烯力学性能不高，刚性差。

聚四氟乙烯成型困难。它是热敏性塑料，极易分解，分解时产生腐蚀性气体，有毒，因而必须严格控制成型温度。它流动性差，熔融温度高，成型温度范围小，需要高温、高压成型。模具要有足够的强度和刚度，而且应镀铬。

由于聚四氟乙烯具有一系列独特的性能，因而在机械、电子、化工和国防等行业有着广泛的应用，如机械设备中的传动轴油封、轴承、活塞杆、活塞环，电子设备中的高频和超高频绝缘装置，化工设备中的衬里、管道、阀门、泵体，洲际导弹点火导线的绝缘等都可用它制造。此外，它还可用作防腐、介电、防潮、防火等涂料以及医疗器械中的结构零件。

（6）聚对苯二甲酸乙二醇酯。聚酯树脂是多元酸与多元醇缩聚反应的产物，它是一大类树脂的总称。聚酯树脂的分子结构可分为不饱和的、体型的和线型的三种。前两类是热固性塑料，后者是热塑性塑料。这里介绍线型的聚酯树脂——聚对苯二甲酸乙二醇酯（PET）。

聚对苯二甲酸乙二醇酯结晶度高，具有较高的拉伸强度、刚性和硬度，优良的耐磨性和电绝缘性能。它吸水性小，耐候性也较好，但耐冲击性能较差，成型收缩较大。聚对苯二甲酸乙二醇酯能在较宽的温度范围内保持良好的力学性能，长期使用温度可达 120℃，能在 150℃下短期使用。它易受强酸、强碱的侵蚀，但对大多数有机溶剂和油类具有良好的化学稳定性。

聚对苯二甲酸乙二醇酯可采用注射成型、吹塑等成型方法制造塑料制品。目前聚对苯二甲酸乙二醇酯除了用于合成纤维之外，制成的塑料主要用于生产薄膜、瓶。聚酯瓶具有质量轻、强度高、透明度高、化学稳定性和气密性好的优点，主要用作各种包装容器。增强改性的 PET 注射成型制品可应用于汽车、电器、机械等行业。

2．热固性塑料的性能及应用。

（1）酚醛树脂。酚醛树脂加入各种添加剂所得的各种塑料统称为酚醛塑料。它是应用广泛的一种塑料，在成型时需要在一定温度、压力等条件下产生交联硬化。硬化后的酚醛树脂呈琥珀色，可耐矿物油、硫酸、盐酸，但不耐强酸、强碱及硝酸。酚醛树脂质脆，表面硬度高，刚性好，尺寸稳定，耐热性好，在 250℃以下长期加热只会稍微焦化，所以即使在高温下使用也不软化变形，仅在表面发生烧焦现象。它在水润滑条件下具有很小的摩擦因数（0.01～0.03）。

酚醛塑料目前以压缩模塑为主，还可采用挤出、层压、注射成型等成型方法生产塑料制品。其成型性较好，但应注意预热和排气，以去除塑料中的水分和挥发物以及固化过程产生的水、氨等副产物，还应注意模具温度的控制，以保证塑料制品的成型及其质量。

（2）氨基塑料。氨基塑料是以具有氨基（$-NH_2$）的有机化合物与甲醛缩聚反应得到的树脂为基础，加入各种添加剂的塑料。氨基树脂因生产所用的原材料不同，目前有脲甲醛树脂（UF）、三聚氰胺-甲醛树脂（MF）和脲三聚氰胺-甲醛树脂。三聚氰胺-甲醛树脂又称蜜胺树脂。其中脲甲醛在氨基树脂中占的比例较大。按照组成塑料的氨基树脂种类，氨基塑料分为两类：

1）脲甲醛塑料。以脲甲醛树脂为基础可以制成脲甲醛压塑粉、层压塑料、泡沫塑料和胶黏剂。脲甲醛压塑粉俗名电玉粉。这种塑料价格便宜，具有优良的电绝缘性和耐电弧性，表面硬度高、耐油、耐磨、耐弱碱和有机溶剂，但不耐酸。它着色性好，制品外观好、颜色鲜艳、半透明如玉，但耐火性差，吸水性大。脲甲醛压塑粉可制造一般的电气绝缘件和机械零件，如插头、插座、开关、旋钮、仪表壳等，可制造日用品，如碗、纽扣、钟壳等，还可作为木材黏合剂，制造胶合板和层压塑料。

2）三聚氰胺-甲醛塑料。它是以三聚氰胺-甲醛树脂为基础制成的塑料。其耐水性好，耐热性比脲甲醛塑料高，采用矿物填料时可在 150～200℃下长期使用；电性能优良，耐电弧性好；表面硬度高于酚醛塑料，不易污染，不易燃烧。但三聚氰胺-甲醛树脂成本高，在氨基塑料中占的比例较小。

三聚氰胺-甲醛压塑粉主要用于压制耐热的电子元件、照明零件及电话机零件等。以石棉纤维为填料的三聚氰胺-甲醛塑料常用于制造开关、防爆电器设备配件和电动工具绝缘件。

氨基塑料常采用压缩模塑、挤出、层压成型，也可用注射成型。由于这类塑料含水分和挥发物较多，易吸水而结块，成型时会产生弱酸性的分解物和水，嵌件周围易产生应力集中，有流动性好、硬化速度较快、尺寸稳定性差等特点，因此成型前必须预热干燥，成型时要注意控制成型温度等工艺参数，以及排气及模具表面的防腐蚀处理（镀铬）。

（3）环氧树脂。环氧树脂（EP）是含有环氧基的高分子化合物。环氧树脂的品种很多，其中产量最大、应用最广的是双酚 A 型环氧树脂。

未硬化的双酚 A 型环氧树脂是糖浆色或青铜色的黏稠液体或固体，能溶解于苯、二甲苯、丙酮、环氧辛烷、乙基苯等有机溶剂，可长期存放而不变质，粘接性能很高，能够粘合金属和非金属，是"万能胶"的主要成分。加入胺类或酸酐类等固化剂，可产生交联而固化。固化后的双酚 A 型环氧树脂化学稳定性好，能耐酸和有机溶剂，介电性能好，耐热性较高（约 204℃），尺寸稳定，力学强度比酚醛树脂和不饱和的聚酯树脂更高，但质脆，耐冲击差。使用时可根据需要加入适当的填料、稀释剂、增韧剂等成为环氧塑料，以克服缺点提高性能。

环氧树脂主要用作胶黏剂、浇注射料、层压塑料、涂料、压制塑料等，广泛用于机械、电气等行业。它可以粘接各种材料，灌封与固定电子、电气元件及线圈，浇注固定模具中的凸模或导柱、导套。经过环氧树脂浸渍的玻璃纤维可以层压或缠绕成型制作各种制品，如电绝缘体、氧气瓶、飞机及火箭上的一些零件，几乎所有的印制电路板都采用的是环氧树脂印制电路板。加入增强剂的环氧树脂塑料可压制成结构零件，还可以作为防腐涂料。

3．设计塑料制品的一般程序。采用恰当的设计程序是实现塑料制品正确设计的重要条件。由于塑料的复杂性及其应用的多样性，不同的塑料制品需要采取不同的设计程序。一般而言，塑料注射成型制品的设计程序如下：

（1）详细了解塑料制品的功能、环境条件和载荷条件。在设计塑料制品之前，应列出塑料制品应具备的功能、使用的环境条件、载荷条件（动、静载荷），了解零部件之间的关系及其对制品功能的影响。

塑料制品功能确定得越准确、详细，制品设计考虑的限制因素就越全面，这样设计出的制品就能更好地满足使用要求。其中尤为重要的是要了解塑料制品应具备的特殊性能，如光学透明性、耐化学性、耐高温性、耐冲击性和耐辐射性等。

（2）选定塑料品种。塑料品种的选择是复杂的，应根据制品的用途、成本要求及塑料性能等来确定。选定的塑料需具有工程设计及制品功能所要求的性能。

1）工程设计要求的塑料性能包括比例极限、模具与温度的关系、疲劳极限、泊松比、断裂应力、膨胀系数、摩擦因数、模具收缩等。

2）制品功能要求的塑料性能包括硬度、冲击强度、抗弯强度、耐化学与耐气候老化性、伸长率、热挠曲程度、屈服和损坏时的拉伸强度、电性能等。

（3）制订初步设计方案，绘制塑料制品草图。初步设计的主要内容为塑料制品的形状、尺寸、壁厚、加强肋、孔的位置等。在初步设计时应考虑制品在注射成型加工、模具的设计和制造方面的问题。

（4）样品制造和试验。试验样品的制造可以按照初步设计的要求设计加工模具，按确定的塑料和成型工艺方法制造样品，也可以用其他简便方法制造样品，然后进行各种模拟试验或实际使用条件的试验。样品制造和试验通常要进行多次。

如果初步设计有几种设计方案，可在初步试验的基础上，通过评价选择最佳设计方案。

（5）制品设计。在大量试验的基础上，综合考虑塑料制品的性能、工艺性和经济性等，选择最佳的制品设计方案进行制品设计，绘制正规制品图样（图样上必须注明塑料制品的牌号）。

（6）编制文件。编制塑料制品设计说明书和技术条件等文件。

1.2 塑料注射成型的原理与特点

注射成型是指将粒状或粉状塑料原料置于能加热的机筒内，使其受热塑化，然后通过螺杆或柱塞施加压力，使熔体经机筒末端的喷嘴注入模具中填满型腔，再经冷却定型后脱模，得到所需形状制品的工艺过程。通常把塑料原料、注塑机和模具称为注射成型三要素，而把成型压力、成型温度和成型周期称为注射成型的三原则。

1.2.1 注射成型的基本原理

热塑性塑料和热固性塑料中的绝大多数可适用于注射成型工艺。现以热塑性塑料为例简述注塑机注射成型工作原理。

将树脂等物料通过料斗送入机筒中，机筒中设有由注射液压缸驱动的柱塞或螺杆，将物料送到机筒的加热区，物料在加热区被加热到软化，在柱塞或螺杆推动下，熔体被注入闭合的模具中，熔体塑料充满型腔后，再给模具注入冷水冷却，使塑料凝固成型，即可开启模具取出制品。注塑机随后复位，进行下一次注射。注塑机注射成型原理如图 1-1 所示。

注塑机操作简便易行，模具更换方便，制品翻新快，可多腔成型，对各种塑料的成型适应性强。注塑机装有时间调节系统，可以控制注射周期的操作程序。注射成型周期长短取决于制品的壁厚、大小、形状、注塑机的类型以及所采用的塑料品种和工艺条件等。

注射成型生产周期短，生产率高，能制造形状复杂、尺寸精确或带嵌件的制品，且制

品能够实现规格化、系列化、标准化，具有良好的装配性和互换性，而且注射成型易于实现自动化，具有可高速化生产、经济效益好等特点，是一种比较先进的成型工艺。

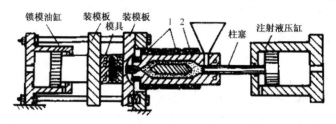

图 1-1   注塑机注射成型的原理图

1—电加热器   2—加热机筒

📖1.2.2   注射成型在塑料加工中的地位

注射成型是目前塑料加工中普遍采用的一种成型方法，几乎所有的热塑性塑料和部分热固性塑料都可以这样成型。注射成型可以在比较高的生产率下生产各种形状的高精度、高质量的塑料产品。用注射成型方法制造的制品主要是各种工业配件，比如仪器仪表的零件和壳体、各种齿轮、螺钉、螺母、轴承、手柄、密封圈、阀件、活门、纱管、开关、接线柱、管道、管接头、容器等。总之，在塑料加工行业中，注射成型占有重要地位。表1-1列出了塑料适宜的各种成型方法。

塑料注射成型可利用塑料三种状态，借助于注塑机和模具制造出所需要的塑料制品。尽管不同的制品所用的注塑机不同，但要完成的工艺内容和基本过程是相同的。下面以卧式螺杆注塑机的加工过程为例予以说明。

1. 合模与锁紧   一般以合模作为注射成型过程的起始点。合模过程中动模板的移动速度需符合慢—快—慢的要求，而且有低压保护阶段。低压保护的作用一方面是保证模具平稳地合模、减小冲击、缩短闭模时间，从而缩短成型周期，另一方面是当动模与定模快要接近时，避免模具内有异物或模内嵌件松动脱落而损坏模具。合模过程的最后为高压低速锁模阶段，该阶段的作用是保证模具有足够的锁紧力，以免在注射、保压时产生溢边等现象。

2. 注射装置前移   当合模机构闭合锁紧后，注射座整体移动液压缸工作，使注射装置前移，以保证喷嘴与模具浇口贴合，为注射阶段做好准备。

3. 注射与保压   完成上述两个工作过程后，注射装置的注射液压缸工作，推动注塑机螺杆前移，使机筒前部的熔料以高压高速注入模腔内。熔料注入模腔后，由于模具的冷热传导，使模腔内物料产生体积收缩。为了保证塑料制品的致密、尺寸精度、强度和刚度，必须使浇注系统对模具施加一定的压力进行补料，直到浇注系统（关键是浇口处）的塑料冻结为止。

4. 制品冷却和预塑化   随着模具的进一步冷却，模具浇注系统内的熔料逐渐冻结，尤其当浇口冻结时，保压已失去了补料作用，此时可卸去保压压力，使制品在模内充分冷却定型。

表 1-1　塑料适宜的各种成型方法

成型方法 / 塑料种类	模压	传递模塑	层合		注射	挤塑	吹塑	压延	板材		浇注	搪塑	回转成型	发泡成型
			高压	低压					热成型	冷成型				
ABS					最	最	可	可	最	可				最
A/S					最	可	可							
CA					最	最	可	可					可	
EP	最	最	可	最	可						最			
EVA	可				最	最	最	可						最
MF	最	最	最											
PA	可				最	最	可							
PC	可				最	最			可				可	
PDAP	最	可		最	可						可			
PE	可				最	最	最		可					最
PF	最	最	最		最						可			可
PMMA	可				最	最	可		最		可		可	
POM					最	最								
PP					最	最	最	可	可				可	
PPO					最	最	可							
PS					最	最	最		最					最
PTFE	最				可	可							可	
PUR	可	可			最	可			最		最			
PVC	可			最	可	最	最	最	最			可	可	最
UF	最	最	最		可						可			可
UP	最	可		最	可						可			

注：　1. 最—最适用的方法，可—可以采用的方法。

2. ABS—丙烯腈-丁二烯-苯乙烯塑料，A/S—丙烯腈-苯乙烯，CA—乙酸纤维素，EP—环氧化物，EVA—乙烯-醋酸乙烯共聚物，MF—三聚氰胺-甲醛树脂，PA—聚酰胺，PC—聚碳酸酯，PDAP—聚邻苯二甲酸二烯丙酯，PE—聚乙烯，PF—苯甲醛树脂，PMMA—聚甲基丙烯酸甲酯，POM—聚甲醛，PP—聚丙烯，PPO—聚苯醚，PS—聚笨乙烯，PTFE—聚四氟乙烯，PUR—聚氨酯，PVC—聚氯乙烯，UF—脲甲醛树脂，UP—不饱和聚酯。

同时，螺杆传动装置带动螺杆传动，料斗内的塑料经螺杆向前输送，在机筒加热系统的外加热和螺杆的剪切、混炼作用下，塑料依次熔融塑化，并由螺杆输送到机筒端部，产生一定的压力。这个压力是根据加工塑料来调节注塑机液压系统的背压阀和克服螺杆后退的运动阻力建立的，统称为预塑背压，其目的是保证塑化质量。由于螺杆不停地转动，熔料也不断地向机筒端部输送，螺杆端部产生的压力迫使螺杆连续向后移动。当后移到一定距离，机筒端部的熔料足够下次注射量时，停止预塑。由于制品冷却和预塑同时进行，一般要求预塑时间不超过制品冷却时间，以免影响成型周期。

5．注射装置后退　注射装置是否后退根据所加工塑料工艺而定。有的在预塑化后退回，有的在预塑化前退回，有的注射装置根本不退回（如热流道模具）。注射装置退回的目的是避免喷嘴与冷模长时间接触使喷嘴内料温过低影响下次注射和制品质量。有时为了便于清料，也使注射装置退回。

6．开模和顶出制品　模具内的制品冷却定型后，合模机构就开启模具。在注塑机的顶出系统和模具的顶出机构联合作用下，将制品自动顶落，为下次成型过程做好准备。

注塑机的工作过程如图1-2所示。

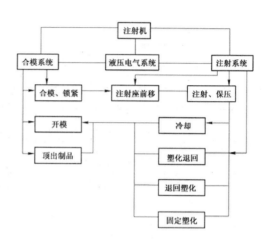

图1-2　注射机工作过程

<h1>1.3　注射模设计理论</h1>

1.3.1　注射模的基本结构

注射模有使用寿命长，可成型复杂形状的塑料制品等优点。注射模的结构是由注塑机的形式和制品的复杂程度等因素决定的。尽管注射模有各种结构形式，但均可分为动模和定模两大部分。注射时动模与定模闭合构成型腔和浇注系统，开模时动模与定模分离，取出制品。定模安装在注塑机的固定模板上，直接与喷嘴口或浇口套接触，一般为型腔组成部分。动模则安装在注塑机的移动模板上，并随模板移动，与定模部分分开或合拢，一般抽芯和顶出机构安装在这个部分。图1-3所示为典型的单分型面注射模，它通常由以下几部分组成：

1．模具型腔。型腔是模具中直接成型塑料制品的部分，通常由凸模（成型制品内部形状）、凹模（成型制品外部形状）、型芯或成型杆、镶块等组成。模具的型腔由动模和定模联合构成，如图1-3所示模具的型腔由13、14组成。为保证塑料制品表面光洁美观和容易脱模，凡与塑料接触的型腔表面，其表面粗糙度一般应较小，最好小于 $Ra0.2\mu m$。

2．浇注系统。是指塑料熔体从注塑机喷嘴进入模具型腔的流道部分，由主流道、分流道、浇口、冷料穴所组成，如图1-4所示。

（1）主流道是模具中连接喷嘴至分流道或型腔的一段信道。主流道顶部呈凹球面，以便与喷嘴衔接。进口直径稍大于喷嘴直径，一般为4～8mm，以避免溢料，并沿进料方向逐渐增大，放大角度一般为3°～5°，以便于流道赘物的脱模。

（2）分流道是多模腔中连接主流道和各浇口的信道。为使熔料以等速度充满各型腔，分流道在模具上应呈对称、等距的排列分布。分流道截面的形状和尺寸对熔体的流动、制品脱模和模具制造的难易都有影响。常见的分流道是梯形或半圆形截面,并开设在带有脱膜杆的一半模具上。在满足注射成型工艺和加工制造要求的前提下,应尽量减小流道的截面面积和长度,以减少分流道赘物。

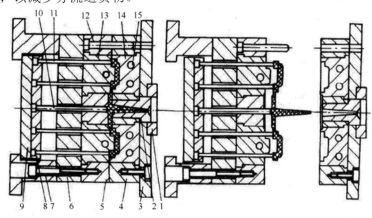

图 1-3　单分型面注射模

1—定位圈　2—浇口套　3—定模底板　4—定模板　5—动模板　6—动模垫板　7—模脚　8—顶出板
9—顶出底板　10—拉料杆　11—顶杆　12—导向柱　13—凸模　14—凹模　15—冷却水信道

（3）浇口是接通分流道（或主流道）与型腔的信道。常见的浇口有:直浇口、侧浇口、盘形浇口、环形浇口、轮辐浇口、扇形浇口、点浇口、潜伏浇口、护耳浇口等。浇口的作用是控制料流,使从流道注入的熔料充满模腔后不倒流,便于制品与流道分离,因此浇口截面面积宜小不宜大,宜短不易长。浇口位置一般选定在制品最厚且不影响外观的地方。

（4）冷料穴是设在主流道末端的一个空穴,用以捕集喷嘴端部两次注射之间所产生的冷料,从而防止分流道或浇口的堵塞,并避免因冷料进

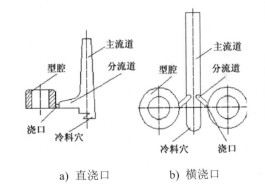

图 1-4　浇注系统示意图

入型腔而形成制品的内应力。冷料穴的直径一般为 8～10mm,深 6mm。为了便于脱出主流道赘物,冷料穴底部常用具有曲折钩形或下陷沟槽头的脱模杆承托。

3. 导向部分。模具的定模和动模部分分别安装在注塑机的固定模板和移动模板上,在注射成型过程中,处于往复闭合和开启状态。为确保动模和定模合模时准确对中而设置的导向零件,通常有导向柱（如图 1-3 中的 12）、导向孔,或在动模、定模上分别设置互相吻合的内外锥面。有的注射模的顶出装置为避免在顶出过程中顶出板歪斜,也设有导向零件,以使顶出板保持水平运动。

4. 分型抽芯机构。带有外侧凹或侧孔的制品在被顶出以前,必须先侧向分型,拔出侧向凸模或抽出侧型芯,然后才能顺利脱出。

5. 顶出装置。又称脱模装置。制品在模具内冷却定型后，为了取出制品，模具上一般设置顶出装置。有的在开模过程中将制品从模具中顶出，有的在开模后顶出制品。这与所用的注塑机和模具上设置的顶出装置类型有关。图 1-3 所示的顶出装置由顶杆 11 和顶出板 8、顶出底板 9 及拉料杆 10 组成。

6. 冷却加热系统。为了满足模具温度对的注射成型工艺要求，模具设有冷却或加热系统。冷却系统一般是在模具内开设冷却水道；加热系统则在模具内部或周围安装加热组件，如电热棒、电热板、电热圈等。

7. 排气系统。为了在注射过程中将型腔内的空气排出，常在分型面处开设排气槽。但是小型制品由于排气量不大，可直接利用分型面排气，许多模具的顶杆或型芯与模具的配合间隙均可起排气作用，故不必另外开设排气槽。

8. 模具安装部件。模具安装部件有两个作用，一是可靠地把模具安装在注塑机的模板上；二是利用安装部件调节模具厚度，使模具厚度符合所用注塑机的要求。

📖 1.3.2 注射模设计依据

注射模设计的主要依据，就是客户所提供的塑料制品图样和实样。模具设计人员必须对制品图样和实样进行详细的分析，同时在设计模具时逐一核对以下项目：

1. 尺寸精度和相关尺寸的正确性。根据塑料制品在整个产品中的具体要求和功能，来确定其外观质量和具体尺寸属于哪一类型。一般有三种情况：一是外观质量要求高、尺寸精度要求低的塑料制品，如玩具的外形件，其外观必须美观，具体尺寸除装配尺寸外，其余尺寸只要视觉较好、形状逼真即可；二是功能性塑料制品，尺寸要求严格、尺寸公差必须在允许的范围内，否则会影响制品的性能，如塑料齿轮。三是外观与尺寸都有严格要求的塑料制品，如照相机用塑料件、塑料光学透镜等。对于要求严格的尺寸，如果某些尺寸公差已经超出标准要求，就要进行具体分析，看能否在试模过程中进行调整以达到要求。

2. 脱模斜度是否合理。脱模斜度直接关系到塑料制品在注射成型过程中是否能够顺利成型取出。因此要求制品具有足够的脱模斜度。

3. 制品壁厚及其均匀性。制品壁厚应该适当而且均匀，否则会直接影响制品的成型质量和成型后的尺寸。

4. 塑料种类。不同的塑料有共性，也有其各自的特性，在设计模具时必须考虑塑料特性对模具的影响和要求，以便采取相应的设计方案，因此必须充分地了解塑料名称、牌号、生产厂家及收缩等情况。例如，在成型含有玻璃纤维增强的塑料时，模具型腔和型芯要有较高的硬度和耐磨性；而在成型阻燃性塑料时，其型腔和型芯必须具有防腐蚀的性能，以防止在注射成型过程中挥发的腐蚀性气体腐蚀模具。另外，不同生产厂家的塑料色彩和收缩也不尽相同。

5. 表面要求。塑料制品的表面要求是指塑料制品的表面粗糙度及表面皮纹要求。模具成型表面的粗糙度对于成型透明制品和非透明制品有所不同。成型透明制品要求型腔和型芯的表面粗糙度相同；成型非透明制品时，型腔、型芯的表面粗糙度可以有所不同。成型装饰面的模具部位应具有较高的表面粗糙度要求；而对于非装饰面，在不影响脱模的情况下，其模具表面可以粗糙一些。

塑料制品的表面粗糙度要求应按照制品表面的质量要求来确定，可根据《塑料模具型腔表面粗糙度样块和塑料样板技术要求及评定方法》（HB 6841—1993）来选定。

塑料制品表面皮纹要求应按专业厂家提供的塑料皮纹样板选择。在设计具有表面皮纹要求的模具时，要特别注意侧面皮纹对制品脱模的影响，其侧面的脱模斜度应为2°～3°。

6. 塑料制品的颜色。在一般情况下，颜色对模具设计没有直接影响，但在制品壁厚较厚、制品较大的情况下易产生颜色不匀，而且制品颜色越深，其制品缺陷暴露得也越明显。

7. 塑料制品成型后是否有后处理。某些塑料制品在成型后需进行热处理或表面处理。需进行热处理的制品在计算成型尺寸时，要考虑热处理对其尺寸的影响。需进行表面处理的制品，如需表面电镀的制品，若制品较小而批量又很大时，则必须考虑设置辅助流道，将制品连成一体，待电镀工序完成后再将制品与辅助流道分开。

8. 制品的批量　制品的生产批量是设计模具的重要依据之一，因此客户对月批量、年批量、总批量必须提供一个范围，以便在设计模具时使模具的腔数、大小、材料及寿命等方面能与批量相适应。

9. 注塑机规格　在接收客户订货时，客户必须对所用注塑机的规格提出明确要求，以作为模具设计时的依据。在所提供的注塑机规格中应包括以下内容：

（1）注塑机型号及生产厂家。

（2）注塑机最大注射容积（最大注射量）。

（3）注塑机锁模力。

（4）注塑机喷嘴球面半径及喷嘴孔径。

（5）注塑机定位孔直径。

（6）注塑机拉杆内间距。

（7）注塑机容模量（允许的模具最大、最小闭合高度）。

（8）注塑机的顶出方式（液压顶出或机械顶出以及顶出点位置、顶杆直径）。

（9）注塑机开模行程及最大开距。

（10）必要时还要提供注塑机顶出行程及顶力。

10. 其他要求　客户在提出订货时，除了提供必要的设计依据之外，有的客户还会对模具提出一些具体要求，如腔数及同一模中成型制品的种类、浇口形式、模具形式（二板模或三板模）、顶出方式及顶出位置、操作方式（手动、半自动、全自动）、型腔型芯的表面粗糙度等，甚至对型腔型芯所用钢材的牌号及热处理硬度提出具体要求。

以上这些内容，模具设计人员必须认真地考虑和核对，以便满足客户的要求。

1.3.3　注射模的一般设计程序

模具设计人员必须按客户所提供的依据和要求认真进行模具设计。模具设计，就是将客户要求逐一具体化，并以图样或技术文件的形式表示出来。其设计过程基本按以下程序进行。

1. 对塑料制品图样及实样进行分析和消化。在进行模具设计之前，首先对产品图或实

样进行详细的分析和消化，其内容包括以下几个方面：

（1）制品的几何形状。

（2）制品的尺寸、公差及设计基准。

（3）制品的技术要求（即技术条件）。

（4）制品所用塑料名称、牌号。

（5）制品的表面要求。

2. 确定注塑机的型号。注塑机的型号主要根据塑料制品的大小及生产批量来确定。设计人员在选择注塑机时，主要考虑其塑化率、注射量、锁模力、安装模具的有效面积（注塑机拉杆内间距）、容模量、顶出形式及顶出长度等。倘若客户已提供所用注塑机的型号或规格，设计人员必须对其参数进行校核，若满足不了要求，则必须与客户商量更换。

3. 确定型腔的数量及型腔排列。型腔数量主要依据以下因素进行确定：

（1）制品重量与注塑机的注射量。

（2）制品的投影面积与注塑机的锁模力。

（3）模具外形尺寸与注塑机安装模具的有效面积（或注塑机拉杆内间距）。

（4）制品精度。

（5）制品颜色。

（6）制品有无侧抽芯及其处理方法。

（7）制品的生产批量（月批量或年批量）。

（8）经济效益。

以上这些因素有时是互相制约的，因此在确定设计方案时必须进行协调，以保证满足其主要条件。

型腔数量确定之后，便可进行型腔的排列，亦即型腔位置的布置。型腔的排列涉及模具尺寸、浇注系统的设计、浇注系统的平衡、抽芯（滑块）机构的设计、镶件及型芯的设计以及热交换系统的设计。以上这些问题又与分型面及浇口位置的选择有关，所以在具体设计过程中要进行必要的调整，力求完美。

4. 确定分型面。分型面在很多的模具设计中要由模具设计人员来确定。一般来讲，在平面上的分型面比较容易处理，若是立体形式的分型面就应当特别注意。分型面的选择应遵照以下原则：

（1）不影响制品的外观，尤其是对外观有明确要求的制品，更应注意分型面对外观的影响。

（2）有利于保证制品的精度。

（3）有利于模具加工，特别是型腔的加工。

（4）有利于浇注系统、排气系统、冷却系统的设计。

（5）有利于制品的脱模，应确保在开模时使制品留于动模一侧。

（6）便于金属嵌件的安装。

5. 确定侧向分型与抽芯机构。在设计侧向分型机构时应确保其安全可靠，尽量避免与顶出机构发生干扰，否则在模具上应设置先复位机构。

6. 设计浇注系统。包括主流道的选择、分流道截面形状及尺寸的确定、浇口位置的选择、浇口形式及浇口截面尺寸的确定。

当采用点浇口时，为了确保分流道的脱落，还应注意脱浇口装置的设计。

在设计浇注系统时，首先需选择浇口的位置。浇口位置选择的适当与否，将直接关系到制品的成型质量及注射过程能否顺利进行。浇口位置的选择应遵循以下原则：

（1）浇口位置应尽量选择在分型面上，以便于模具加工及使用时清理浇口。

（2）浇口位置与型腔各个部位的距离应尽量一致，并使其流程为最短。

（3）浇口的位置应保证熔料流入型腔时对着型腔中的宽畅、厚壁部位，以便于熔料的流入。

（4）避免熔料在流入型腔时直冲型腔壁、型芯或嵌件，并能尽快流入到型腔各部位，以避免型芯或嵌件变形。

（5）尽量避免使制品产生熔接痕，或使熔接痕产生在制品不重要部位。

（6）浇口位置及流入方向应使熔料在流入型腔时，能沿着平行型腔方向均匀地流入，并有利于型腔内气体的排出。

（7）浇口应设置在制品上最易清除的部位，同时尽可能不影响制品的外观。

7. 设计排气系统。排气系统对确保制品成型质量起着至关重要的作用。其排气方式有以下几种：

（1）利用排气槽。排气槽一般设在型腔最后被充满的部位。排气槽的深度因塑料不同而异，基本上是以制品不产生飞边所允许的最大间隙来确定。

（2）利用型芯、镶件、推杆等的配合间隙或专用排气塞排气。

（3）有时为了防止制品在顶出时造成真空变形，必须设计进气销。

（4）有时为了防止制品与模具的真空吸附，而设计防真空吸附组件。

8. 设计冷却系统。冷却系统的设计是一项比较繁琐的工作，既要考虑冷却效果及冷却的均匀性，又要考虑冷却系统对模具整体结构的影响。冷却系统的设计包括以下内容：

（1）冷却系统的排列方式及冷却系统的具体形式。

（2）冷却系统的具体位置及尺寸的确定。

（3）重点部位如动模型芯或镶件的冷却。

（4）侧滑块及侧型芯的冷却。

（5）冷却组件的设计及冷却标准组件的选用。

（6）密封结构的设计。

9. 设计顶出系统。制品的顶出形式归纳起来可分为机械顶出、液压顶出、气动顶出三大类。在机械顶出中有推杆顶出、推管顶出、推板顶出、推块顶出及复合顶出。

制品顶出是注射成型过程中最后的一个环节，顶出效果的好坏将最后决定制品的质量，在设计顶出系统时应遵守下列原则：

（1）为使制品不致因顶出产生变形，推力点应尽量靠近型芯或难以脱模的部位，如制品上细长的中空圆柱多采用推管顶出。推力点的布置应尽量均匀。

（2）推力点应作用在制品承受力最大的部位，即刚性好的部位，如肋部、突缘、壳体形制品的壁缘等处。

（3）尽量避免推力点作用在制品的薄平面上，以防止制品破裂、穿孔等，如壳体制品

及筒形制品多采用推板顶出。

（4）为避免顶出痕迹影响制品外观，顶出装置应设在制品的隐蔽面或非装饰表面。对于透明制品，尤其要注意顶出位置及顶出形式的选择。

（5）为使制品在顶出时受力均匀，同时避免因真空吸附而使制品产生变形，往往采用复合顶出或特殊形式的顶出系统，如推杆、推板或推杆、推管复合顶出，或者采用进气式推杆、推块等顶出装置，必要时还应设置进气阀。

10．设计导向装置。注射模上的导向装置在采用标准模架时便已经确定了，一般情况下，设计人员只要按模架规格选用就可以了。但根据制品要求须设置精密导向装置时，则必须由设计人员根据模具结构进行具体设计。

一般导向分为动模和定模之间的导向、推板及推杆固定板的导向、推件板与动模板之间的导向、定模座板与推流道板之间的导向。

一般导向装置由于受加工精度的限制或使用一段时间之后配合精度降低，会直接影响制品的精度，因此对精度要求较高的制品必须另行设计精密导向定位装置。

可选用已经标准化的精密定位组件，如锥形定位销、定位块等，但有些精密导向定位装置需根据模具的具体结构进行专门设计。

11．确定模架和选用标准件。

以上工作全部确定后，便可以设计模架了。在设计模架时，应尽可能地选用标准模架，并确定标准模架的形式、规格及标准代号。

标准件包括通用标准件及模具专用标准件两大类。通用标准件即紧固件等。模具专用标准件即定位圈、浇口套、推杆、推管、导柱、导套、模具专用弹簧、冷却及加热组件、二次分型机构及精密定位用标准组件等。设计模具时应尽可能地选用标准件，因为标准件有很大一部分已经商品化，可以在市场上随时买到，这对缩短制造周期、降低制造成本是极其有利的。

模架尺寸确定之后，对模具有关零件要进行必要的强度或刚性计算，以校核所选模架是否合适，尤其对大型模具，这一点尤为重要。

12．选用模具钢材。模具成型零件（型腔、型芯）材料的选用主要根据制品的批量、塑料类别来确定。对高光泽或透明的制品，主要选用 40Cr13 等类型的马氏体耐蚀不锈钢或时效硬化钢。对含有玻璃纤维增强的塑料制品，应选用 Cr12MoV 等类型的具有高耐磨性的淬火钢。当制品的材料为 PVC、POM 或含有阻燃剂时，必须选用耐蚀不锈钢。当制品为一般塑料时，通常用预硬调质钢，若制品批量较大，则应选用淬火回火钢。

13．绘制装配图。在模架及其他装置确定之后，便可以绘制装配图了。在绘制装配图过程中，应对已选定的浇注系统、冷却系统、抽芯机构、顶出系统等做进一步的完善，使其在结构上达到完美的设计效果。

当采用标准模架时，其装配图的绘制可参照 HB／Z17—1992《塑料压缩模选用及绘图指南》中有关装配图的绘制方法进行。

14．绘制模具主要零件图。在绘制型腔或型芯图时，必须注意所给定的成型尺寸、公差及脱模斜度是否相互协调，其设计基准是否与制品的设计基准相互协调，同时还要考虑型腔、型芯在加工时的工艺性和使用时的力学性能及可靠性。

当采用标准模架时，标准模架中结构件的大部分可以不绘制结构件图。当必须绘制图样时，可参照 HB ／Z17—1992《塑料压缩模选用及绘图指南》中有关零件图的绘制方法进行。

15．审核设计图样。模具图在设计完成后，设计人员应将设计图、有关原始资料及计算草稿一同交审核人员进行审核。

审核人员应针对客户所提供的有关设计依据及客户所提要求，对模具的总体结构、工作原理、操作的可行性等进行系统的审核。

16．设计图样的会签　模具设计图样完成之后，必须报客户认可，只有在客户同意后，才可以备料制作模具。当客户有较大意见且需做重大修改时，在重新设计后必须再交客户认可，直至客户满意为止。

综合以上的模具设计程序，其中有些内容可以合并考虑，有些内容则要反复考虑，因为其中有些因素常常相互矛盾，必须在设计过程中通过不断论证、互相协调才能完善处理，特别是涉及模具结构方面的内容，一定要认真对待，往往要做几个方案同时考虑，对每一种结构尽可能列出其各方面的优缺点，再逐一分析，进行优化。因为结构上的设计不当会直接影响模具的制造和使用，甚至造成整套模具报废，所以模具设计是保证模具质量的关键，其设计过程就是一项系统工程。

1.4　模具的一般制造方法

1.4.1　模具的机械加工设备简介

用来加工模具结构零件的机械大致可分为6类。

1．普通切削加工用机床。

（1）车床。车床是机床中最具代表性的机械，也是所有机械制造工厂不可缺少的设备。车床有卧式车床、高速车床、精密车床、立式车床、转塔车床、台式车床等。在模具加工中，除特殊情况外，一般都使用卧式车床。

车床的大小以床身上最大工件回转直径、刀架上最大工件回转直径、两顶尖间最大距离来表示。床身上最大工件回转直径及刀架上最大工件回转直径是指不与床身和刀架接触、主轴能够支承的工件最大直径。

在模具零件加工中，广泛使用车床进行圆形凸模、凹模镶套、导柱、导套等圆柱形物体的切削加工，以及车锥形、镗孔、平端面、车螺纹、滚花等。

（2）钻床。钻床和车床一样，也是常见的机床设备。常用的钻床有台钻、立式钻床、摇臂钻床等。在模具加工中，广泛使用钻床来钻孔、铰孔、扩孔及加工孔端倒角。

钻床的大小用主轴锥孔号码、从立柱表面到主轴中心的最大距离和主轴至工作台面的最大距离表示。台钻的主轴上装有钻夹头，能安装直径较小的直柄钻头。立式钻床用于加工较大的工件，它可以使用直径较大的锥柄钻头。

摇臂钻床的摇臂能沿立柱上下升降及绕立柱回转，在摇臂上有水平导轨和主轴头。加

工时，工件固定在工作台上不动，主轴头按各个孔的位置移动钻削。

（3）镗床。镗床除了能将已加工过的孔通过镗削扩大到所必需的尺寸之外，也可进行钻孔、铰孔、倒角。镗床广泛应用于有精度要求的大型模具导向孔和四角导向面的加工，还能用来加工圆筒形制品拉伸模的凹模腔。

镗床分为卧式镗床和立式镗床两种。镗床的规格用主轴直径、主轴中心至工作台面的最大高度、最大镗削长度来表示。

（4）铣床。铣床使用的刀具种类很多，能够进行铣平面、铣槽、切断、铣端面、铣齿、铣螺旋槽、铣凸轮、铣不规则曲面等各种加工。铣刀的齿数多，切削速度快，生产效率高，所以常用铣床代替刨床的工作。

通常使用的铣床按床身结构可分为升降台式和固定台式。升降台式的工作台可以上下、左右以及前后移动，通用性较大。固定台式的工作台不能上下移动，主要是作为大量生产同一制品的生产性机床。

在塑料模具加工中常使用升降台式的铣床。升降台式铣床根据主轴（铣刀轴）的方向，分为以下几类：

1）卧式铣床。这类铣床的主轴水平放置，在升降台上有纵向工作台和床鞍，升降台可上下移动，床鞍可前后移动，纵向工作台能左右移动。卧式铣床能用于作模具的平面加工、沟槽加工、凸模及电火花加工用电极的成形加工等。

2）万能铣床。这类铣床在卧式铣床的工作台和床鞍之间装有回转盘，使工作台可以旋转一定的角度，应用范围扩大，万能铣床能够切削螺旋槽，但在模具加工中不能充分发挥其效能。

3）立式铣床。这类铣床的主轴垂直于工作台，床身较高，主轴头通常固定，但也有能上下移动和转动的。立式铣床可以进行平面铣削、侧面加工、铣槽、成形铣削、钻孔、镗孔等工作，在模具制造中应用广泛。

（5）牛头刨床、龙门刨床、龙门铣床。

1）牛头刨床。牛头刨床的滑枕在床身导轨上可往复运动，刨刀固定在滑枕的前端，床身导轨前面的升降台能上下移动，安装工件的工作台能左右送进。这种机床的结构简单，操作方便，但加工速度和精度比铣床要差，主要用于小型模板的平面加工和倒角等。

2）龙门刨床。龙门刨床在切削时工件做往复运动，刀具进行送进。从结构上看，这种机床有由两个支柱和带移动刀架的横梁构成的龙门式以及以一个立柱支承横梁的单柱式，后者的加工对象是特别宽的工件。龙门刨床主要用于大而重的模具零件的平面加工。

3）龙门铣床。龙门铣床的结构和龙门刨床相似，工作台在床身底座上，可以缓慢速度送进，不同之处是在刀具方面，以多刃的铣刀取代了龙门刨床的刨刀。在性能方面，相当于一台大型床身的铣床，可用于大型模具的平面切削、钻孔、立铣加工等。

2. 精密切削加工用机床。坐标镗床是用于加工高精度孔为目的的机械设备，它能准确地加工出由直角坐标确定位置的孔，加工精度以 mm 为单位，是加工精密模具不可缺少的机床设备。在加工连续模的凸模固定板、卸料板、凹模座等零件时可直接加工，不必划线。设备要安装在恒温室中。使用坐标镗床进行的各种加工如图 1-5 所示。

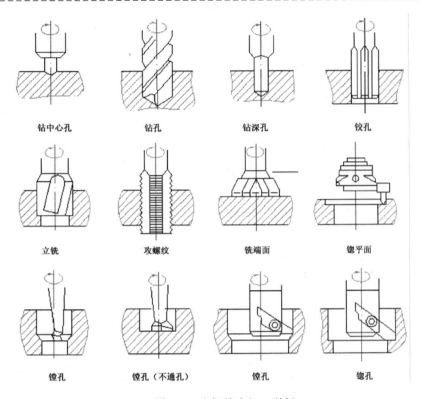

钻中心孔　　　钻孔　　　钻深孔　　　铰孔

立铣　　　攻螺纹　　　铣端面　　　锪平面

镗孔　　　镗孔（不通孔）　　　镗孔　　　锪孔

图 1-5　坐标镗床加工举例

3．成形切削加工用机床。

（1）靠模机。靠模机相当于立式带锯床，通常在工件平面加工好之后，用宽度狭小的锯片，沿着划线形状进行直线或曲线切割加工，直至切出模具零件的轮廓形状。

在送进材料时，除了小型轻质的材料用手动送进之外，还有使用随动阀的液压送进装置和用光电仿形方式的自动送进装置。前者由液压牵引机构带动移送材料的引链，操作人员不必用力推送材料，只要控制方向即可。后者是在材料的涂黑表面上画出白色轮廓线，通过直流电动机控制工作台，使黑白分界线部位始终对准太阳电池的中心，位于分界线旁边的锯片刀齿进行自动仿形切断。

（2）仿形铣床。仿形铣床有工具头和仿形头两个轴。仿形加工时仿形头前端的触针（仿形指）在模型上滑动，工具头前端的刀具随着触针做同步运动。由于模型和模具的形状尺寸为 1∶1 对应关系，所以制作的模型必须准确。

只有轮廓需要仿形加工的仿形方式叫二维仿形，底面有起伏的立体仿形叫三维仿形。二维仿形用的触针最好是圆柱状，三维仿形用的触针前端呈球状，所用的刀具为圆头雕刻铣刀或雕模刀。

仿形的动作有液压式和电气液压式等操作方式。仿形加工和数控加工相比，在加工精度和自动化程度方面不如数控加工，但其在给定模型的情况下可称为最合理的加工方法。

（3）雕刻机与刻模机。雕刻机与刻模机的加工性能完全相同，刻模机与仿形铣床也相似。在刻模、雕刻加工中，触针沿着模型移动，可以雕刻出按模型缩小的工件。用于缩小

的机构有两种，一种是把触针和刀具固定在一根缩尺上，用于非常浅的雕刻；另一种是把触针和刀具固定在缩放仪上。平面雕刻机用于作线形雕刻，即加工凹凸文字、标记等。立体雕刻机既能在雕刻立体凹凸形状，也兼有平面雕刻机的功能。

（4）数控铣床。数控铣床不受模型多变的影响，适宜在重复生产和批量生产中应用。最近由于计算机自动编程得到了迅速发展，大大地缩短了制作纸带的时间，使数控铣床的应用更加广泛。

用数控铣床加工时，操作人员首先分析加工图样，建立切削计划（夹具、刀具、加工顺序、加工条件），然后编写工艺规程，再根据这些工艺规程在计算机中编写加工程序，信息处理装置（数控装置）即可根据该程序驱动设备。

（5）多任务序自动数控机床。这种机床多任务序自动数控机床有各种各样的形式，如在单台数控立式铣床上附加自动交换工具装置（ATC），在数控卧式镗床上除 ATC 装置外再附加转位工作台、托板变换器以及托板箱等。对于模具类工件，在大部分能一次加工完毕的情况下，用立式多任务序自动数控机床非常方便。

ATC 是将加工所必需的各种刀具预先安置在机床的刀具库内，加工过程中再根据计算机的指令自动进行刀具的出入库及交换工作。因而在模座加工中，当必须依次使用钻头、丝锥、立铣刀、铰刀、镗刀、端面铣刀等时，其效果最好。

ATC 不需要从机械到机械之间的阶段变换，因此可以减少或取消机械变换中所必需的夹具或安装工具。由于多任务序自动数控机床的工具定位精度极高，而且重复精度也很高，所以以前采用坐标镗床加工的导柱孔也可以用多任务序自动数控机床加工。

4．普通磨削加工用机床　外圆磨床和万能磨床的外形很相似，但外圆磨床主要是用于圆柱体、圆锥体及凸肩部位的磨削。

万能磨床和外圆磨床相比较，其主轴台和砂轮座能各自回转，除了能加工角度大的锥体之外还附有磨内孔的装置。外圆磨床的工作内容单一，适用于强力磨削、批量生产。万能磨床的工作内容则比较丰富，常用来加工圆形凸模、导正销、导柱、导套等。

内圆磨床的砂轮轴是悬臂结构，加工的孔越深、砂轮轴越长，则工作条件越差，因此在设计模具时必须要考虑这一点。

平面磨床的砂轮轴有水平和垂直两种形式，工作台有往复运动形式和旋转运动形式。水平工作台往复式磨床的磨削速度慢，加工面美观，磨削精度高，在通常的平面磨削中被广泛使用，装上各种夹具和砂轮修正器后还能用于模具的成形磨削加工。但由于它的砂轮轴是悬臂结构，刚性不足，故不宜用于重力磨削。

水平轴、圆工作台旋转式磨床适用于圆形、环形工件的平面磨削，但旋转工作台的外周和砂轮的外周都离工作台的旋转中心不远，所以工件的旋转速度慢，因此在加工时要加快工作台的转速，维持一定速度。立轴、工作台往复式及旋转式平面磨床的加工面比较粗糙，适用于重力磨削，是高效率生产用机种。

5．精密磨削加工用机床　坐标磨床是以消除材料的热处理变形为目的而发展起来的机床，由于它能磨削孔距精度很高的孔以及各种轮廓形状，所以在模具制造中得到广泛应用。磨孔时，工件静止不动，砂轮做行星式的自转和公转，能磨削直径 1～100mm 的孔，最适宜磨削高精度要求的凸模、凹模轮廓形状，也能磨削长方形槽孔、锥孔和底面。

6．成形磨削加工用机床。

（1）成形磨床。成形磨床也是模具加工用的精加工机床。因为是成形磨削（横向切入），所以对砂轮轴和支柱有刚性要求。另外，为了获得最合理的砂轮成形加工速度和磨削条件，要求砂轮轴可以变速，工作台的送进速度能在较大范围内变动。包括通用的平面磨床在内，成形磨床有许多种。

1）通用（成形）平面磨床是在普通的平面磨床上安装各种砂轮成形装置、夹具、投影仪等来进行模具的成形磨削的。这种方法操作复杂并需要熟练的技术。

2）缩放仪式砂轮成形磨床安装有一套仿形装置。砂轮成形时，将触针沿放大的靠模板做仿形移动，同时金刚石工具根据仿形动作将砂轮修整成和靠模板相似的形状。

3）光学曲线磨床可在屏幕上显示工件的放大图，工件和砂轮的外形也放大投影到屏幕上，磨削时将工件的投影与放大图做直接对比，直到工件符合放大图所示的形状为止。所以，这种机床只要放大图画得准确，砂轮的磨损影响小，就能获得较好的精度，特别适用于金刚石砂轮进行高硬度材料的仿形磨削。

（2）数控成形磨床。数控成形磨床是用数控穿孔带自动进行高精度成形磨削的机床。数控成形磨床在利用程序加工件数多、形状复杂、要求精度均匀等情况下使用效果较好。

📖 1.4.2　电火花加工方法

电火花加工是利用电火花的热能，对工件多余的金属进行饰除的非接触加工。图1-6所示为电火花加工装置原理图。电极与工件之间保持几微米到几十微米的间隙，中间充满绝缘的工作液（通常为煤油），加工时在电极和工件间不断地发生火花放电，即可以高密度的能量去除工件上的金属。

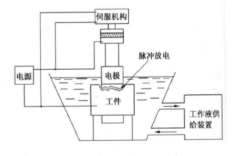

图1-6　电火花加工装置原理图

1．电火花加工技术的主要特点。

（1）能以柔克刚，所用的工具电极不需比工件材料硬，便于加工其他方法难以加工或无法加工的特殊材料，如各种淬火钢、硬质合金、耐热合金等，不必像切削加工那样由于刀具不够硬而无法切削。

（2）加工时工具电极与工件不接触，两者之间的宏观作用力极小，所以便于加工小孔、深孔和窄缝，不致因工具或工件的刚度太低而无法加工。对于各种型孔、立体曲面、复杂形状的工件，均可采用成形电极一次加工，不必担心同时加工面积过大而引起切削力过大等问题。

2．电火花加工技术的主要用途。

（1）加工各种金属及其合金材料、特殊的热敏感材料、半导体和非半导体材料。

（2）加工各种成形表面，如各种模具型腔、模孔、成形刀具、样板、螺纹等。

（3）各种工件与材料的切断。包括材料的切断、特殊结构零件的切断、切割微细窄缝及微细窄缝组成的零件（如金属栅网、激光器件等）。

（4）工件的磨削。包括磨削小孔、深孔、内圆、外圆、平面等和成形磨削。

（5）表面强化。

（6）刻写、打印铭牌和标志等。

📖 1.4.3　电火花线切割加工方法

电火花线切割也是直接利用电能对金属进行加工的，但其加工方式与电火花加工不同，它能弥补电火花加工在加工精密、复杂和细小模具零件时的不足，比电火花机床操作更方便，效率更高，广泛应用于各种模具的加工中。

电火花线切割加工和电火花穿孔加工的原理相似，即利用电火花放电使金属熔化并去除掉，从而实现各种形状的金属零件加工。不同之处在于线切割是用连续移动的金属丝（称为电极丝）代替电火花穿孔加工的电极，加工时线电极与高频脉冲电源的负极相接，工件与电源的正极相接，利用线电极与工件之间产生的火花放电来腐蚀工件，如图 1-7 所示。同时，使工件移动，这样便能将一定形状的工件切割出来。与电火花穿孔加工相比，电火花线切割加工具有如下特点：

图 1-7　电火花线切割原理图

1．不需要制造电极。电火花穿孔加工要花较多的时间制造电极，而线切割加工是用金属丝（钼丝等）作为电极，故不必另制电极。

2．不必考虑电极丝的损耗。电火花加工中电极损耗是不可避免的，而在线切割加工中电极丝是以一定的速度移动，始终是用未经电蚀加工的部分进行加工，故可不考虑电极丝的损耗。

3．能加工出精密细小、形状复杂的零件。电火花线切割用的电极丝非常细（直径为 0.04～0.2mm），对于形状复杂的微细模具、零件或电极（如 0.05～0.07mm 的窄缝、小圆角半径的锐角、R≤0.03mm 等），不必采用镶拼结构即能直接加工出来，而且具有较高的精度。

电火花线切割机床有三种：靠模仿形机床、光电跟踪机床、数控机床。其中数控线切割机床应用最广。大多数电火花线切割机床是小型通用的，可加工尺寸范围是 150 mm×100 mm×60mm（长×宽×厚），在表面粗糙度 Ra 为 1.6～0.8μm 的情况下，加工精度可达± 0.01mm，生产率为 20～30mm^2/min。

1.5　UG NX/Mold Wizard 概述

UG NX Mold Wizard（模具向导）是一款功能强大的注射模设计软件。

📖 1.5.1　UG NX Mold Wizard 简介

Mold Wizard 是按照注射模设计的一般顺序模拟设计整个过程的，它只需根据一个产品的三维实体造型，就能建立一套与产品造型参数相关的三维实体模具。Mold Wizard 运用 UG 中知识嵌入的基本理念，根据注射模设计的一般原理来模拟注射模设计的全过程，提供了功能全面的计算机模具辅助设计方案，极大地方便了用户进行模具设计。

Mold Wizard 在 UG V 18.0 以前是一个独立的软件模块，先后推出了 1.0、2.0 和 3.0 版，到了 UG 8.0 以后，正式集成到 UG 软件中作为一个专用的应用模块，并随着 UG 软件的升级而不断得到更新。

Mold Wizard 模块支持典型的塑料模具设计的全过程，即从读取产品模型开始，到如何确定和构造脱模方向、收缩、分型面、模芯、型腔，再到设计滑块、顶块、模架及其标准零部件，最后到模腔布置、浇注系统、冷却系统、模具零部件清单（BOM）的确定等。同时还可运用 UG WAVE 技术编辑模具的装配结构，建立几何连接，进行零件间的相关设计。

在 Mold Wizard 中，模具相关概念的知识（如型芯和型腔、模架库和标准件）是用 UG WAVE 和 Unigraphics 主模型的强大技术组合在一起的。模具设计参数预设置功能允许用户按照自己的标准设置系统变量，如颜色、层、路径等。UG NX 具备以下优点：

1）过程自动化。

2）易于使用。

3）完全的相关性。

注意

虽然在 UG NX 中集成了注射模设计向导模块，但不能进行模架和标准件设计，所以读者仍需要安装 UG NX Mold Wizard，并且要安装到 UG NX 目录下才能生效。

1.5.2 UG NX Mold Wizard 菜单选项功能简介

为方便后面的学习，这里将会把 UG NX Mold Wizard 模块中所有的菜单选项功能做一个简单的介绍，各主要命令将会在后面的章节中详细介绍。

安装 UG NX1847 Mold Wizard 到 UG NX2007 目录下后，启动 UG NX，打开如图 1-8 所示的界面。单击屏幕左侧的"角色"选项，在弹出的选项板中选择"角色高级"选项，如图 1-9 所示。

单击"主页"选项卡中的"新建"按钮，打开"新建"对话框，选择"模型"，在名称中输入新文件名，单击"确定"按钮，进入 UG 建模环境。

1．"注射模向导"选项卡

单击"应用模块"选项卡"注射模和冲模"面板中的"注射模"按钮，系统进入注射模设计环境，并打开的图 1-10 所示的"注射模向导"选项卡。

下面简单介绍各菜单选项的功能。

（1）初始化项目：此命令用来导入模具零件，是模具设计的第一步，导入零件后系统将生成用于存放布局、分模图素、型芯和型腔等信息的一系列文件。

（2）"主要"面板。

1）多腔模设计 ：在一个模具里可以生成多个塑料制品的型芯、型腔，此命令适用于一模多腔。

2）模具坐标系 ：Mold Wizard 的自动处理功能是根据坐标系的指向进行的。例如，一般规定 ZC 轴的正向为产品的开模方向，电极进给沿 ZC 轴方向，滑块移动沿 YC 轴方向等。

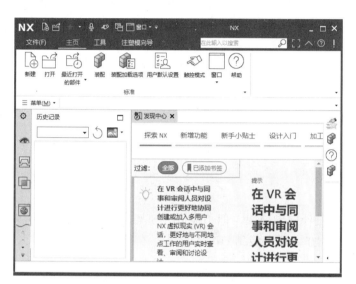

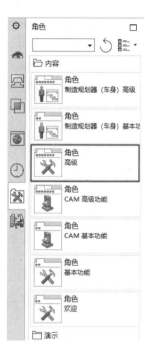

图 1-8 UG NX 界面

图 1-9 "角色"选项板

图 1-10 "注射模向导"选项卡

3）收缩 ：收缩是一个补偿当冷却时产生收缩的比例因子（由于产品在充模时，由相对温度较高的液态塑料快速冷却，凝固生成固体塑料制品，因此会产生一定的收缩）。一般情况下，必须把产品的收缩尺寸补偿到模具相应的尺寸里面，模的尺寸为实际尺寸加上收缩尺寸。

4）工件 ：是用来生成模具型芯、型腔的实体，并且与模架相连接。工件的形状及尺寸可使用此命令定义。

5）型腔布局![icon]：用于指定零件成品在模具中的位置。在进行注射模设计时，如果同一产品进行多腔排布，只需要调入一次产品，然后运用该命令即可。

6）模架库![icon]：模库架是型芯和型腔装夹、顶出和分离的机构，是塑料注射成型工业中不可缺少的工具。在 Mold Wizard 中，模架库都是标准的。标准模架库由结构、形式和尺寸都标准化、系统化并具有一定互换性的零件成套组合而成。

7）标准件库![icon]：在 Mold Wizard 中，标准件库包括螺钉、定位圈、浇口套、推杆、推管、回程管以及导向机构等。镶块、电极和冷却系统等都有标准件库可以选择。

8）顶杆后处理![icon]：顶杆后处理也是一种标准件，用于在分型时把成品顶出模腔。利用该命令可完成顶杆后处理长度的延伸和头部的修剪。

9）滑块和斜顶杆库![icon]：零件上如果有沿侧向（相对于模具的顶出方向）凸出或凹进的部位，一般正常的开模动作将不能顺利地分离这样的零件，这就需要在这些部位建立滑块，使滑块在分型之前先沿侧向离开，便可以顺利开模分离零件。

10）子镶块库![icon]：一般是在考虑加工问题或者是模具的强度问题时添加的。模具上如果有一些特征形状简单而比较细长或者处于难加工位置，会为模具的制造增加很大的难度和成本，这时就需要使用镶块。镶块的创建可以使用标准件，也可以添加实体创建，或者从型芯或型腔上分割获得实体再创建。

11）设计填充![icon]：用于创建不同的流道和浇口，浇口是液态塑料从流道进入模腔的入口，浇口的选择和设计关系到塑料的流动速度、方向以及塑件的成型，同时浇口的数目和位置也直接影响到塑件的质量和后续加工，因此要想获得好的塑件质量，必须要认真考虑浇口的设计。

12）流道![icon]：浇道末端到浇口的流通通道。流道的形式和尺寸往往与塑料成型特性、塑件大小和形状以及用户要求有关。

13）排气槽![icon]：用于在模上创建路径和排气通道，以排出内模腔内空气。

14）腔![icon]：用于在型芯、型腔上需要安装标准件的区域建立空腔并留出空隙，使用此功能时，所有与之相交的零件部分都会自动切除标准件部分，并且保持尺寸及形状上与标准件的相关性。

15）物料清单![icon]：也称作明细表，是基于模具装配状态产生的与装配信息相关的模具零部件列表。材料清单上显示的项目可以由用户选择定制。

16）视图管理器![icon]：用于对视图进行管理。

（3）"注射模工具"面板：用于修补零件中各种孔、槽以及修剪补块的工具。使用该工具能做出一个分型面，并且此分型面可以被 UG 所识别。此外，该工具可以简化分选过程，以及改变型芯型腔的结构。

（4）"分型"面板：分型是创建模具的关键步骤之一，目的是把模具分割成为型芯和型腔的一个过程。分型的过程包括了创建分型线、分型面，以及生成型腔、型芯的过程。

（5）"冷却"面板：用于控制模具温度。模具温度可明显地影响收缩、表面光泽、内应力以及注射成型周期等。模具温度控制是提高产品质量和生产率的一个有效途径。

（6）"模具图纸"面板：用于创建模具工程图。与一般零件或装配体的工程图类似。

2. "电极设计"选项卡

单击"应用模块"选项卡"注射模和冲模"面板"工具箱"中的"电极设计"按钮，系统进入电极设计环境，并弹出如图 1-11 所示的"电极设计"选项卡。

"电极设计"选项卡中部分菜单选项的功能如下：

（1）初始化电极项目：创建新的电极设计项目。该命令将自动生成一个电极装配结构，并载入产品数据，在项目目录文件夹下将生成一些装配文件，在打开文件时，只需要打开顶层装配文件（顶层装配文件一般为*_top_*）。

（2）设计毛坯：将标准毛坯组件添加到电极头，并将选定的电极头的本体链接到毛坯组件。

图 1-11 "电极设计"选项卡

（3）电极装夹：将标准托盘或夹持器组件添加到电极设计项目。

（4）复制电极：将电极组件复制到具有相同边界的其他 EDM 区域。

（5）删除提/组件：删除点火体、毛坯、夹持器或托盘。

（6）检查电极：检查电极和工件的接触状态，创建点火区片体和干涉体，并将颜色从工件映射到电极。

（7）电极物料清单：创建电极设计项目的物料清单。

（8）电极图纸：使电极装配图纸的创建和管理自动化。

（9）EDM 输出：导出 EDM 的电极属性。

1.5.3 Mold Wizard 参数设置

UG NX Mold Wizard4.0 以前的版本中也有进行参数设置的文件 Mold_defaults.def，该文件存放在 Mold Wizard 安装目录下。

在 UG NX1847 Mold Wizard 中，这个文件就被取消了，被集中到"用户默认设置"面板中。

选择"菜单"→"文件"→"实用工具"→"用户默认设置"命令，系统打开如图 1-12 所示的"用户默认设置"对话框。

用户可以自行设置其中的选项。

"图 1-12 "用户默认设置"对话框

第 **2** 章

模具设计初始化工具

本章介绍了利用 Mold Wizard 进行模具型腔设计的初始化工具。模具设计的初始化过程包括创建模具设计项目，进行基本的参数设置，创建成型工件和进行多腔模的布局。应当指出的是，模具设计的主要工作即后续章节所介绍的"型腔设计"，包括简易型腔设计和复杂型腔设计。读者可以通过后面章节给出的模具型腔设计实例，进一步掌握本章介绍的工具。

学 习 要 点

- 项目初始化和模具坐标系
- 收缩率
- 工件
- 型腔布局

2.1　项目初始化和模具坐标系

在进行产品模具设计时，必须要先将产品导入模块中，项目初始化的目的就是要装载产品。在 Mold Wizard 模块中，系统默认的开模方向是 ZC 方向，通过模具坐标系可以调整新载入产品零件的方向并使其和模具坐标一致。

通过学习本节内容并结合后面练习的操作，读者能够了解和掌握产品装载到模具中的方法，并能运用模具坐标系来设定模具的顶出方向。

2.1.1　项目初始化

初始化项目的目的就是要把产品零件装载到模具模块中。单击"注塑模向导"选项卡"主要"组中的"初始化项目"按钮，系统弹出如图 2-1 所示的"部件名"对话框。

图 2-1　"部件名"对话框

选择需要载入的产品零件后，系统如弹出图 2-2 所示的"初始化项目"对话框。

1. 项目设置。

（1）路径：单击"浏览"按钮，打开"打开"对话框，在其中可以设定产品分型过程中生成文件的存放路径。也可以直接在"路径"下面的文本框中输入文件的存放路径。

（2）名称：系统默认项目名称的字符长度不能大于 11。

（3）材料：用于对要进行分型的产品定义材料，单击后面的按钮，打开下拉列表，在其中可以选择材料名称。

（4）收缩：用于定义产品的收缩比例。若定义了产品用的材料，则在后面的文本框中会自动显示相应的收缩率参数。例如，ABS 材料的收缩率是 1.0060。也可以自定义所选材料的收缩率。

2. 设置

（1）项目单位：用于设定模具单位制，同时也可改变调入产品的尺寸单位制。该选项组包括毫米和英寸两个单位制，可以根据需要进行选择。

（2）编辑材料数据库：单击该按钮，系统将如弹出图 2-3 所示的编辑材料数据库（前提是所用计算机必须安装 Excel 软件）。利用该数据库，可以更改和添加材料名称和收缩率。

图 2-2　"初始化项目"对话框　　　　　图 2-3　编辑材料数据库

完成设置后，单击"初始化项目"对话框中的"确定"按钮，系统将自动载入产品数据，同时自动载入的还有一些装配文件，并都自动保存在项目路径下。单击屏幕左侧"装配导航器"图标，可以看到如图 2-4 所示的装配结构。

初始化项目的过程实际上是复制了两个装配结构，一个项目装配结构是 top，在其下面有 cool、fill、misc、layout 等装配元件；另一个产品结构装配结构是 prod，在其下面有原型文件、cavity、core、shrink、parting、trim 和 molding 等元件，如图 2-5 所示。

3. 项目装配结构

（1）Top：该文件是项目的总文件，包含与控制该项目所有装配部件和定义模具设计所必需的相关数据。

（2）Cool：定义模具中冷却系统的文件。

（3）Fill：定义模具中浇注系统的文件。

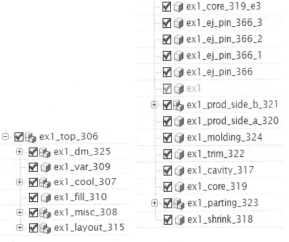

图 2-4　装配导航器　　　　　　　图 2-5　多重装配结构

（4）Misc：定义通用标准件（如定位圈和定位环）的文件。

（5）Layout：安排产品布局，确定包含型芯和型腔的产品子装配相对于模架的位置。Layout 可以包含多个 prod 子集，即一个项目可以包含几个产品模型，用在多腔模具设计中。

4．产品结构装配结构

（1）Prod：一个独立的包含产品相关文件和数据的文件，下面包含 shrink、parting、cavity、core 等子装配文件。多型腔模具就是用阵列 prod 文件产生的，也可以通过"复制"和"黏贴"命令来实现多腔模具的制作。

（2）Shrink：包含产品收缩模型的连接体文件。

（3）Parting：包含产品分型片体、修补片体和提取的型芯、型腔侧的面，这些片体用于把隐藏着的成型镶件分割成型腔和型芯件。

（4）Core：包含型芯镶件的文件。

（5）Cavity：包含型腔镶件的文件。

（6）Trim：包含了用于修剪标准件的几何物体。

（7）Molding：模具模型。

📖 2.1.2　模具坐标系

单击"注塑模向导"选项卡"主要"面板上"模具坐标系"按钮，系统弹出图 2-6 所示的"模具坐标系"对话框。

1．当前 WCS：设置模具坐标系与当前坐标系相匹配。

2．产品实体中心：设置模具坐标系位于产品实体中心。

图 2-6　"模具坐标系"对话框

3．选定面的中心：设置模具坐标系位于所选面的中心。

在 MoldWizard 中，模具坐标系的原点必须落到模具分型面的中心，XC-YC 平面必须是模具装配的分型面，并且 ZC 轴的正向为模具的开模方向。为了能使产品实体坐标与 UG 系统模具坐标系一致，在初始化项目后，需要通过双击坐标系来调整产品体的 WCS 坐标位置，然后再单击"模具坐标系"按钮 来锁定产品实体的模具坐标。

事实上，一个模具项目中可能要包含几个产品，这时模具坐标系操作就是把当前激活的子装配体平移到适当的位置。任何时候都可以选择"模具坐标系"按钮 来编辑模具坐标。

2.1.3　仪表盖模具设计——模具初始化

01 装载产品并初始化。

❶单击"注塑模向导"选项卡中的"初始化项目"按钮 ，弹出"部件名"对话框，如图 2-7 所示，在"部件名"对话框中选择 yuanshiwenjian\2-6\ex2-6.prt，产品模型如图 2-8 所示。

图 2-7　"部件名"对话框

❷在弹出的如图 2-9 所示的"初始化项目"对话框中设置 "名称"为"ex2-6"，"材料"为"NYLON"，"项目单位"为毫米。

❸单击"确定"按钮，完成初始化操作，产品初始化的结果如图 2-10 所示。这里可以看到 WCS 的原点基本位于产品模型中心的位置。

02 定位模具坐标系。

❶单击"注塑模向导"选项卡"主要"面板上的"模具坐标系"按钮 ，弹出"模具坐标系"对话框。选择"产品实体中心"和"锁定 Z 位置"，如图 2-11 所示。

❷单击"确定"按钮，完成模具坐标系的创建，结果如图 2-12 所示。

图 2-8　产品模型

图 2-9　"初始化项目"对话框

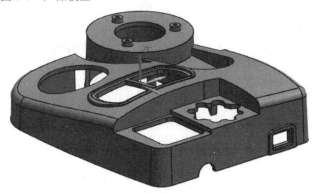

图 2-10　产品初始化的结果

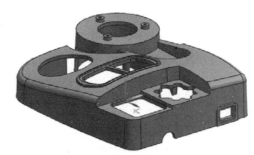

图 2-11 "模具坐标系"对话框　　　　图 2-12 完成模具坐标系

2.2 收缩率

收缩就是在高温和高压注射下，注入模腔的塑料所成型出来的制品比模腔尺寸小的量。所以在设计模具时，必须要考虑制品的收缩量并把它补偿到模具的相应尺寸中，这样才可能得到符合实际产品尺寸要求的制品。收缩受材料、制品尺寸、模具设计、成型条件、注射剂类型等多种情况的影响，要准确预测一种塑料的收缩是不可能的。一般采用收缩率来表示塑料收缩性的大小。收缩率以 1/1000 为单位，或以百分率（%）来表示。

单击"注塑模向导"选项卡"主要"面板上的"收缩"按钮，弹出如图 2-13 所示的"缩放体"对话框。该对话框中有收缩类型、缩放点、比例因子等选项，利用该对话框可以完成对制品收缩率的设置。

1．收缩类型。

（1）均匀：整个产品体沿各个轴向均匀收缩。

（2）轴对称：整个产品体沿指定轴向均匀收缩，需要设定沿轴向和其他方向两个比例因子。一般用于圆柱形产品。

（3）常规：需要指定 X、Y、Z 三个轴向的比例系数。

2．选择体：选择需要设置收缩率的实体。当项目中只有一个产品体可以选择时，选项不可选，为灰色。当项目中同时存在几个不同的产品体时，该选项变得可用。

3．指定点：选择产品体进行收缩设置的中心点。系统默认的中心点是 WCS 原点，沿各个轴向收缩率一致。当选择的收缩类型是"均匀"和"轴对称"时，该选项可用；当选择"常规"收缩类型时，该选项不可用。

4．指定矢量：选择产品体进行缩放设置的矢量。当选择的收缩类型是"轴对称"时，该选项可用，如图 2-14 所示。当选择该选项时，系统会在屏幕上方提示选择一个对象来判断矢量，同时在对话框中出现"指定矢量"选项，单击选项后面的，系统弹出如图 2-15 所示的下拉菜单，在其中可以选择一个对象来定义参照轴（系统默认的是 Z 轴）。

5．指定坐标系：选择产品体进行缩放设置的参考坐标系。当选择的收缩类型是"不均匀"时，该选项可用，如图 2-16 所示。当选择该选项时，系统会在屏幕上方提示选择 RCS 或使用默认值，同时在对话框中出现"指定对话框"选项，单击该选项，系统弹出"坐标系"对话框，如图 2-17 所示，在其中可以选择参考点或参照轴。

图 2-13　"缩放体"对话框　　　图 2-14　选择"轴对称"收缩类型　图 2-15　"指定矢量"下拉菜单

图 2-16　选择"不均匀"收缩类型设置　　　　　图 2-17　"坐标系"对话框

6．比例因子。该选项用于设定沿各个方向缩放的比例系数。系统定义产品零件尺寸为基值 1，比例因子为基值 1 加上收缩率之和。

2.3 工件

工件是用来生成模具的型芯和型腔的实体，所以工件的尺寸就是在零件外形尺寸的基础上各方向都增加一部分尺寸。工件可以选择标准件，也可以自定义工件。工件的类型可以是长方体，也可以是圆柱体并且可以根据产品体的不同形状，做出不同类型的工件。

📖2.3.1 成型工件设计

1. 型腔的结构设计 型腔零件是用来成型塑料件外表面的主要零件，按结构不同可分为整体式和组合式两种。

（1）整体式型腔结构如图 2-18 所示。整体式型腔由整块金属加工而成，其特点是牢固，不易变形，不会使制品产生拼接线痕迹。但是由于整体式型腔加工困难，热处理不方便，所以常用于形状简单的中、小型模具上。

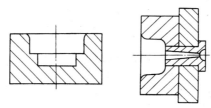

图 2-18 整体式型腔

（2）组合式型腔由两个以上的零部件组合而成。按组合方式不同，组合式型腔结构可分为整体嵌入式、局部镶嵌式、侧壁镶嵌式和四壁拼合式等形式。

采用组合式凹模，可简化复杂凹模的加工工艺，减少热处理变形，拼合处有间隙，利于排气，便于模具的维修，节省贵重的模具钢。但为了保证组合后型腔尺寸的精度和装配的牢固，减少制品上的镶拼痕迹，要求镶块的尺寸、几何公差等级较高，组合结构必须牢固，镶块的机械加工工艺性要好。因此，选择合理的镶拼结构是非常重要的。

1）整体嵌入式型腔的结构如图 2-19 所示。它主要用于成型小型制品，而且是多型腔的模具，制作时各个型腔采用机加工、冷挤压和电加工等方法加工制成，然后压入模板中。这种结构加工效率高，拆装方便，可以保证各个型腔的形状尺寸一致。

图 2-19 a～c 所示为通孔台肩式，即型腔带有台肩，装配时从下面嵌入模板，再用垫板与螺钉紧固。如果型腔嵌件是回转体，而型腔是非回转体，则需要用销钉或键回转定位。图 2-19b 所示为销钉定位，结构简单，装拆方便；图 2-19c 所示为键定位，接触面积大，止转可靠；图 2-19d 所示为通孔无台肩式，型腔嵌入模板内，用螺钉与垫板固定；图 2-19e 所示为盲孔式，型腔嵌入固定板，直接用螺钉固定，在固定板下部设计有装拆型腔用的工艺通孔，这种结构可以省去垫板。

2）局部嵌入式型腔的结构如图 2-20 所示。为加工方便，或由于型腔的某一部分容易损坏，需经常更换，应采用这种局部镶嵌的办法。图 2-20a 所示异形型腔，制作时先钻周围的小孔，再加工大孔，如何在小孔内嵌入芯棒，组成型腔；图 2-20b 所示为型腔内有局部凸起，制作时可将此凸起部分单独加工,再把加工好的镶块利用圆形槽(也可用T形槽、燕尾槽等)镶在圆形型腔内;图2-20c所示为利用局部镶嵌的办法制作的圆环形凹模;图2-20d所示为在型腔底部的局部镶嵌;图2-20e所示为利用局部镶嵌制作的长条形型腔。

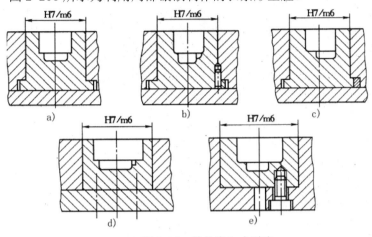

图2-19　整体嵌入式型腔

3)底部镶拼式型腔的结构如图2-21所示。为了机械加工、研磨、抛光及热处理方便,形状复杂的型腔底部可以设计成镶拼式结构。选用这种结构时应注意平磨结合面,抛光时应仔细,以保证结合处锐棱(不能带圆角)影响脱模。此外,底板还应有足够的厚度,以免变形而进入塑料。

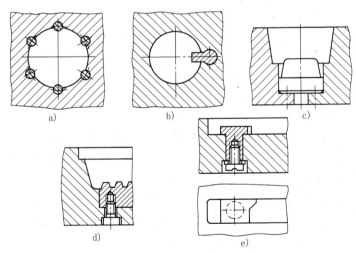

图2-20　局部嵌入式型腔

2．型芯的结构设计　成型制品内表面的零件称型芯,主要有主型芯、小型芯等。对于简单的容器,如壳、罩、盖之类的制品,成型制品主要部分内表面的零件称主型芯,而将成型其他小孔的型芯称为小型芯或成型杆。

(1)主型芯按结构可分为整体式和组合式两种。

整体式主型芯如图2-22a所示,其结构牢固,但不便加工,消耗的模具钢多,主要用于工艺实验或小型模具上的简单型芯。

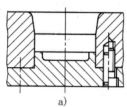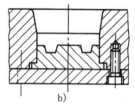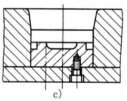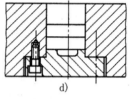

图 2-21　底部镶拼式型腔

组合式主型芯如图 2-22b～e 所示。为了便于加工，形状复杂的型芯往往采用镶拼组合式结构，这种结构是将型芯单独加工后再镶入模板中。图 2-22 b 所示为通孔台肩式，型芯用台肩和模板连接，再用垫板、螺钉紧固，整体连接牢固，是最常用的结构。对于固定部分是圆柱面，而型芯又有方向性的情况，可采用销钉或键定位；图 2-22c 所示为通孔无台肩式结构，图 2-22d 所示为盲孔式结构，图 2-22e 所示的结构适用于制品内形复杂、机加工困难的型芯。

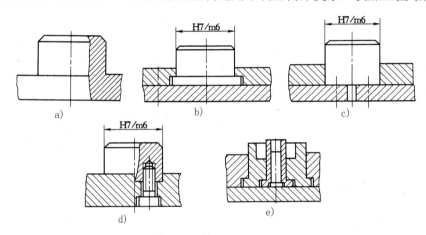

图 2-22　整体式主型芯

镶拼组合式型芯的优缺点和组合式型腔的优缺点基本相同。设计和制造这类型芯时，必须注意结构合理，应保证型芯和镶块的强度，防止热处理变形且应避免尖角与壁厚突变。

当小型芯距主型芯太近（见图 2-23a），热处理时薄壁部位易开裂，故应采用图 2-23b 所示的结构，将大的型芯制成整体式，再镶入小型芯。

在设计型芯结构时，应注意塑料的飞边不应该影响脱模取件。如图 2-24a 所示结构的溢料飞边的方向与脱模方向相垂直，影响制品的取出；而采用图 2-24b 所示的结构，其溢料飞边的方向与脱模方向一致，便于脱模。

（2）小型芯是用来成型制品上的小孔或槽。小型芯需要单独制造后再嵌入模板中。

圆形小型芯的几种固定形式如图 2-25 所示。其中，图 2-25a 所示的结构使用台肩固定的形式，下面有垫板压紧；图 2-25b 所示的结构中的固定板较厚，可在固定板上减小配合长度，同时将细小的型芯制成台阶的形式；图 2-25c 所示的型芯细小而固定板较厚的形式，型芯镶入后，可在下端用圆柱垫垫平；图 2-25d 所示的结构适用于固定板厚、无垫板的场合，在型芯的下端用螺塞紧固；图 2-25e 所示为型芯镶入后在另一端采用铆接固定的形式。

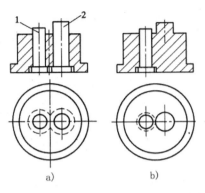

图 2-23　相近小型芯的镶嵌组合结构

1—小型芯　2—大型芯

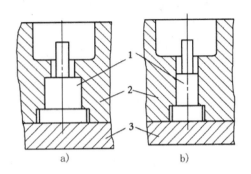

图 2-24　便于脱模的镶嵌型芯组合结构

1—型芯　2—型腔零件　3—垫板

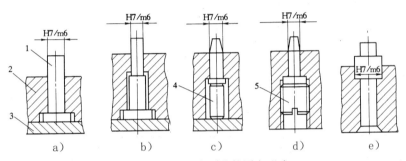

图 2-25　圆形小型芯的固定形式

1—圆形小型芯　2—固定板　3—垫板　4—圆柱垫　5—螺塞

对于异形型芯，为了制造方便，常将型芯设计成两段。型芯的连接固定段可制成圆形台肩和模板连接，如图 2-26a 所示；也可以用螺母紧固，如图 2-26b 所示。

图 2-27 所示为多个相互靠近小型芯的固定方式。当台肩固定时，台肩会发生重叠干涉，此时可将台肩发生干涉的一面磨去，将型芯固定板的台阶孔加工成大圆台阶孔或长椭圆形台阶孔，然后再将型芯镶入。

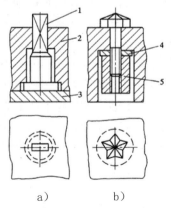

图 2-26　异形小型芯的固定方式

1—异形小型芯　2—固定板　3—垫板　4—挡圈　5—螺母

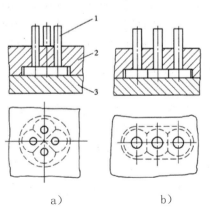

图 2-27　多个相互靠近小型芯的固定方式

1—小型芯　2—固定板　3—垫板

3. 脱模斜度　由于塑料冷却后产生收缩，生成的制品会紧紧包在凸模型芯上，或由于黏附作用，制品紧贴在凹模型腔内。为了便于脱模，防止制品表面在脱模时划伤等，在设计时必须使制品内外表面沿脱模方向具有合理的脱模斜度，如图 2-28 所示。

脱模斜度的大小取决于制品的性能和几何形状等。硬质塑料比软质塑料脱模斜度大；形状较复杂，或成型孔较多的制品取较大的脱模斜度；制品高度较大，孔较深，则取较小的脱模斜度；壁厚增加，内孔包紧型芯的力大，脱模斜度也应取大些。

脱模斜度的取向根据制品的内外尺寸而定：制品内孔以型芯小端为准，尺寸符合图样要求，脱模斜度由扩大的方向取得；制品外形以型腔（凹模）大端为准，尺寸符合图样要求，斜度由缩小方向取得。一般情况下，脱模斜度不包括在制品的公差范围内。表 2-1 列出了制品常用的脱模斜度。

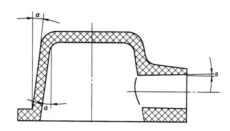

图 2-28　脱模斜度

表 2-1　制品常用的脱模斜度

塑料名称	脱模斜度	
	型腔	型芯
聚乙烯、聚丙烯、软聚氯乙烯、聚酰胺、氯化聚醚、聚碳酸酯	25′ ～ 45′	20′ ～ 45′
硬聚氯乙烯、聚碳酸酯、聚砜	35′ ～ 40′	30′ ～ 50′
聚苯乙烯、有机玻璃、ABS、聚甲醛	35′ ～ 1°30′	30′ ～ 40′
热固性塑料	25′ ～ 40′	20′ ～ 50′

4. 型腔的侧壁和底板厚度设计　塑料模型腔壁厚及底板厚度的计算是模具设计中经常遇到的重要问题，尤其对大型模具更为突出。目前常用的计算方法有按强度和按刚度条件计算两大类，但实际的塑料模却要求既不允许因强度不足而发生明显变形甚至破坏，也不允许因刚度不足而发生过大变形，因此要求对强度及刚度加以合理考虑。

在塑料注射模注射过程中，型腔所承受的力是十分复杂的。型腔所受的力有塑料熔体的压力、合模时的压力、开模时的拉力等，其中最主要的是塑料熔体的压力。在塑料熔体的压力作用下，型腔将产生内应力及变形，如果型腔壁厚和底板厚度不够，当型腔中产生的内应力超过型腔材料的许用应力时，型腔即发生强度破坏。与此同时，刚度不足则发生过大的弹性变形，从而产生溢料，影响制品尺寸及成型精度，也可能导致脱模困难等。可见模具对强度和刚度都有要求。

注：本表所列的脱模斜度适用于开模后制品留在凸模上的情况。

对大尺寸型腔，刚度不足是主要失效原因，应按刚度条件计算；对小尺寸型腔，强度不够则是失效原因，应按强度条件计算。强度计算的条件是满足各种受力状态下的许用应力。刚度计算的条件则由于模具的特殊性，可以从以下几个方面加以考虑：

（1）要防止溢料。模具型腔的某些配合面当高压塑料熔体注入时，会产生足以溢料的间隙。为了使型腔不致因模具弹性变形而发生溢料，此时应根据不同塑料的最大不溢料间隙来确定其刚度条件。如尼龙、聚乙烯、聚丙烯、聚丙醛等低黏度塑料，其允许间隙为 0.025 ～0.03mm；对聚苯乙烯、有机玻璃、ABS 等中等黏度塑料，其允许间隙为 0.05mm；对聚砜、聚碳酸酯、硬聚氯乙烯等高黏度塑料，其允许间隙为 0.06～0.08mm。

（2）应保证制品精度。制品均有尺寸要求，尤其是精度要求高的小型制品，这就要求模具型腔具有很好的刚性。

（3）要有利于脱模。一般来说塑料的收缩率较大，故多数情况下，当满足上述两项要求时已能满足本项要求。

上述要求在设计模具时其刚度条件应以这些项中最苛刻者（允许最小的变形值）为设计标准，但也不应无根据地过分提高标准，以免浪费钢材，增加制造难度。

一般常用计算法和查表法，圆形和矩形型腔的壁厚及底板厚度有常用的计算公式，但是计算比较复杂且烦琐。而且由于注射成型的过程会受到温度、压力、塑料特性和制品形状复杂程度等因素的影响，公式计算的结果并不能完全真实地反映实际情况。通常采用经验数据或查有关表格，设计时可以参阅相关资料。

2.3.2　成型零件工作尺寸的计算

成型零件工作尺寸是指成型零件上直接用来构成制品的尺寸，主要有型腔、型芯及成型杆的径向尺寸，型腔的深度尺寸和型芯的高度尺寸，型腔和型腔之间的位置尺寸等。在模具的设计中，应根据制品的尺寸、精度等级及影响制品的尺寸和精度的因素来确定模具成型零件的工作尺寸及精度。

1. 影响制品成型尺寸和精度的要素

（1）制品成型后的收缩变化与塑料的品种、制品的形状、尺寸、壁厚、成型工艺条件、模具的结构等因素有关，所以确定准确的塑料收缩率是很困难的。工艺条件、塑料批号发生的变化会造成制品收缩率的波动，其误差为

$$\delta_{s} = (S_{max} - S_{min})L_{s} \tag{2-1}$$

式中　δ_s——塑料收缩率波动误差，mm；

　　　S_{max}——塑料的最大收缩率；

　　　S_{min}——塑料的最小收缩率；

　　　L_s——制品的基本尺寸，mm。

实际收缩率与计算收缩率会有差异，按照一般的要求，塑料收缩率波动所引起的误差应小于制品公差的1/3。

（2）模具成型零件的制造精度是影响制品尺寸精度的重要因素之一。模具成型零件的制造精度愈低，制品尺寸精度也愈低。一般模具成型零件的制造公差 δ_z 取制品公差 Δ 的1/4～1/3 或取 IT7 ～ IT8 级作为制造公差，组合式型腔或型芯的制造公差应根据尺寸链来确定。

（3）模具成型零件的磨损。模具在使用过程中，由于塑料熔体流动的冲刷、脱模时与制品的摩擦、成型过程中可能产生的腐蚀性气体的侵蚀以及由于以上原因造成的模具成型零件表面粗糙度提高而要求重新抛光等，均造成模具成型零件尺寸的变化，型腔的尺寸会变大，型芯的尺寸会减小。

这种由于磨损而造成的模具成型零件尺寸的变化值与制品的产量、塑料原料及模具等都有关系，在计算成型零件的工作尺寸时，对于生产批量小、模具表面耐磨性好的（高硬度模具材料或模具表面进行过镀铬或渗氮处理的），其磨损量应取小值；对于以玻璃纤维作为原料的制品，其磨损量应取大值。对于与脱模方向垂直的成型零件的表面，磨损量应取小值，甚至可以不考虑磨损量；而与脱模方向平行的成型零件的表面，应考虑磨损。对于中、小型制品，模具成型零件的最大磨损可取制品公差的1/6；而对大型制品，模具成型零件的最大磨损应不大于制品公差的1/6。

模具成型零件的最大磨损量用 δ_c 来表示，一般取 $\delta_c = \Delta/6$。

（4）模具安装配合的误差。模具的成型零件由于配合间隙的变化，会引起制品的尺寸变化。如型芯按间隙配合安装在模具内，制品孔的位置误差要受到配合间隙值的影响（若采用过盈配合，则不存在此误差）。因模具安装配合间隙的变化而引起的制品尺寸误差用 δ_i 来表示。

（5）制品的总误差

综上所述，塑件在成型过程产生的最大尺寸误差应该是上述各种误差的和，即

$$\delta = \delta_s + \delta_z + \delta_c + \delta_i \qquad (2\text{-}2)$$

式中　δ——制品的成型误差；

　　　δ_s——塑料收缩率波动误差；

　　　δ_z——模具成型零件的制造公差；

　　　δ_c——模具成型零件的最大磨损量；

　　　δ_i——模具安装配合间隙的变化而引起制品的尺寸误差。

Δ 应不大于制品的成型误差应小于制品的公差值，即

$$\delta \leq \Delta \qquad (2\text{-}3)$$

（6）考虑制品尺寸和精度的原则。在一般情况下，塑料收缩率波动、成型零件的制造公差和成型零件的磨损是影响制品尺寸和精度的主要原因。对于大型制品，其塑料收缩率对其尺寸公差影响最大，应稳定成型工艺条件并选择波动较小的塑料来减小误差；对于中、小型制品，成型零件的制造公差及磨损对其尺寸公差影响最大，应提高模具精度等级和减小磨损来减小误差。

2. 成型零部件工作尺寸的计算　仅考虑塑料收缩率时，计算模具成型零件的基本公式为

$$L_m = L_s(1 + S) \qquad (2\text{-}4)$$

式中　L_m——模具成型零件在常温下的实际尺寸，mm；

　　　L_s——制品在常温下的实际尺寸，mm；

　　　S——塑料的计算收缩率。

由于多数情况下，塑料的收缩率是一个波动值，因此常用平均收缩率来代替塑料的收缩率，

塑料的平均收缩率为

$$\overline{S} = \frac{S_{\max} - S_{\min}}{2} \times 100\% \qquad (2\text{-}5)$$

式中　$\overline{S}$——塑料的平均收缩率；

　　　$\overline{S}_{\max}$——塑料的最大收缩率；

　　　$\overline{S}_{\min}$——塑料的最小收缩率。

图 2-29 所示为制品尺寸与模具成型零件尺寸的关系，模具成型零件尺寸决定着制品尺寸。制品尺寸与模具成型零件工作尺寸的取值规定见表 2-2。

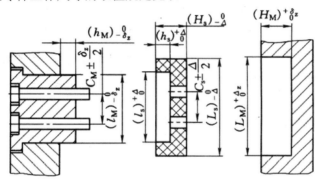

图 2-29　制品尺寸与模具成型零件尺寸的关系

表 2-2　制品尺寸与模具成型零件工作尺寸的取值规定

序号	制品尺寸的分类	制品尺寸的取值规定		模具成型零件工作尺寸的取值规定		
		基本尺寸	偏差	成型零件	基本尺寸	偏差
1	外形尺寸 L、H	最大尺寸 L_s、H_s	负偏差 $-\Delta$	型腔	最小尺寸 L_M、H_M	正偏差 $\delta_z/2$
2	内形尺寸 l、h	最小尺寸 l_s、h_s	正偏差 Δ	型芯	最大尺寸 l_M、h_M	负偏差 $-\delta_z/2$
3	中心距 C	平均尺寸 C_s	对称 $\pm \Delta/2$	型芯、型腔	平均尺寸 C_M	对称 $\pm \delta_z/2$

（1）型腔和型芯的径向尺寸

型腔　　　　$(L_M)_0^{\delta_z} = [(1 + \overline{S})L_s - x\Delta]_0^{\delta_z}$ 　　　　(2-6)

型芯　　　　$(l_M)_{-\delta_z}^{0} = [(1 + \overline{S})l_s + x\Delta]_{-\delta_z}^{0}$ 　　　　(2-7)

式中　L_M、l_M——型腔、型芯径向工作尺寸，mm；

　　　$\overline{S}$——塑料的平均收缩率

　　　L_s、l_s——制品外形、内形的径向尺寸，mm；

　　　Δ——制品的尺寸公差，mm；

　　　x——修正系数，制品尺寸大、精度级别低时 $x = 0.5$，制品尺寸小、精度级别高时 $x = 0.75$。

● 径向尺寸仅考虑受 δ_s、δ_z 和的 δ_c 影响；

● 为了保证制品实际尺寸在规定的公差范围内，对成型尺寸需进行校核。

$$(S_{max} - S_{min})L_s(\text{或}l_s) + \delta_z + \delta_s < \Delta \tag{2-8}$$

（2）型腔和型芯的深度、高度尺寸

型腔 $\quad (H_M)_0^{\delta_z} = [(1+\overline{S})H_s - x\Delta]_0^{\delta_z} \tag{2-9}$

型芯 $\quad (h_M)_{-\delta_z}^0 = [(1+\overline{S})h_s + x\Delta]_{-\delta_z}^0 \tag{2-10}$

式中 $\quad H_M$、h_M——型腔、型芯深度、高度工作尺寸，mm；

$\qquad H_s$、h_s——制品的深度、高度尺寸，mm；

$\qquad x$——修正系数，制品尺寸大、精度级别低时 $x = 1/3$，制品尺寸小、精度级别高时 $x = 1/2$。

● 深度、高度尺寸仅考虑受 δ_s、δ_z 和 δ_c 的影响；

● 为了保证制品实际尺寸在规定的公差范围内，对成型尺寸需进行校核：

$$(S_{max} - S_{min})H_s(\text{或}h_s) + \delta_z + \delta_s < \Delta \tag{2-11}$$

（3）中心距尺寸

$$C_M \pm \frac{\delta_z}{2} = (1+\overline{S})C_s \pm \delta_z \tag{2-12}$$

式中 $\quad C_M$——模具中心距尺寸，mm；

$\qquad C_s$——制品中心距尺寸，mm。

对中心距尺寸的校核如下：

$$(S_{max} - S_{min})C_s < \Delta \tag{2-13}$$

2.3.3 工件设置

单击"注塑模向导"选项卡"主要"面板上的"工件"按钮，弹出如图 2-30 所示的"工件"对话框
。该对话框分为"类型""工件方法""尺寸"等几个部分。

工件方法：包括"用户定义的块""型腔-型芯""仅型腔""仅型芯"四个选项。

在设计工件时，有时需要根据产品体形状自定义工件块。

当选择"型腔-型芯""仅型腔"和"仅型芯"三个选项其中一种时，对话框如图 2-31 所示。

采用"型腔和型芯"定义时，工件型芯与型芯形状相同，而"仅型腔"、"仅型芯"是单独创建型腔或型芯，所以其工件形状可以不同。

图 2-30 "工件"对话框 1

图 2-31 "工件"对话框 2

2.3.4 仪表盖模具设计——定义成型工件

01 单击"注塑模向导"选项卡"主要"面板上的"工件"按钮⬡，弹出"工件"对话框，在"类型"下拉列表中选择"参考点"选项。

02 单击"点对话框"按钮⌷，打开"点"对话框，设置"参考"为"绝对坐标系—工作部件"，设置 X、Y、Z 为 0、0、0，如图 2-32 所示。

03 输入 X 轴"负的"和"正的"为 90 和 90，Y 轴"负的"和"正的"为 70 和 70，Z 轴"负的"和"正的"为 30 和 60，如图 2-33 所示。单击"确定"按钮，在绘图区加载成型工件，如图 2-34 所示。

2.4 型腔布局

利用模具坐标系，可以确定模具开模方向和分型面位置，但不能确定型腔在 X-Y 平面内的分布。为解决这个问题，UG NX Mold Wizard 提供了型腔布局这一功能。利用该功能，能够准确地确定型腔的个数和型腔的位置。

图 2-32 "点"对话框

图 2-33 "工件"对话框

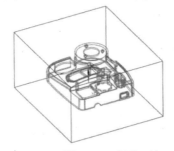

图 2-34 成型工件

2.4.1 型腔数量和排列方式

塑料制品的设计完成后,首先需要确定型腔的数量。与多型腔模具相比,单型腔模具有塑料制件的形状和尺寸始终一致的优点,因此在生产高精度零件时,通常使用单型腔模具。单型腔模具仅需根据一个制品调整成型工艺条件,因此工艺参数易于控制。单型腔模具的结构简单紧凑,设计自由度大,其推出机构、冷却系统、分型面设计较方便。单型腔模具还具有制造成本低、制造简单等优点。

对于长期、大批量生产来说,多型腔模具更为有益,它可以提高制品的生产率,降低制品的成本。如果注射的制品非常小而又没有与其相适应的设备,则采用多型腔模具是最佳选择。在现代注射成型生产中,大多数小型制品的成型都采用多型腔的模具。

1. 型腔数量的确定 在设计时,先确定注射机的型号,再根据所选注射机的技术规格及制品的技术要求，计算出型腔数目；也有根据经验先确定型腔数目，然后根据生产条件，如注射机的有关技术规格等进行校核计算。但无论采用哪种方式，一般考虑的要点有：

（1）塑料制品的批量和交货周期。如果必须在较短的时间内制造大批量的产品，则采用多型腔模具可作为最佳方案。

（2）质量的控制要求。塑料制品的质量控制要求是指其尺寸、精度、性能及表面粗糙度等。由于型腔的制造误差和成型工艺误差等影响，每增加一个型腔，制品的尺寸精度就会降低 4%～8%，因此多型腔模具（$n>4$）一般不能生产高精度的制品。高精度的制品一般一模一件，以保证质量。

（3）成型的塑料品种、模的位置有影响，因此确定型腔数目时应考虑这方面的因素。

（4）所选注射机的技术规格。根据注射机的额定注射量及额定锁模力计算型腔数目。

因此，所确定的型腔数目既要保证最佳的生产经济性，又要保证产品的质量，也就是应保证塑料制品最佳的技术经济性。

2．型腔的分布。

（1）制品在单型腔模具中的位置。制品可在单型腔模具的动模部分、定模部分及同时在动模和定模中。制品在单型腔模具中的位置如图 2-35 所示。图 2-35a 所示为制品全部在定模中的结构；图 2-35b 所示为制品在动模中的结构；图 2-35c、d 所示为制品同时在定模和动模中的结构。

（2）多型腔模具中型腔的分布。对于多型腔模具，型腔的排布与浇注系统密切相关。型腔的排布应使每个型腔都能通过浇注系统从总压力中均等地分得足够的压力，以保证塑料熔体能同时均匀地充满每一个型腔，进而保证各个型腔的制品内在质量一致稳定。多型腔排布方法有平衡式和非平衡式两种。

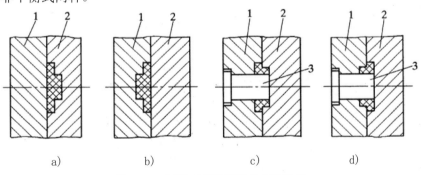

图 2-35　制品在单型腔模具中的位置

1—动模座　2—定模板　3—动模型芯

1）平衡式多型腔排布如图 2-36a～c 所示，其特点是从主流道到各型腔浇口的分流道的长度截面形状、尺寸及分布对称性对应相同，可实现各型腔均匀进料，达到同时充满型腔的目的。

2）非平衡式多型腔排布如图 2-36d～f 所示。其特点是从主流道到各型腔浇口的分流道的长度不相同，因而不利于均衡进料，但这种方式可以明显缩短分流道的长度，节约原料。为了达到同时充满型腔的目的，各浇口的截面尺寸往往不相同。

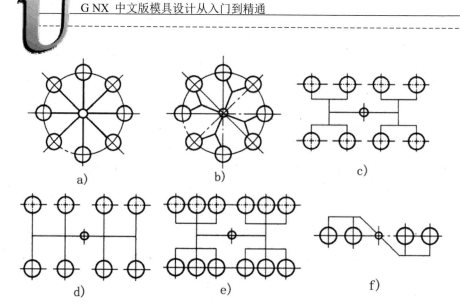

图 2-36 平衡式和非平衡式多型腔的排布

2.4.2 型腔布局设置

单击"注塑模向导"选项卡"主要"面板上的"型腔布局"按钮，系统弹出如图 2-37 所示的"型腔布局"对话框。

图 2-37 "型腔布局"对话框

1．布局类型

系统提供的"布局类型"包括"矩形""圆形"两种。矩形布局又可分为"平衡"和"线性"两个选项，圆形布局又可分为"径向"和"恒定"两个选项。

（1）矩形布局有"平衡"和"线性"之分。"平衡"布局需要设置型腔数量为 2 和 4。如果是 2 型腔布局，只需设定"缝隙距离"，如果是 4 型腔布局，则需设定"第一距离"和"第二距离"，如图 2-38 所示。

进行矩形布局操作时，需要首先选择"平衡"或"线性"布局方式，接着选择"型腔数"（2 个或 4 个），输入方向偏移量，然后单击对话框中的"开始布局"按钮，系统会显示如图 2-39 所示的 4 个偏移方向，用鼠标选取偏移方向，最后生成布局。要说明的是，系统工件的第二偏移方向是沿第一偏移方向逆时针旋转 90°，所以在"线性"布局时，选择了第一偏移方向后，无需再选择第二偏移方向。

图 2-38　设置"矩形"平衡布局

图 2-40 所示为利用"平衡"布局和"线性"布局选项生成的一模四腔不同的效果。

图 2-39　选择偏移方向　　　图 2-40　　"平衡"布局和"线性"布局的不同效果

（2）"圆形"布局包括"径向"布局和"恒定"布局两种。"径向"布局是以参考点为中心，产品上每一点都沿着中心旋转相同的角度；"恒定"布局则是产品体上到中心等于旋转半径的参考点旋转设定的角度，而产品零件整体是平移到该旋转点上，"圆形"布局选项如图 2-41 所示。

进行"圆形"布局操作时，首先选择"径向"或"恒定"布局方式，然后输入"型腔数"和"起始角"，接着输入"旋转角度"和"半径"，单击"开始布局"按钮，生成型腔布局。

"径向"布局和"恒定"布局方式产生的不同布局效果如图 2-42 所示。

2．编辑布局

该选项组包括"编辑镶块窝座""变换""移除"和"自动对准中心"四个选项，用于对布局零件进行旋转、平移等操作。

（1）变换：单击"变换"按钮 ，弹出"变换"对话框。

选择"旋转"类型，对话框如图 2-43 所示，在其中可指定旋转中心点，输入旋转角度。"移动原先的"用于把要旋转的零件旋转一定的角度；"复制原先的"是在要旋转的零件旋转一定

的位置再新生成一个复制品，一个变成两个。

图 2-41　"圆形"布局选项

　　选择"平移"类型，对话框如图 2-44 所示，在其中可输入零件沿 X 向和 Y 向的平移距离，也可用后面的滑块来调整平移距离的大小。

　　选择"点到点"类型，对话框如图 2-45 所示，指定出发点和目标点来移动或复制零件。

　　（2）移除：用于移除布局产生的复制品，原件不能被移除。

　　（3）自动对准中心：该选项用于把布局以后的零件整体的中心移动到绝对原点上。

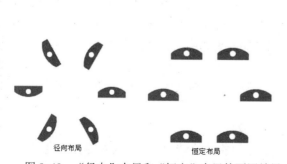

图 2-42　"径向"布局和"恒定"布局的不同效果　　　　图 2-43　选择"旋转"类型

图 2-44　选择"平移"类型

图 2-45　选择"点到点"类型

2.4.3　仪表盖模具设计——定义布局

01 单击"注塑模向导"选项卡"主要"面板上的"型腔布局"按钮，弹出"型腔布局"对话框，选择"矩形"类型和"平衡"选项，设置"指定矢量"为"-XC"、"型腔数"为 2，如图 2-46 所示。

02 单击"开始布局"按钮，在绘图区打开选择布局方向的界面。

03 单击"型腔布局"对话框中的"自动对准中心"按钮，将该多腔模的几何中心移动到 layout 子装配的绝对坐标系（ACS）的原点上，型腔布局结果如图 2-47 所示。

图 2-46　"型腔布局"对话框

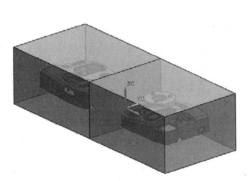

图 2-47　型腔布局结果

第 **3** 章

模具修补和分型工具

分型是一个基于塑料产品模型创建型芯和型腔的过程。利用分型功能可以快速地进行分型操作并保留与产品模型的相关性。通常在设计了工件之后，就可以使用分型功能。要说明的是，一般在使用分型工具之前，需要使用修补工具来对产品模型做一些修正工作。

◎ 修补工具

◎ 分型管理器概述

3.1　修补工具

📖 3.1.1　创建包容体

　　创建包容体是指创建一个长方体填充所选定的局部开放区域，经常用于不适合使用曲面修补和边线修补的地方，也是创建滑块的常用方法。

　　单击"注射模向导"选项卡"注射模工具"面板上的"包容体"按钮🧊，弹出如图 3-1 所示的"包容体"对话框。

　　类型包括"中心和长度""块"和"圆柱"三种，其中"中心和长度"和"块"类型如图 3-2 所示，可以比较两者不同。

图 3-1　"包容体"对话框

图 3-2　"中心和长度"和"块"类型

　　"选择对象"选项用于选择面，当选择"块"时，该选项高亮显示，如图 3-3 所示。"指定方位"后的参考坐标系用于在创建方块时设置坐标系，方便方块的创建。

📖 3.1.2　分割实体

　　"分割实体"工具用于在工具体和目标体之间创建求交体，并从型腔或型芯中分割出一个镶件或滑块。

　　单击"注射模向导"选项卡"注射模工具"面板上的"分割实体"按钮🧊，弹出如图 3-4 所示的"分割实体"对话框。在该对话框中可进行目标体和工具体的选择。

　　1．目标：目标体可以是实体也可以是片体，直接用鼠标在绘图区选择就可以了。

　　2．工具：工具体用于分割或修剪目标体。可选择实体、片体或基准平面作为分割面/修剪面来分割或修剪目标体。

图 3-3 "包容体"对话框

图 3-4 "分割实体"对话框

创建分割实体的步骤如下：

（1）单击"注射模向导"选项卡"注射模工具"面板上的"分割实体"按钮 ，弹出"分割实体"对话框。

（2）选择目标体。可以是实体也可以是片体。

（3）选择分割面。

（4）单击"确定"按钮，系统弹出"修剪方式"对话框，在其中可通过选择"翻转修剪"或"分割"来确定修剪方向。如果方向正确，则单击"分割"，如果方向反了，则选择"翻转修剪"。

（5）单击"确定"按钮，生成分割实体特征，如图 3-5 所示。

图 3-5 生成分割实体特征

3.1.3 实体补片

实体补片是一种通过建造模型来封闭开口区域的方法。实体补片比建造片体模型更方便，它可以更容易地形成一个实体来填充开口区域。使用实体补片代替曲面补片的例子就是大多数的闭锁钩。

单击"注射模向导"选项卡"注射模工具"面板上的"实体补片"按钮 🧩，弹出如图 3-6 所示的"实体补片"对话框，系统自动选择产品实体，在绘图区选择补片的工具实体，单击"确定"按钮，系统即可自动进行修补。

生成的实体补片特征如图 3-7 所示。

图 3-6 "实体补片"对话框

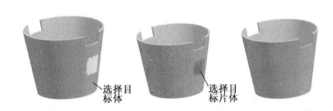

图 3-7 生成实体补片特征

3.1.4 边补片

单击"注射模向导"选项卡"分型"面板上的"曲面补片"按钮 🖌️，弹出如图 3-8 所示的"边补片"对话框。

1．面：用于选择绘图区中需要修补的面，选择面后，系统会自动搜索所选面上的孔，并高亮显示搜索到的每个孔，同时将选中的孔添加到环列表中。曲面补片是最简单的修补方法，可修补完全包含在一个面上的孔。

2．移刀：用于选择边线，定义所需要修补面的边界。如果需要修补的孔不在一个面内，跨越了两个或三个面，或必须创建一个边界，但没有相邻边供选择，这时可使用边补片功能。边补片功能可通过选择一个闭合的曲线/边界环来修补一个开口区域。

3．体：用于绘图区中需要修补的实体，选择实体后，系统会自动搜索所选实体上的孔，并高亮显示搜索到的每个孔。同时将选中的孔添加到环列表中。

生成的边补片特征如图 3-9 所示。

图 3-8 "曲面补片"对话框

图 3-9 生成边补片特征

3.1.5 修剪区域补片

修剪区域补片是指使用选取的封闭曲线区域来封闭开口模型的开口区域，从而创建适当的修补片体。

在开始修剪区域补片过程之前，必须先创建一个能完全吻合开口区域的实体补片体。该修补体的有些面并不用于封闭面，在使用修剪区域补片功能时，不用考虑这些面是在部件的型腔侧还是型芯侧，最终的修剪区域补片将添加到型腔和型芯分型区域。

创建"修剪区域补片"的具体步骤如下：

（1）单击"注射模向导"选项卡"注射模工具"面板上的"修剪区域补片"按钮 。

（2）系统弹出如图 3-10 所示的"修剪区域补片"对话框。利用该对话框可在绘图区选择一个适当的实体补片体。

图 3-10 "修剪区域补片"对话框

（3）选择一个边界或曲线环，生成一个闭合的边界/曲线链来围绕开口区域。要注意的是，这些边界和曲线必须接触该修补实体。

（4）确认修剪的方向。可通过接受或倒转修剪的方向，改变由修补实体提取并修剪而来的修剪区域补片面。

（5）生成一个修剪区域补片特征。

生成的修剪区域补片特征如图 3-11 所示。

图 3-11　生成的修剪区域补片特征

3.1.6　编辑分型面和曲面补片

单击"注射模向导"选项卡"分型"面板上的"编辑分型面和曲面补片"按钮，系统弹
出如图 3-12 所示的"编辑分型面和曲面补片"对话框，选择已有的自由曲面或分型面，单击
对话框中的"确定"按钮，系统将自动复制这个片体进行修补，结果如图 3-13 所示。

注意观察修补前后曲面颜色的变化，颜色由绿色变为深蓝色，说明该自由曲面已经成为修
补曲面。

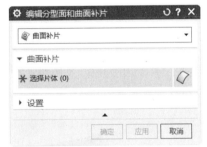

图 3-12　"编辑分型面和曲面补片"对话框

图 3-13　片体修补

3.1.7　扩大曲面补片

扩大曲面补片功能可用于提取产品体上的面，并控制 U 和 V 方向上的尺寸来扩大这些面。
它允许用 U 和 V 方向的滑块动态修补孔。单击"注射模工具"选项卡"注射模工具"面板上的
"扩大曲面补片"按钮，弹出如图 3-14 所示的"扩大曲面补片"对话框。

1．目标：选择要扩大的面。

2．区域：选择要保留或放弃的区域。

3．设置。

（1）更改所有大小：勾选此复选框，在更改扩展曲面一个方向上的大小时，其他方向也
随着发生变化。

（2）切到边界：勾选此复选框后，对话框如图 3-15 所示，同时系统自动选择边界对象。

UG NX 2022

图 3-14 "扩大曲面补片"对话框 1

图 3-15 "扩大曲面补片"对话框 2

（3）作为曲面补片：勾选此复选框，添加曲面补片。

生成的扩大曲面补片特征如图 3-16 所示。

图 3-16 生成扩大曲面补片特征

3.1.8 拆分面

拆分面功能可利用基准面或存在面进行选定面的分割，使分割的面能满足需求。如果全部的分型线都位于产品体的边缘，则没有必要使用该功能

单击"注射模向导"选项卡"注射模工具"面板上的"拆分面"按钮，系统弹出"拆分面"对话框，如图 3-17 所示。在绘图区选择要分割的面和分割对象，然后单击"应用"或"确定"按钮，系统将自动进行面分割。

分割面有如下几种方法：

1. 用等斜度曲线来分割面。使用该方法时，只有交叉面才能选择。等斜度线的默认方向是+Z 方向。用鼠标在绘图区选择等斜度分割的面，再然后单击"拆分面"对话框中的"确定"或"应用"按钮，即可完成面的分隔。

2. 用基准平面来分割面。基准平面的方式有面方式（选择面连接面）和基准面方式。其中基准面方式又包括：用一个选择的基准面来分割面，用一条两点定义的线来分割面；用通过一个点的 Z 平面来分割面。

3. 用曲线来分割面。用曲线来分割面的方式有已有曲线/边界和通过两点。

图 3-17　"拆分面"对话框

📖3.1.9　仪表盖模具设计——制品修补

01 包容体修补。

❶单击"注射模向导"选项卡"分型"面板上"分型面"下拉菜单中的"曲面补片"按钮✎，进入零件界面，关闭对话框。单击"注射模向导"选项卡"注射模工具"面板上"分型面"下拉菜单中的"包容体"按钮🔲，弹出"包容体"对话框，如图 3-18 所示。将"偏置"设置为 0.01mm，选择如图 3-19 所示的待修补孔的四个表面，建立修补包容体，单击"确定"按钮，完成包容体的创建。

❷单击"主页"选项卡"同步建模"面板上的"替换"按钮🔲，弹出如图 3-20 所示的"替换面"对话框。选择创建包容体的外表面作为要替换的面，选择凸台的外表面作为替换面，将包容体修补至模型凸台外表面，结果如图 3-21 所示。

❸使用"替换面"命令，选择创建包容体的内表面作为要替换的面，选择凸台所在直壁的内表面作为替换面，将包容体修补至壁面的内表面，完成以创建的包容体对整个孔洞的填补过程。

❹单击"主页"选项卡"特征"面板上"减去"按钮🔲，弹出如图 3-22 所示的"减去"对话框。选择刚修剪的包容体作为目标体，选择产品模型作为工具体，并勾选"保存工具"复选框。单击"确定"按钮，完成包容体的产品模型修剪，结果如图 3-23 所示。

图 3-18 "包容体"对话框

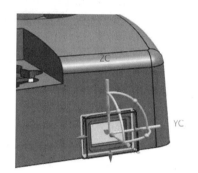

图 3-19 选取面

图 3-20 "替换面"对话框

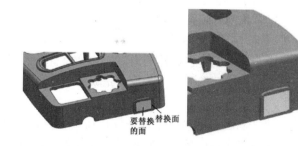

图 3-21 替换模型凸台外表面

图 3-22 "减去"对话框

图 3-23 完成产品模型修剪

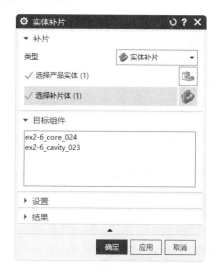

图 3-24 "实体补片"对话框

❺单击"注射模向导"选项卡"注射模工具"面板上的"实体补片"按钮 ，弹出如图 3-24 所示的"实体补片"对话框，系统自动选择制品为产品实体，选择修补后的包容体为补片实体。单击"确定"按钮，完成实体修补，结果如图 3-25 所示。

图 3-25 完成实体修补

02 边补片。

❶单击"注射模向导"选项卡"分型"面板上的"曲面补片"按钮 ，弹出"边补片"对话框，在"环选择"中选择"体"类型，如图 3-26 所示。

❷选择产品实体，系统自动选择边缘添加到环列表中，选取"环 10"和"环 11"，单击"移除"按钮 ，如图 3-27 所示，单击"确定"按钮，完成边补片的创建，结果如图 3-28 所示。

图 3-26 "边补片"对话框

图 3-27 选取边缘　　　　　　　　　　　图 3-28 创建边补片

03 扩大曲面并修剪片体。

❶单击"注射模工具"选项卡"注射模工具"面板上的"扩大曲面补片"按钮 ，弹出如图 3-29 所示的"扩大曲面补片"对话框，选择内腔直壁作为扩大曲面的操作对象。

❷在"扩大曲面补片"对话框中再选择内腔底面作为操作对象,扩大底面平面。两个扩大面相交的结果如图 3-30 所示。

图 3-29 "扩大曲面补片"对话框

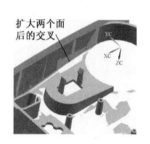

图 3-30 两个扩大面的相交

❸选择"菜单"→"插入"→"细节特征"→"面倒圆"命令,弹出如图 3-31 所示的"面倒圆"对话框,选择刚扩大曲面创建的两个平面作为操作平面,输入"半径"为 2.012mm。单击"确定"按钮,将两个扩大曲面通过面圆角连接到一起。

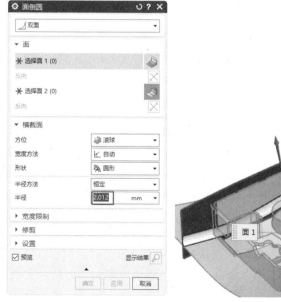

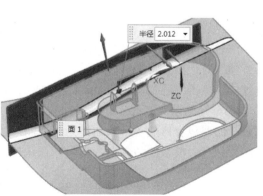

图 3-31 "面倒圆"对话框

❹选择"菜单"→"插入"→"修剪"→"修剪片体"命令,弹出如图 3-32 所示的"修剪片体"对话框,选择被倒过圆角的扩展片体作为修剪的目标片体,选择被修补孔的边界作为边界对象。单击"确定"按钮 确定 ,完成片体修剪,结果如图 3-33 所示。

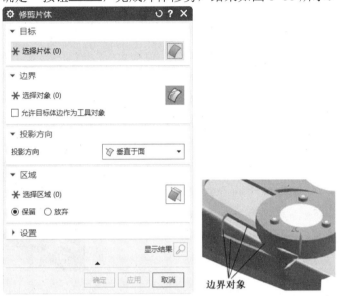

图 3-32　"修剪片体"对话框

图 3-33　修剪片体

04 修剪区域补片。

❶单击"注射模向导"选项卡"注射模工具"面板上的"包容体"按钮❄,弹出如图 3-34 所示的"包容体"对话框。将"偏置"设置为 0.01mm,选择图 3-35 所示的挂钩的两个内侧面建立修补包容体。单击"确定"按钮< 确定 >,完成包容体的创建。

❷单击"主页"选项卡"同步建模"面板上的"替换"按钮❄,在弹出的"替换面"对话框中依次选择创建包容体的各个表面作为目标面,选择邻近的产品模型的表面作为工具面,使得包容体修剪到产品模型的边界面。提示:在选择产品模型表面时,可以在该表面处右击,在弹出的快捷菜单中选择"从列表中选择"命令,此时会显示该表面附近的相关表面,选中需要的工具面即可。

❸单击"注射模向导"选项卡"注射模工具"面板上的"修剪区域补片"按钮❄,弹出"修剪区域补片"对话框,选择刚创建的包容体为目标体。在"边界"选项组的"类型"中选择"遍

历",并取消勾选"按面的颜色遍历"复选框,如图 3-36 所示。依次选择封闭的曲线轮廓,如图 3-37 所示。选择包容体为要保留的区域,单击"确定"按钮,完成区域补片的修剪,结果如图 3-38 所示。

图 3-34　"包容体"对话框　　图 3-35　选择侧面　　图 3-36　"修剪区域补片"对话框

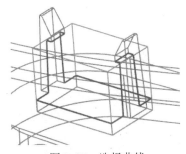

图 3-37　选择曲线

图 3-38　修剪区域补片

05 曲面修补。

❶单击"曲面"选项卡"基本"面板上的"桥接"按钮，弹出如图 3-39 所示的"桥接曲面"对话框,选择如图 3-40 所示的需要桥接的面 1 和面 2,单击"确定"按钮,完成两个面的桥接,结果如图 3-41 所示。

❷单击"曲线"选项卡"基本"面板中的"直线"按钮，弹出如图 3-42 所示的"直线"对话框,选择如图 3-43 所示的点 1 和点 2,创建一条直线。

❸单击"曲面"选项卡"基本"面板上的"通过曲线网格"按钮，弹出如图 3-44 所示

的"通过曲线网格"对话框，选择图 3-45 所示的主曲线和交叉曲线，单击"确定"按钮，完成曲面的创建过程，结果如图 3-46 所示。

图 3-39 "桥接曲面"对话框

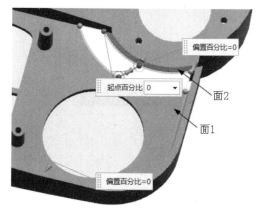

图 3-40 选择桥接的面

图 3-41 桥接曲面

图 3-42 "直线"对话框

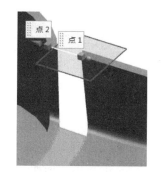

图 3-43 选择两点

❹单击"注射模向导"选项卡"分型"面板上的"编辑分型面和曲面补片"按钮 ⚒，弹出"编辑分型面和曲面补片"对话框，如图 3-47 所示。选择刚创建的曲面，通过曲线网格曲面添加成为修补片体，发现该片体颜色发生了变化，说明已经成为修补片体，单击"确定"按钮。

图 3-44 "通过曲线网格"对话框

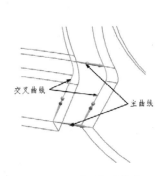

图 3-45 主/交叉线串

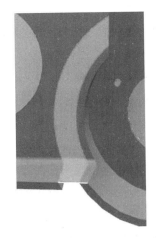

图 3-46 创建曲面

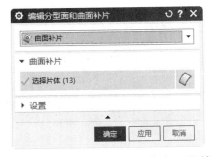

图 3-47 "编辑分型面和曲面补片"对话框

❺单击"注射模向导"选项卡"注射模工具"面板上的"拆分面"按钮，弹出如图 3-48 所示的"拆分面"对话框。选择如图 3-49 所示的轮廓面作为要分割面，以如图 3-50 所示的分割线来分割该轮廓面（该操作的目的在于避免该轮廓面同时位于型芯或型腔）。单击"确定"按钮，完成面的分割。

图 3-48　"拆分面"对话框

图 3-49　选择要分割的轮廓面

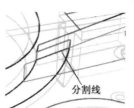

图 3-50　选择分割线

3.2　分型概述

　　分型（Parting）是一个基于塑料产品模型创建型芯和型腔的过程。利用分型功能可以快速进行分型操作并保留与产品模型的相关性。在完成工件设计之后，就可以使用分型功能了。注射模向导的分型由型腔、型腔修剪片体、产品模型、型芯修剪片体和型芯组成，如图 3-51 所示。

　　在基于修剪的型腔和型芯分型中会有许多面生成，可将这些面复制并分别合并成型腔和型芯面。这些合成面可作为修剪片体来修建先前创建的成型工件，从而形成型腔和型芯块。实体模型和曲面模型都适用这种方法。

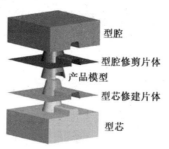

图 3-51　注射模向导分型

　　基于修剪和分型中的很多建模的操作都是自动进行的。

3.2.1　模具分型工具

　　在 UG NX 中进行分型设计，主要利用 Mold Wizard 中的"分型"面板实现，如图 3-52 所示。模具分型工具包括：检查区域、定义区域、曲面补片、设计分型面、编辑分型面和曲面补片、定义型腔和型芯、交换模型、备份分型/补片和分型导航器 9 项功能。

（1）检查区域 ⌂：设计区域从模具部件验证（Molded Part Validation，MPV）工具开始。 MPV 可帮助设计人员分析一个产品模型，并为型腔和型芯的分型做好准备。

（2）定义区域 ⌂：定义区域可以根据前面设计区域的结果提取型腔和型芯区域，并自动生成分型线。另外也提供旧的抽取型腔和型芯区域的方法。

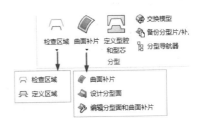

图 3-52　"分型"面板

（3）曲面补片 ◆ ：曲面补片可以根据设计区域的结果自动创建修补曲面。

（4）设计分型面 ◆：根据设计区域的结果，可以使用提取区域和分型线功能来创建分型线。在这种情况下，只需要定义分型线环的转换对象，就可以生成分型线段以创建分型面。

（5）编辑分型面和曲面补片 ◆：创建分型面，并自动将分型线环分成数段。这些段由转换对象和转换点来定义。编辑分型面可以每次创建一个分型段的分型面。一般来说，分型面由分型线通过拉伸、扫掠及扩大曲面的方法来创建。

（6）定义型腔和型芯 ☎：用于创建两个修剪的片体，其中一个属于型芯，一个属于型腔。当创建型腔或型芯时，系统会预先选择分型面，型芯和型腔区域及全部修补面。当离开"型腔和型芯"对话框后，就完成了全部的分型。

（7）交换模型 ◆：交换产品模型允许用一个新版本的模型来替代模具设计工程里的产品模型，并依然保持同现有模具设计特征的相关性。

（8）备份分型/补片 ◆：对现有的分型或补片片体进行备份。

（9）分型导航器 ◆：单击此按钮，弹出如图 3-53 所示的"分型导航器"对话框。"分型对象"作为节点显示在"分型导航器"里，在此设计树中可以查看哪个对象位于哪一层，不需要记住对象层的位置。分型设计树允许控制分型过程中创建的分型对象的可见性。如使用"分型对象"左边的检查框，可以控制一次只有一个对象是否可见。可以通过改变设计树的层列中的层号来改变分型对象的特定组的层。

图 3-53　"分型导航器"对话框

3.2.2 分型面的概念和设计

1. 分型面的概念和形式。分型面位于模具动模和定模的结合处，或者在制品的最大外形处，设计的目的是为了取出制品和凝料。注射模有的只有一个分型面，有的有多个分型面，而且分型面有平面、曲面和斜面。图 3-54a 所示为平直分型面，图 3-54b 所示为倾斜分型面，图 3-54c 所示为阶梯分型面，图 3-54d 为曲面分型面。

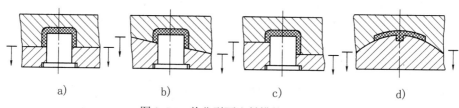

图 3-54 单分型面注射模的分型面

2. 选择分型面的原则见表 3-1。

表 3-1   选择分型面的原则

部件图示	描述
	A：成型工件 B：产品模型 注射模向导分型过程发生在"parting"部件"中。在 parting 部件中有两种实体： 1）一个收缩部件的几何链接复制件 2）定义型腔和型芯体的两个工件体
	A：外部分型 B：内部分型 分型过程包含了两种分型面的类型： 1）内部，部件内部开口的封闭曲面（修补片体） 2）外部，由外部分型线延伸的封闭曲面（分型面）
	A：型腔区域 B：型腔边界 型芯和型腔面会在设计区域步骤中自动复制并构成组。提取的型腔和型芯区域会缝合成分型面并分别形成两个修剪片体（一个作为型腔，一个作为型芯）
	A：型腔种子片体 B：型腔种子基准 修剪片体会几何链接到型腔和型芯组件中，并缝合成种子片体
	A：型腔修剪片体 型芯和型腔由分型片体的几何链接复制件来修剪得到

3.2.3 区域分析

设计区域是指系统按照用户的设置来分析、检查型腔和型芯面，包括产品的脱模斜度是否合理，内部孔是否修补等信息。

　　单击"注射模向导"选项卡"分型"面板中的"检查区域"按钮，系统弹出如图 3-55 所示的"检查区域"对话框，该对话框包含"计算""面""区域"和"信息"4 个选项卡。

　　1．"计算"选项卡：

　　（1）指定脱模方向。该选项表示重新选择产品体在模具中的开模方向。单击"指定脱模方向"下拉列表中的"矢量对话框"按钮，系统弹出如图 3-56 所示"矢量"对话框，在该对话框选择产品体的开模方向。

　　（2）计算选项。

　　1）保持现有的。该选项用来计算面属性而并不更新。

　　2）仅编辑区域。该选项表示将不执行面的计算。

　　3）全部重置。该选项表示要将所有面重设为默认值。

　　2．"面"选项卡："面"功能选项用于分析产品模型的成型性（制模性）信息，如面拔模角和倒扣。"面"选项卡如图 3-57 所示。其中的选项包括：高亮显示所选的面、拔模角限制、设置所有面的颜色、交叉面、底切区域、底切边、选定的面透明度和未选定的面透明度。

图 3-55　"检查区域"对话框　　图 3-56　"矢量"对话框　　图 3-57　"面"选项卡

　　（1）高亮显示所选的面：该选项用于高亮显示所设定的特定拔模角的面。如果设置了"拔模角限制"选项和"面拔模角"类型，系统会高亮显示所选的面。

　　（2）拔模角限制：在后面的文本框中可输入拔模角度值（只能是正值）。在"面拔模角"选项组中可以指定界限以定义全部、正的（大于或等于）、正的（大于）、竖直（等于）、负的

卡如图 3-64 所示。

图 3-60 "拆分面"对话框

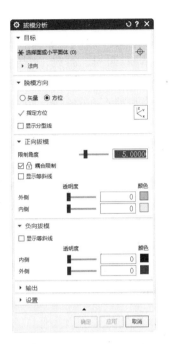

图 3-61 "拔模分析"对话框

图 3-62 "区域"选项卡

图 3-63 设置区域颜色

图 3-64 "信息"选项卡

（1）面属性：选择"面属性"单选按钮，然后单击产品体上的某一个面，该面的属性（包括面类型、拔模角、最小半径、面积），会显示在对话框的下部，如图 3-65 所示。

（2）模型属性：选择"模型属性"单选按钮，然后单击产品体，下列属性（包括模型类型、边界边、体积/面积、面数、边数），会显示在对话框的下部，如图 3-65 所示。

（3）尖角：如图 3-65 所示选择"尖角"单选按钮，并定义一个角度的界限和半径的值，可用以确认模型可能存在的问题。可以单击颜色盒从调色板上选择一个不同的颜色，单击"应用"按钮，将此颜色应用到符合角度和半径要求的面和边界上。

图 3-65 面、模型和尖角属性

3.2.4 设计分型面

单击"注射模向导"选项卡"分型"面板上"分型面"下拉菜单中的"设计分型面"按钮，系统弹出"设计分型面"对话框，如图 3-66 所示。

1．编辑分型线：分型线定义为模具面与实际产品的相交线，一般零件的分型面可以根据零件形状（如最大界面处）和成品从模具中的顶出方向等因素确定。但是系统指定的分型面不一定符合要求。

单击"编辑分型线"选项组中的单击"编辑分型线"按钮，可在视图中选择曲线添加为分型线。

单击"遍历分型线"按钮，系统弹出如图 3-67 所示的"遍历分型线"对话框。

（1）公差：该选项用于定义选择下一个候选曲线或边界时的公差值。注射模向导会用临时显示下一个候选线的方法来引导选择分型线。

（2）按面的颜色遍历：该选项用于选择任意一条两边有不同颜色的面的曲线。它会自动搜索所有与开始曲线有相同特征（两边有不同颜色的面）的相连曲线。

（3）终止边：用于选择一个两边有不同颜色的局部的线环。只有当"按面的颜色遍历"选项选中时，该选项才变得可选。

2．编辑分型段：

（1）选择分型或引导线：如果分型线不在同一个平面上，系统将不能自动创建边界平面。这时就需要对分型线进行编辑或定义，将不在同一平面上的分型线进行转换。选中一段分型线，"注塑模向导"会在该分型线的一端添加中止点，同时添加一个引导线。

（2）选择过渡曲线：用于对已存在的过渡曲线进行选择或取消选择操作，以得到合理的过渡对象。

（3）编辑引导线：单击此按钮，系统弹出如图 3-68 所示的"引导线"对话框，在其中可以对引导线的长度和方向进行编辑。

3．创建分型面：分型面用于分割和修剪型腔和型芯。Mold Wizard 提供了多种创建分型面的方式。创建分型面的最后一步为缝合曲面，可手工确定创建的片体。

创建分型面前必须要创建分型线，分型面的形状需根据分型线的形状来确定。"创建分型面"选项组如图 3-69 所示。

创建分型面需要两个步骤：

（1）从系统所识别的分型线中分段逐个创建片体，或者创建一个自定义的片体。

（2）缝合所创建的片体，使之从分型片体开始到成型镶件边缘之间形成连续的边界。

Mold Wizard 将逐段高亮显示分型线段，根据所选择的分型段的具体情况，设计者可自行更改创建方法和分型面方向。

系统提供的分型面创建方法有"拉伸""扫掠""有界平面""扩大的曲面"和"条带曲面"。

图 3-66　"设计分型面"对话框

图 3-67　"遍历分型线"对话框

图 3-68　"引导线"对话框

图 3-69 "创建分型面"选项组

拉伸是将分模曲线或者过渡对象的某些部分沿着指定的方向扩展，从而创建出分型曲面。需要注意的是，边线拉伸时必须有单一的拉伸方向，并且角度必须小于 180º。单击"拉伸"按钮，其延展方向可以通过"拉伸方向"来指定。

如果所有的分型线环都在单一平面上，则可以使用"有界平面"创建分型面。

如果一个分段在一个单一曲面上，可以使用"扩展曲面"创建分型面。当在一个位于同一曲面的闭合的分型线段上创建一个扩展面时，扩大面会自动被该分型线修剪。当在一个位于同一曲面但不闭合的分型线段上创建一个扩展面时，可以在分段的每端定义一个创建方向。在这种情况下，扩展面会由分型段和修剪方向来修剪。可以使用两个滑块来调整扩展面的大小。

3.2.5 定义区域

单击"注射模向导"选项卡"分型"面板上的"定义区域"按钮，弹出如图 3-70 所示的"定义区域"对话框。

提取区域功能可执行一个单一任务：提取型芯和型腔的区域。

在使用该功能时，系统会在相邻的分型线中自动搜索边界面和修补面。如果体的面的总数不等于分别复制到型芯和型腔的面的总和，则很可能是没有正确定义边界面。如果发生这种情况，系统会提出警告并高亮显示有问题的面，但是仍然可以忽略这些警告并继续提取区域。

3.2.6 创建型芯和型腔

单击"注射模向导"选项卡"分型"面板上的"定义型腔和型芯"按钮，弹出如图 3-71 所示的"定义型腔和型芯"对话框。利用该对话框可创建两个片体，一个用于型芯，一个用于型腔。选择区域后，系

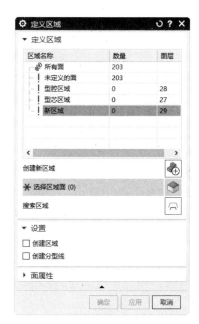

图 3-70 "定义区域"对话框

统会预先高亮显示并预选择分型面、型芯或型腔以及所有修补面。在退出该对话框时会完成全部的分型。

1. 选择片体:选择"型腔区域",补片面及型腔区域会高亮显示,修剪片体会链接到型腔部件中并自动修剪工件。

如果修剪片体创建成功,它会链接到型腔部件中,同时在收缩部件中的表达式split_cavity_supp 的值会设定为1,以释放型腔部件中的修剪特征。之后型腔部件会切换为显示部件,型腔体会同"查看分型结果"对话框一起出现。在"查看分型结果"对话框中,可以选择选项来改变型腔的修剪方向。"查看分型结果"对话框如图3-72所示。

创建型芯的方法与创建型腔的相同。若选择"所有区域",将自动创建型芯和型腔。

图3-71 "定义型腔和型芯"对话框

图3-72 "查看分型结果"对话框

2. 抑制:抑制分型功能允许在分型设计已经完成后,对产品模型作一个复杂的变更。抑制分型应用于以下几种情况:

- 分型和模具组件设计已经完成;
- 变更必须直接作用在模具设计工程里的产品模型上。

3.2.7 交换模型

交换模型功能用于以一个新版本产品模型来代替模具设计中的原版产品模型,并保持原有的合适的模具设计特征。交换模型包括三个步骤:加载新产品模型、编辑补片/分型面和更新分型。

1. 加载新产品模型:单击"注射模向导"选项卡"分型"面板上的"交换模型"按钮 ,系统弹出"打开"对话框,可加载一个新版本的产品模型文件。选择一个新的部件文件后单击"确定"按钮,系统将自动完成更新模型。

如果更新模型成功完成,会显示一个"交换产品模型"的信息,如图3-73所示。同时会

显示一个"信息"对话框，列出"parting"部件中更新失败的特征，并标记为过时的状态，如图 3-74 所示。如果显示模型失败，会显示一个交换失败的信息，单击"确定"按钮即可。

图 3-73　"交换产品模型"对话框

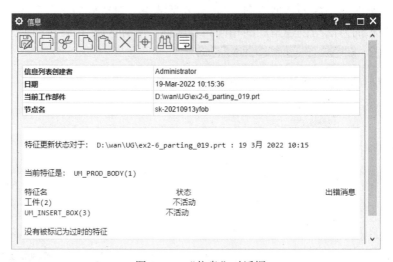

图 3-74　"信息"对话框

2．编辑分型线/分型面：当新模型文件的分型线和分型面发生变更时，框选择"设计分型面"对话框中的编辑分型线/编辑分型面选项来改变分型线或分型面，以重新生成分型线和分型面。

3．更新分型：可以自动或手动更新分型。

3.2.8　仪表盖模具设计——分型设计

01 创建分型线。

❶单击"注射模向导"选项卡"分型"面板上的"设计分型面"按钮，弹出如图 3-75 所示的"设计分型面"对话框。

❷单击"编辑分型线"选项组中的"选择分型线"按钮，在视图上选择实体的底面边线。如果选择如图 3-76 所示的分型线局部，则警告分型线环没有封闭。继续选择其他底面边线，单击"确定"按钮，系统自动生成如图 3-77 所示的分型线。

❸单击"注射模向导"选项卡"分型"面板上的"分型导航器"按钮，在打开的"分型导航器"对话框中取消勾选"产品实体""工件线框"和"曲面补片"3 个选项，然后关闭对话框。

❹单击"注射模向导"选项卡"分型"面板上的"设计分型面"按钮，弹出"设计分型

面"对话框。在"编辑分型段"中选择"选择分型或引导线"选项，单击如图 3-78 所示的点 1 和点 2，创建引导线。单击"确定"按钮，系统将自动按需要创建段并生成引导线。

图 3-75　"设计分型面"对话框

图 3-76　选择分型线局部

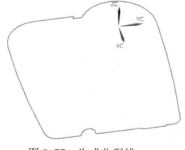

图 3-77　生成分型线

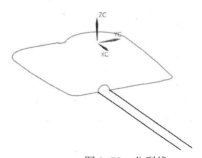

图 3-78　分型线

02 创建分型面。

❶单击"注射模向导"选项卡"分型"面板上的"设计分型面"按钮，弹出如图 3-79 所示的"设计分型面"对话框，在"分型段"列表中选择"段 1"，单击"有界平面"按钮，

采用默认方向，用鼠标拖动滑块，使分型面的拉伸长度大于工件的长度，单击"应用"按钮。

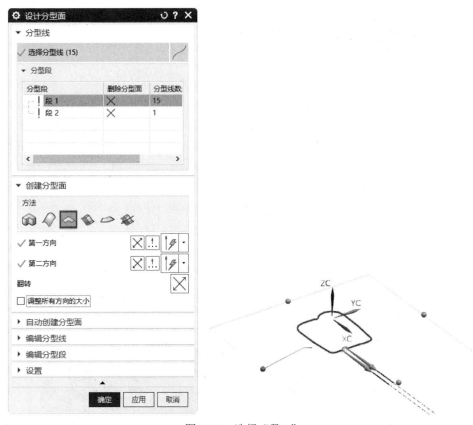

图 3-79　选择"段 1"

❷如图 3-80 所示，在"分型段"列表中选择"段 2"。在"创建分型面"选项组中单击"拉伸"按钮，用鼠标拖动"延伸距离"标志，调节曲面延伸距离，使分型面的拉伸长度大于工件的长度，单击"确定"按钮，创建的分型面如图 3-81 所示。

03 设计区域。

❶单击"注射模向导"选项卡"分型"面板上的"检查区域"按钮，弹出如图 3-82 所示的"检查区域"对话框，选择"保留现有的"选项，设置脱模方向为 ZC 轴，单击"计算"按钮。

❷选择"区域"选项卡，显示有 27 个未定义的区域，如图 3-83 所示。可以通过移动两个滑块来预览即将提取到型芯或型腔侧的面，将未定义的凸台补片和分割面定义为型腔区域。窗选所有未定义区域，将其指派到型芯区域。定义型腔面（88）和型芯面（115）的和等于总面数（203）。

04 抽取区域。

❶单击"注射模向导"选项卡"分型"面板上的"定义区域"按钮，弹出如图 3-84 所示的"定义区域"对话框。

❷选择"所有面",勾选"创建区域"复选框,单击"确定"按钮,完成型芯和型腔的抽取。

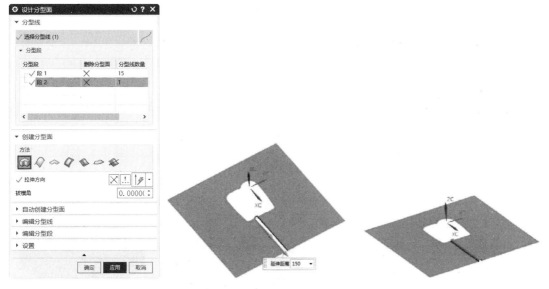

图 3-80　选择"段 2"　　　　　　　　　　　　图 3-81　创建分型面

图 3-82　"检查区域"对话框　　　图 3-83　"区域"选项卡　　　图 3-84　"定义区域"对话框

05 创建型腔和型芯。

❶单击"注射模向导"选项卡"分型"面板上的"定义型腔和型芯"按钮 ,弹出"定义型腔和型芯"对话框,如图 3-85 所示。选择"所有区域"选项,单击"确定"按钮。系统会预先高亮显示并预选择分型面、型芯或型腔以及所有修补面。

❷弹出"查看分型结果"对话框,如果型腔或型芯不符合要求,可以单击"法向反向"按

UG NX 2022

钮调整。单击"确定"按钮，创建的型腔和型芯如图 3-86 所示。

也可以在"定义型腔和型芯"对话框中分别选择"型腔区域"或"型芯区域"选项，分别创建型腔或型芯。

图 3-85 "定义型腔和型芯"对话框   图 3-86 创建型腔和型芯

第 **4** 章

模架库和标准件

　　模架主要用于安装型芯和型腔、顶出和分离机构。在 Mold Wizard 中提供了标准模架库，使得模架的结构型式和尺寸都已经标准化和系列化。标准件主要是指顶杆、浇口套和定位环等零件。

　　在完成了模具的型腔设计以后，就可以利用 Mold Wizard 的模架库和标准件功能自动生成模板、模座和标准件，来完成模具设计。

学 习 要 点

- ◎ 结构特征
- ◎ 模架设计
- ◎ 标准件

4.1 结构特征

本节简要介绍了模具设计中各种结构的特征和设计方法。

📖 4.1.1 支承零件的结构设计

塑料注射模的支承零件包括动模（或上模）座板、定模（或下模）座板、动模（或上模）板、定模（或下模）板、支承板、垫块等。塑料注射模支承零件的典型结构,如图 4-1 所示,塑料模的支承零件起装配、定位及安装作用。

1—定模座板　2—定模板　3—动模板　4—支承板　5—垫板　6—动模座板　7—推板　8—顶杆固定板

1. 动模座板和定模座板：是动模和定模的基座,也是固定式塑料注射模与成型设备连接的模板。因此,座板的轮廓尺寸和固定孔必须与成型设备上模具的安装板相适应。另外,还必须具有足够的强度和刚度。

2. 动模板和定模板：作用是固定型芯、凹模、导柱和导套等零件,俗称固定板。塑料注射成型模具种类及结构不同,固定板的工作条件也不同,但不论是什么模具,为了确保型芯和凹模等零件稳固牢靠,固定板应有足够的厚度。

动模（或上模）板和定模（或下模）板与型芯或凹模的连接方式如图 4-2 所示。其中图 4-2a 所示为常用的固定方式,装卸较方便；图 4-2b 所示的固定方法可以不用支承板,但固定板需加厚,对沉孔的加工还有一定要求,以保证型芯与固定板的垂直度；图 4-2c 所示的是固定方法最简单,既不要加工沉孔又不要支承板,但必须有足够的螺钉和销钉的安装位置,一般用于固定较大尺寸的型芯或凹模。

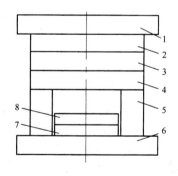

图 4-1　注射模支承零件的典型结构

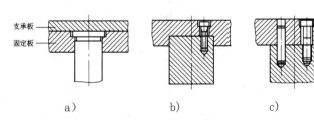

图 4-2　固定板与型芯或凹模的连接方式

3. 支承板：是垫在固定板背面的模板。它的作用是防止型芯、凹模、导柱、导套等零件脱出,增强这些零件的稳定性并承受型芯和凹模等传递来的成型压力。支承板与固定板的连接通常用螺钉和销钉,也有用铆接的。

支承板应具有足够的强度和刚度,以承受成型压力而不过量变形。其强度和刚度计算方法与型腔底板的强度和刚度计算方法相似。现以矩形型腔动模支承板的厚度计算为例说明其计算方法。图 4-3 所示为矩形型腔动模支承板受力示意图。动模支承板一般都采用中部悬空而两边用支架支承的方式，如果刚度不足将会引起制品高度方向尺寸超差，或在分型面上产生溢料而形成飞边。如图 4-3 所示，支承板可看成受均布载荷的简支梁，最大挠曲变形发生在中线上。如果动模板（型芯固定板）也承受成型压力，则支承板厚度可以适当减小。如果计算得到的支承板厚度过厚，则可在支架间增设支承块或支柱，以减小支承板厚度。

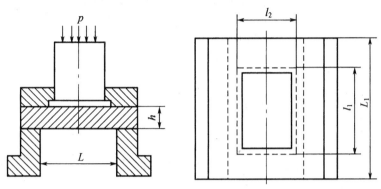

图 4-3　矩形型腔动模支承板受力示意图

支承板与固定板的连接方式如图 4-4 所示。如图 4-4a～c 所示为螺纹连接，适用于顶杆分型的移动式模具和固定式模具，为了增加连接强度，一般采用圆柱头内六角螺钉；图 4-4d 所示为铆钉连接，适用于移动式模具，它拆装麻烦，维修不便。

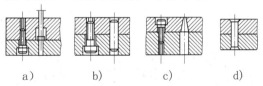

a)　　　　b)　　　　c)　　　　d)

图 4-4　支承板与固定板的连接方式

4. 垫块：垫块的主要作用是使动模支承板与动模座板之间形成用于顶出机构运动的空间和调节模具总高度，以适应成型设备上模具安装空间对模具总高的要求，因此垫块的高度应根据以上需要而定。垫块与支承板和座板的组装方法如图 4-5 所示，两边垫块高度应一致。

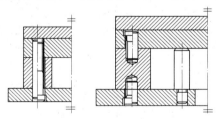

图 4-5　垫块的连接

📖 4.1.2　合模导向装置的结构设计

合模导向装置是保证动模与定模（或上模与下模）合模时正确定位和导向的装置。合模导向

装置主要有导柱导向和锥面定位。通常采用导柱导向装置，如图 4-6 所示。导柱导向装置的主要零件是导柱和导套。有的不用导套而在模板上镗孔代替导套，该孔通称导向孔。

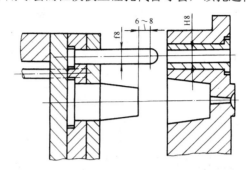

图 4-6　导柱导向装置

1．导向装置的作用。

（1）导向作用：动模和定模（上模和下模）合模时，首先是导向零件接触，引导上、下模准确合模，以免凸模或型芯先进入型腔，损坏成型零件。

（2）定位作用：可保证动模和定模（上模和下模）合模位置的正确性，以及模具型腔的形状和尺寸的正确性，从而保证制品精度。导向机构在模具装配过程中也起到了定位作用。

（3）承受一定的侧向压力：塑料注入型腔的过程中会产生单向侧面压力，或由于成型设备精度的限制，使导柱在工作中承受一定的侧压力。如果侧向压力很大，则不能完全由导柱来承担，需要增设锥面定位装置。

2．导向装置的设计原则。

（1）导向零件应合理、均匀地分布在模具的周围或靠近边缘的部位，其中心至模具边缘应有足够的距离，以保证模具的强度，防止压入导柱和导套时发生变形。

（2）根据模具的形状和大小，一副模具一般需要 2～4 个导柱。对于小型模具，通常只用两个直径相同且对称分布的导柱，如图 4-7a 所示。如果模具的凸模与凹模合模时有方位要求，，则用两个直径不同的导柱，如图 4-7b 所示；或用两个直径相同，但错开位置的导柱如图 4-7c 所示。对于大、中型模具，为了简化加工工艺，可采用三个或四个直径相同的导柱，如图 4-7d、e 所示。

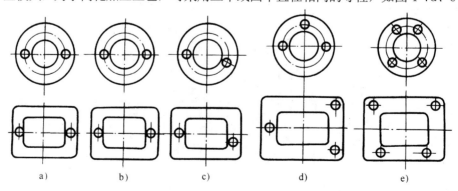

a)　　　　　b)　　　　　c)　　　　　d)　　　　　e)

图 4-7　导柱的分布形式

（3）导柱可设置在定模，也可设置在动模。在不妨碍脱模取件的情况下，导柱通常设置在型芯高出分型面的一侧。

（4）当上模板与下模板采用合模加工工艺时，导柱装配处直径应与导套外径相等。

（5）为保证分型面很好地接触，导套在分型面处应制有承屑槽，一般都是削去一个面，如图4-8a所示，或在导套的孔口倒角，如图4-8b所示。

（6）各导柱、导套（导向孔）的轴线应保证平行，否则将影响合模的准确性，甚至损坏导向零件。

3. 导柱的结构、特点及用途。导柱的结构形式随模具结构大小及制品生产批量的不同而不同。目前在生产中常用的导柱结构有以下几种：

（1）台阶式导柱：注射模常用的标准台阶式导柱有带头和有肩两类，压缩模也采用类似的导柱。图4-9所示为台阶式导柱导向装置。在小批量生产时，带头导柱通常不需要导套，导柱直接与模板导向孔配合，如图4-9a所示，也可以与导套配合，如图4-9b所示，带头导柱一般用于简单模具。有肩导柱一般与导套配合使用，如图4-9c所示，导套内径与导柱直径相等，便于导柱固定孔和导套固定孔的加工。如果导柱固定板较薄，可采用图4-9d所示的有肩导柱，其固定部分有两段，分别固定在两块模板上。

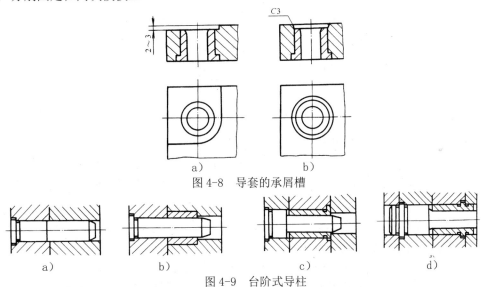

图4-8 导套的承屑槽

图4-9 台阶式导柱

（2）铆合式导柱结构：如图4-10所示，其中图4-10 a所示的导柱固定不够牢固，稳定性较差，为此可将导柱沉入模板1.5～2mm，如图4-10b、c所示。铆合式导柱结构简单，加工方便，但导柱损坏后更换麻烦，主要用于小型简单的移动式模具。

（3）合模销：如图4-11所示。在垂直分型面的组合式凹模中，为了保证锥模套中拼块相对位置的准确性，常采用两个合模销。分模时，为了使合模销不被拔出，其固定端部分采用 H7/K6 过渡配合，另一滑动端部分采用 H9/f9 间隙配合。

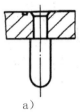
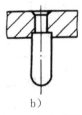
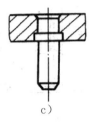
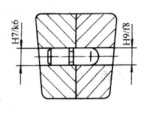

图 4-10　铆合式导柱　　　　　　　　图 4-11　合模销

4．导套和导向孔的结构及特点。

（1）导套：注射模常用的标准导套有直导套和带头导套两大类。导套的固定方式如图 4-12 所示，图 4-12a、b、c 所示为直导套的固定方式，结构简单，制造方便，用于小型、简单模具；图 4-12d 所示为带头导套的固定方式，结构复杂，加工较难，主要用于精度要求高的大型模具。对于大型注射模或压缩模，为防止导套被拔出，导套头部安装方法如图 4-12c 所示；如果导套头部无垫板，则应在头部加装盖板，如图 4-12d 所示。根据生产需要，也可在导套的导滑部分开设油槽。

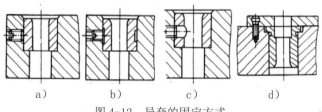

图 4-12　导套的固定方式

（2）导向孔：导向孔直接开设在模板上，适用于生产批量小、精度要求不高的模具。导向孔应做成通孔（图 4-13b），如果加工成盲孔（见图 4-13a），则因孔内空气无法逸出，对导柱的进入有反压缩作用，有碍导柱导入。如果模板很厚，导向孔必须做成盲孔时，则应在盲孔侧壁增加通孔或排除废料的孔，或在导柱侧壁及导向孔开口端磨出排气槽，如图 4-13c 所示。

在穿透的导向孔中，除按其直径大小需要一定长度的配合外，其余部分孔径可以扩大，以减少配合精加工面，并改善其配合状况。

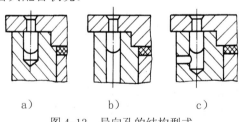

图 4-13　导向孔的结构型式

5．锥面定位结构：图 4-14 所示为增设锥面定位的模具。这种模具适用于模塑成型时侧向压力很大的情况。其锥面配合有两种形式：一种是两锥面之间镶上经淬火的零件 A；另一种是两锥面直接配合，此时两锥面均应热处理达到一定硬度，以增加其耐磨性。

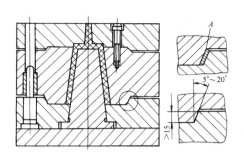

图 4-14　增设锥面定位的模具

4.1.3　模具零件的标准化

随着人们对塑料制品需求量的不断增加，塑料模标准化显得更加重要。塑料制品加工行业的显著特点之一是高效率、大批量的生产方式。这样的生产方式要求尽量缩短模具的生产周期，提高模具制造质量。为了实现这个目标就必须采用模具标准模架及标准零件。

标准化概括起来有以下的优点：

1）简单方便，买来即用，不必库存。

2）能使模具的价格降低。

3）简化了模具的设计和制造。

4）缩短了模具的加工周期，促进了塑料制品的更新换代。

5）模具的精度及动作的可靠性得以保证。

6）提高了模具中易损零件的互换性。

7）模具标准化便于实现对外技术交流，扩大贸易，增强国家技术经济实力。

工业发达的国家都十分重视模具标准化工作，目前世界较流行的模具标准有：国际模具标准化组织 ISO/TC29/SC8 制定的国际通用模具技术标准、德国的 DIN 标准、美国 DME 公司标准、日本的 JIS 和 FUTABA 标准等。我国十分重视模具标准化工作，由全国模具标准化技术委员会制定了冲模模架、塑料模模架和这两类模具的通用零件及其技术条件等国家标准。塑料模国家标准大致分为 3 大类：

1）基础标准：模具术语（GB/T 8845—2017）、塑料模塑件尺寸公差（GB/T 14486—2008）。

2）产品标准：如塑料注射模模架（GB/T 12555—2006）。

3）工艺与质量标准：如塑料注射模零件技术条件（GB/T 4170—2006）、塑料注射模模架技术条件（GB/T 12556—2006）等。

4.2　模架设计

模架是用于型腔和型芯装夹、顶出和分离的装置。模架尺寸和配置的要求对于不同类型的工程有很大不同。模架包括以下几种类型：标准模架、可互换模架、通用模架和自定义模架。

1. 标准模架：用于要求使用标准模架的情况。标准的模架是由结构、形式和尺寸都标准

化、系列化并具有一定互换性的零件成套组合而成。标准模架的基本参数（如模具长度和宽度、板的厚度或模具打开距离）可以很容易地在如图4-15所示的"模架库"对话框中编辑。

2．可互换模架：可互换模架用于需要非标准设计的情况。可互换模架以标准结构的尺寸为基础，但它可以很容易地调整为非标准的尺寸。

3．通用模架：通用模架可以通过配置不同模架板来组合成数千种模架。通用模架适用于可互换模架选项不能满足要求的情况。

4．自定义模架：如果上面三种模架都不符合需求，可以自己定义模架结构、形式和尺寸，并可以将它添加到注射模向导的库中，以方便以后使用。

单击"注射模向导"选项卡"主要"面板上的"模架库"按钮，系统弹出如图4-15所示的"模架库"对话框和"重用库"对话框。

在"重用库"对话框中包含文件夹视图、成员选择、部件、设置等选项。利用该对话框，可以选择一些供应商提供的标准模架或者自己组合生成模架。

图4-15　"模架库"对话框和"重用库"对话框

"重用库"中各按钮的含义如图4-16所示。

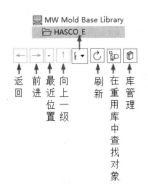

图 4-16　"重用库"中各按钮的含义

4.2.1　名称

在"文件夹视图"选项组的"名称"列表中可以选择不同模架供应商提供的模架，如图 4-17 所示。名称的选择依赖于工程的单位。如果工程单位是英制的，只有英制的模架才能使用；如果工程单位是米制的，则只有米制的模架才能使用。

图 4-17　"名称"列表

米制的模架包括 DME、HASCO_E、FUTABA_S、FUTABA_DE、FUTABA_FG 等规格；英制的模架包括 DME、HASCO、Omni、UNIVERSAL（通用模架）。

4.2.2　成员选择

在"文件夹视图"选项组的"名称"列表中选择不同的模架库文件后，在"成员选择"列表中会显示不同配置的模架，如 A 系列、B 系列或三板模，如图 4-18 所示。选择某个对象，将弹出如图 4-19 所示的"信息"对话框，显示所选模架的信息。

不同的模架规格有不同的类型，如 DME 模架类型包括 2A（二板式 A 型）、2B（二板式 B型）、3A（三板式 A 型）、3B（三板式 B 型）、3C（三板式 C 型）、3D（三板式 D 型）六种类型。

在选择模架时，首先根据工程单位和模具特点在目录下拉菜单中选择模架规格，然后再在后面的类型下拉列表中选择模架的类型。

常用的二板式和三板式模架的特点如下：

1．二板式注射模：两板式注射模是最简单的一种注射模，它仅由动模和定模两部分组成，如图 4-20 所示。这种简单的二板式注射模在生产中的应用十分广泛，根据实际制品的要求，也可增加其他部件，如嵌件支承销、螺纹型芯和活动型芯等，使这种简单的二板式结构演变成多种复杂的结构。在大批量生产中，二板式注射模可以被设计成多型腔模。

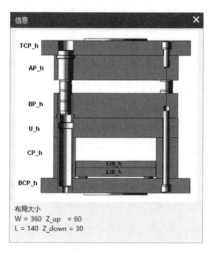

图 4-18　"成员选择"列表　　　　　图 4-19　"信息"对话框

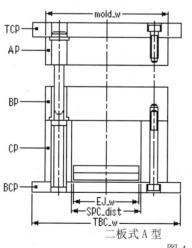

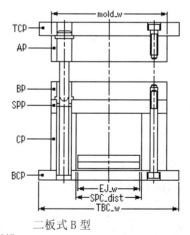

二板式 A 型　　　　　　　　二板式 B 型

图 4-20　二板式注射模

TCP—定模座板　　AP—定模固定板　BP—动模固定板　SPP—动模垫板　CP—垫块　BCP—动模座板

2．三板式模具：三板式模具中流道和模具分型面在不同的平面上，当模具打开时，流道凝料能和制品一起被顶出并与模具分离。这种模具的一大特点是制品必须用中心浇口注射成型。除了边缘和侧壁外，可以在制品的任何位置设置浇口。三板式模具可以自断浇口。制品和流道凝料自模具的不同平面落下，能够很容易地分开送出。

三板式模具的组成包括定模板（也叫浇道、流道板或者锁模板）、中间板（也叫型腔板和浇口板）和动模板等，如图 4-21 所示。和两板式模具相比，这种模具在定模板和动模板之间多了一个浮动模板，浇注系统常在定模板和中间板之间，而制品则在浮动部分和动模固定板之间。

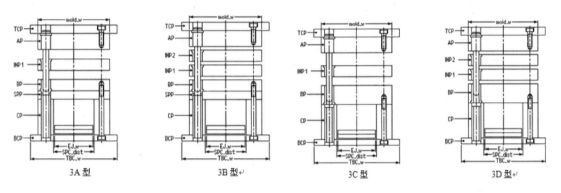

图 4-21　三板式模具

4.2.3　详细信息

在"成员选择"选项组中选择对象后会在"模架库"对话框中增加"详细信息"选项组，如图 4-22 所示。拖动滚动条可以浏览整个模架可编辑的尺寸。当选中一个尺寸时，它将显示在尺寸编辑窗口，可以对其进行以编辑。

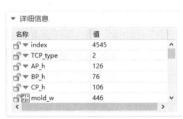

图 4-22　"详细信息"选项组

4.2.4　编辑注册器和数据库

在"设置"选项组中单击"编辑注册器"按钮，可打开模架登记电子表格文件。模架登记电子表格文件包含配置对话框和定位库中的模型的位置、控制数据库的电子表格，以及位图图像等模架管理系统的信息：，如图 4-23 所示。

在"设置"选项组中单击"编辑数据库"按钮，可打开当前对话框中显示的模架数据库电子表格文件。模架数据库电子表格文件包括定义特定模架尺寸和选项的相关数据，如图 4-24所示。

	A	B	C	D
1	##DME_MM			
2				
3				
4	TYPE	CAT_DAT	MODEL	BITMAP
5	2A	/moldbase/metric/dme_m/dme_m2a.xs4	/moldbase/metric/dme_m/dm.prt	/moldbase/bitmap/dme_2a.xbm
6	2B	/moldbase/metric/dme_m/dme_m2b.xs4		/moldbase/bitmap/dme_2b.xbm
7	3A	/moldbase/metric/dme_m/dme_m3a.xs4		/moldbase/bitmap/dme_3a.xbm
8	3B	/moldbase/metric/dme_m/dme_m3b.xs4		/moldbase/bitmap/dme_3b.xbm
9	3C	/moldbase/metric/dme_m/dme_m3c.xs4		/moldbase/bitmap/dme_3c.xbm
10	3D	/moldbase/metric/dme_m/dme_m3d.xs4		/moldbase/bitmap/dme_3d.xbm
11				
12				
13				
14				

DME_MM / DMS_MM / UNIVERSAL_MM / HASCO_E / HASCO_REFEREN

图 4-23　模架登记电子表格文件

	A	B	C	D	E	F	G	H	I
1	## DME MOLDBASE METRIC								
2									
3	SHEET_TYPE	0							
4									
5	PARENT	<UM_ASS>							
6									
7	ATTRIBUTES								
8	MW_COMPONENT_NAME=MOLDBASE								
9	CATALOG=<index>								
10	DESCRIPTION=MOLDBASE								
11	SUPPLIER=DME								
12	MATERIAL=STD								
13	TCP::CATALOG=DME N0<TCP_name>-<index>-<TCP_h>								
14	TCP::SUPPLIER=DME								

DME_M

图 4-24　编辑数据库文件

4.2.5　仪表盖模具设计——加入模架

01 单击"注射模向导"选项卡"主要"面板上的"模架库"按钮，弹出"重用库"对话框和"模架库"对话框，在"名称"列表中选择"HASCO_E"，在"成员选择"中选择"Type 1（F2M2）"，设置"详细信息"中的"index"为"346×546"，如图 4-25 所示。

图 4-25　"重用库"对话框和"模架库"对话框

02 单击"应用"按钮 [应用]，可以看到模架的上模板厚度与成型工件的厚度尺寸不匹配，需要进行修改。

03 在"详细信息"中修改上模板的高度"AP_h"为 60，如图 4-26 所示。修改下模板的高度"BP_h"为 30，如图 4-27 所示。单击"应用"按钮，完成上、下模板参数的调整。

04 单击"模架库"对话框中的"旋转"按钮 🔄，旋转模架，调整模架的方向，结果如图 4-28 所示。

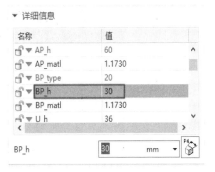

图 4-26　修改上模板高度　　　　图 4-27　修改下模板高度

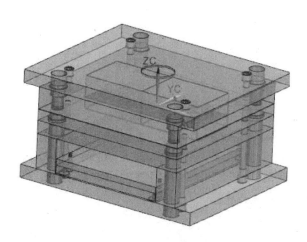

图 4-28　调整旋转模架方向

4.3　标准件

模具标准件即将模具的一部分附件标准化。模具标准件便于替换使用，可以提高模具生产效率。本节将介绍如何创建标准件及编辑标准件。

单击"注射模向导"选项卡"主要"面板上的"标准件库"按钮 📁，弹出如图 4-29 所示的"标准件管理"对话框和"重用库"对话框，其中包括"名称"和"成员选择"等选项。

图 4-29　"标准件管理"对话框和"重用库"对话框

4.3.1　名称

　　"名称"列表中列出了可用的标准件库。米制的库用于用米制单位初始化的模具工程，英制的库用于用英制单位初始化的模具工程。图 4-30 所示的"名称"列表中包括 DME_MM、HASCO_MM、FUTABA_MM、MISUME 等选项。日本 FUTABA 公司的标准件比较常用，表 4-1 给出了 FUTABA_MM 系列标准件的名称和注解。

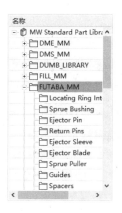

图 4-30　"名称"列表

表 4-1 FUTABA_MM 系列标准件名称和注解

名 称	注 解	名 称	注 解
Locating Ring Interchangeable	可互换定位环	Support	支承柱
Spruce Bushing	浇口套	Stop Buttons	限位钉
Ejector Pin	顶杆（推件杆）	Slide（滑块）	斜销
Return Pins	复位杆	Lock Unit	定位杆
Ejector Sleeve	顶管（推件管）	Screws	定距螺钉
Ejector Blade	扁顶杆（扁推件杆）	Gate Bushings	点浇口嵌套
Spruce Puller	拉料杆	Strap	定距拉板
Guides	导柱导套	Pull Pin	尼龙扣
Spacers	垫圈	Springs	弹簧

📖4.3.2 成员选择

在"名称"列表中选择不同的标准件库后，在"成员选择"列表中会显示不同的标准件规格，如图 4-31 所示。选择某个对象，弹出如图 4-32 所示的"信息"对话框，显示所选标准件的信息。

图 4-31 "成员选择"列表

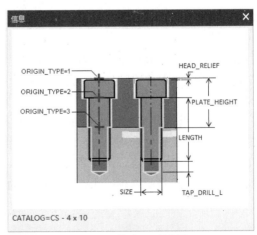

图 4-32 "信息"对话框

4.3.3 放置

1. 父：在"父"下拉列表中可以为用户所添加的标准件选择一个父装配，如图 4-33 所示。如果下拉列表中没有要选的父装配名称，可以在加入标准件前把该父装配设为工作部件。

2. 位置：在"位置"下拉列表中可以为标准件选择主要的定义参数方式，包括"NULL""WCS""WCS_XY""POINT""POINT PATTERN""PLANE""ABSOLUTE"等选项，如图 4-34 所示。

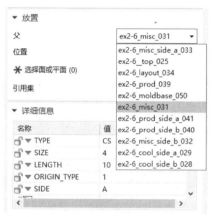

图 4-33　"父"级下拉列表

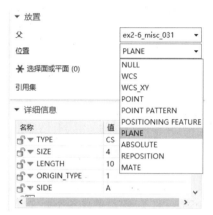

图 4-34　"位置"下拉列表

其中部分选项的含义如下：

（1）NULL：该选项表示标准件的原点为装配树的绝对坐标原点（0，0，0）。

（2）WCS：该选项表示标准件的原点为当前工作坐标系（WCS）原点（0，0，0）。

（3）WCS_XY：该选项表示标准件的原点为工作坐标平面上的点。

（4）POINT：该选项表示标准件的原点为用户所选 XY 平面上的点。

（5）PLANE：该选项表示先选择一平面作为 XY 平面，然后定义标准件的原点为 XY 平面上的点。

（6）MATE：该选项表示先在任意点加入标准件，然后用 MATE 条件对标准件进行定位装配。

3. 引用集：

引用集选项用于控制标准件的显示状态。大多数模具组件都要求在模架中创建一个剪切的腔体以放置组件。要求放置腔体的标准件会包含一个腔体剪切用的 FALSE 体，该体用于定义腔体的形状。

（1）TURE：选择此选项，表示显示标准件实体，不显示放置标准件用的腔体。

（2）FALSE：选择此选项，表示不显示标准件实体，显示标准件建腔后的型体。

（3）Entire Part：选择此选项，标准件实体和建腔后的型体都会显示。

（4）MODEL：选择此选项，表示显示模型的几何形状（如实体和片体）或以轻量级显示。

4.3.4　部件

"新建组件"选项允许作为新组件添加多个相同类型的组件，而不是作为组件的引用件来添加。

"添加实例"默认的情况是安装一个组件的单独的引用组件（假设没有选择组件编辑），或者可以从屏幕中选择现有的标准组件来添加一个现有标准件的引用组件。

"重命名组件"选项可在加载部件之前重命名组件。

4.3.5　详细信息

在"重用库"对话框的"成员选择"选项组中选择对象后，会在"标准件管理"对话框中显示"详细信息"选项组并弹出"信息"对话框，如图 4-35 所示。

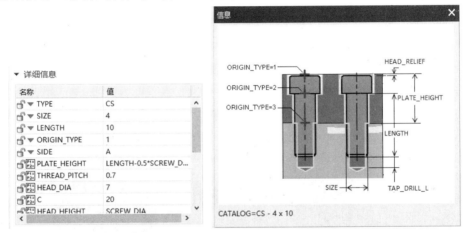

图 4-35　"详细信息"选项组和"信息"对话框

拖动滚动条可以浏览整个标准件可编辑的尺寸。当选中一个尺寸时，它将显示在尺寸编辑窗口，可以对其进行编辑。

4.3.6　设置

单击"编辑注册器"按钮，打开标准件的注册文件，可以对其进行编辑和修改。

单击"编辑数据库"按钮，打开当前对话框中显示的标准件数据库电子表格文件，在其中可以对其目录数据进行修改。数据库文件包括定义特定的标准件尺寸和选项的相关数据。

4.3.7　仪表盖模具设计——标准件设计

01 定位环设计。

❶单击"注射模向导"选项卡"主要"面板上的"标准件库"按钮，弹出"重用库"对

话框和"标准件管理"对话框。如图 4-36 所示。

❷选择"HASCO_MM"→"Locating Ring",在成员选择中选择"K100C",设置"DIAMETER"为 100、"THICKNESS"为 8,其他采用默认设置。单击"确定"按钮 确定 ,生成定位环,如图 4-37 所示。

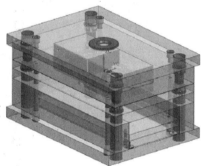

图 4-36   "重用库"对话框和"标准件管理"对话框   图 4-37   生成定位环

02 浇口套设计。

❶单击"注射模向导"选项卡"主要"面板上的"标准件库"按钮，在"重用库"对话框的名称中选择"HASCO_MM"→"Injection"分类，在成员选择中选择"Spruce Bushing [Z50, Z51, Z511, Z512]"型号。

❷设置 CATALOG 为 Z50，CATALOG_DIA 为 24，CATALOG_LENGTH 为 70，如图 4-38 所示，单击"确定"按钮 确定 ，生成浇口套如图 4-39 所示。

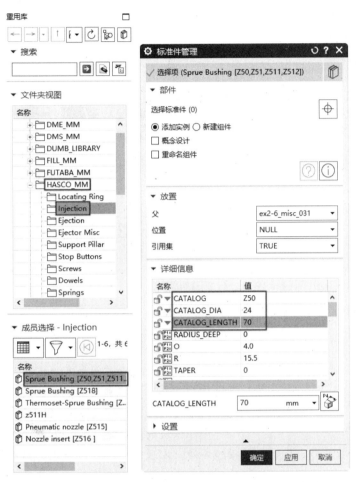

图 4-38　"重用库"对话框和"标准件管理"对话框

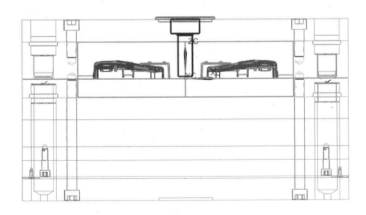

图 4-39　生成浇口套

第 **5** 章

浇注系统和冷却组件

浇注系统设计是注射模设计中最重要的项目之一。浇注系统是引导塑料熔体从注射机喷嘴到模具型腔的一段完整的输送通道。它具有传质和传压的功能，对塑件质量具有决定性的影响，它的设计合理与否，将直接影响制品的质量、模具的整体结构及工艺操作的难易程度。

浇注系统的功能是将塑料熔体顺利地充满到模腔各处，以获得外形轮廓清晰、内在质量优良的塑料制件，因此要求充模过程快而有序，压力损失小且热量散失少，排气条件好，浇注系统凝料易于与制品分离或切除。

注射成型时，模具的温度将直接影响产品的质量和注射周期，因此在使用模具时必须对模具进行冷却，使模具温度保持在一定的范围内。

冷却系统设计指的是冷却管道、接头的设计。

○ 浇注系统

○ 冷却组件设计

5.1　浇注系统

　　浇注系统设计需考虑熔体热量的散失、摩擦损耗和填充速度，以及制品的形状、尺寸和成型数量等因素。一个完整的浇注系统包括主流道、分流道和浇口。

5.1.1　浇注系统简介

　　注射模的浇注系统是指塑料熔体从注射机喷嘴到型腔所流经的通道。它的作用是将熔体平稳地引入模具型腔，并在填充和固化定型过程中将型腔内的气体顺利排出，将压力传递到型腔的各个部位，以获得组织致密、外形清晰、表面光洁和尺寸稳定的制品。因此，浇注系统设计得正确与否直接关系到注射成型的效率和制品质量。浇注系统可分为普通浇注系统和热流道浇注系统两大类。

1. 普通浇注系统的组成

　　注射模的普通浇注系统组成如图 5-1 和图 5-2 所示，浇注系统由主流道、分流道、浇口及冷料穴等四部分组成。

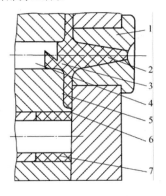

图 5-1　卧式、立式注射模用普通浇注系统

1—主流道衬套　2—主流道　3—冷料穴
4—拉料杆　5—分流道　6—浇口　7—制品

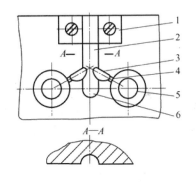

图 5-2　直角式注射模用普通浇注系统

1—主流道镶块　2—主流道　3—分流道
4—浇口　5—模腔　6—冷料穴

　　（1）主流道：主流道是指从注射机喷嘴与模具接触处开始，到有分流道支线为止的一段料流通道。它起到将熔体从喷嘴引入模具的作用，其尺寸的大小直接影响熔体的流动速度和填充时间。

　　（2）分流道：分流道是主流道与型腔进料口之间的一段流道，主要起分流和转向作用，是浇注系统的断面变化和熔体流动转向的过渡通道。

　　（3）浇口：浇口是指料流进入型腔前最狭窄的部分，是浇注系统中最短的一段。其尺寸狭小且短，目的是使料流进入型腔前加速，便于充满型腔，又利于封闭型腔口，防止熔体倒流。另外，也便于成型后冷料与制品分离。

　　（4）冷料穴：在每个注射成型周期开始时，最前端的料接触低温模具后会降温、变硬（被

称为冷料），冷料穴就是为防止此冷料堵塞浇口或影响制件的质量而设置的料穴。冷料穴一般设在主流道的末端，有时在分流道的末端也增设冷料穴。

2. 浇注系统设计的基本原则

浇注系统设计是注射模设计的一个重要环节，它直接影响注射成型的效率和质量。设计时一般遵循以下基本原则：

必须了解塑料的工艺特性，以便考虑浇注系统尺寸对熔体流动的影响。

浇注系统应能顺利地引导熔体充满型腔，料流快而不紊，并能把型腔的气体顺利排出。如图 5-3a 所示的浇注系统，从排气角度考虑，浇口的位置不合理，如改用图 5-3b 的和图 5-3c 所示浇注系统设置形式，则排气良好。

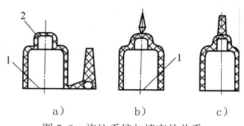

图 5-3　浇注系统与填充的关系

1—分型面　2—气泡

为防止型芯和制品变形，高速熔融塑料进入型腔时，要尽量避免料流直接冲击型芯或嵌件。对于大型制品或精度要求较高的制品，可考虑多点浇口进料，以防止浇口处由于收缩应力过大而造成制品变形。

减少熔体流程及塑料耗量，在满足成型和排气良好的前提下，塑料熔体应以最短的流程充满型腔，这样可缩短成型周期，提高成型效果，减少塑料用量。

去除与修整浇口方便，并保证制品的外观质量。

为了使热量及压力损失最小，浇注系统应尽量减少转弯，采用较低的表面粗糙度，在保证成型质量的前提下尽量缩短流程，并合理选用流道断面形状和尺寸等，以保证最终的压力传递。

3. 普通浇注系统设计

（1）主流道设计。主流道轴线一般位于模具中心线上，与注射机喷嘴轴线重合。在卧式和立式注射机用注射模中，主流道轴线垂直于分型面（见图 5-4），主流道断面形状为圆形。在直角式注射机用注射模中，主流道轴线平行于分型面（见图 5-5），主流道截面一般为等截面柱形，截面可为圆形、半圆形、椭圆形和梯形，以椭圆形应用最广。主流道设计要点如下：

1）为便于凝料从直浇道中拔出，主流道设计成圆锥形（见图 5-4），锥角 α =2°～4°，通常主流道进口端直径应根据注射机喷嘴孔径确定。设计主流道截面直径时，应注意喷嘴轴线和主流道轴线对中，主流道进口端直径应比喷嘴直径大 0.5～1mm。主流道进口端与喷嘴头部接触的形式一般是弧面，如图 5-5 所示。通常主流道进口端凹下的球面半径 R_2 比喷嘴球面半径 R_1 大 1～2mm，凹下深度为 3～5mm。

2）主流道与分流道结合处采用圆角过渡，其半径 R 为 1～3mm，以减小料流转向过渡时的阻力。

3）在保证制品成型良好的前提下，主流道的长度 L 应尽量短，以减小压力损失及废料。一般主流道长度视模板的厚度、流道的开设等具体情况而定。

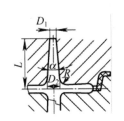

图 5-4　主流道的形状和尺寸

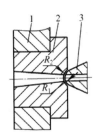

图 5-5　注射机喷嘴与主流道衬套球面接触

1—定模底板　2—主流道衬套　3—喷嘴

4）设置主流道衬套，由于主流道要与高温塑料和喷嘴反复接触和碰撞，容易损坏。所以，一般不将主流道直接开在模板上，而是将它单独设在一个主流道衬套中，如图 5-6 所示。

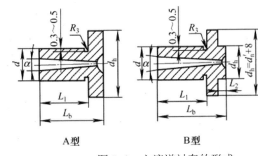

图 5-6　主流道衬套的形式

（2）分流道设计。对于小型制品单型腔的注射模，通常不设分流道；对于大型制品采用多点进料或多型腔注射模都需要设置分流道。分流道的要求是：塑料熔体在流动中热量和压力损失最小，同时使流道中的塑料量最少；塑料熔体能在相同的温度，压力条件下，从各个浇口尽可能同时地进入并充满型腔；从流动性、传热性等因素考虑，分流道的比表面积（分流道侧表面积与体积之比）应尽可能小。

1）分流道的截面形状及尺寸：分流道的截面形状及尺寸主要取决于制品的体积、壁厚、形状以及所用塑料的种类、注射速率、分流道长度等。

分流道截面积过小，会降低单位时间内输送的塑料量，并使填充时间延长，制品会出现缺料、波纹等缺陷；分流道截面积过大，不仅积存空气增多，制品容易产生气泡，而且增大塑料耗量，延长冷却时间。但对注射黏度较大或透明度要求较高的塑料，如有机玻璃，应采用截面积较大的分流道。

常用的分流道截面形状及特点见表 5-1。

表 5-1　常用的分流道截面形状及特点

截面形状	特 点	截面形状	特 点
圆形截面形状 $D = T_{max} + 1.5$	优点：比表面积最小，因此阻力小，压力损失小，冷却速度最慢，流道中心冷凝慢有利于保压 缺点：同时在两半模上加工圆形凹槽难度大，费用高 T_{max}—制品最大壁厚	梯形截面形状 $b = 4 \sim 12mm$；$h = (2/3)b$；$r = 1 \sim 3$	与 U 形截面特点近似，但比 U 形截面的热量损失及冷凝料都多。加工也较方便，因此也较常用
抛物线形截面（或 U 形） $h = 2r$（r 为圆的半径） $a = 10°$	较常用 优点：比表面积比圆形截面大，但单边加工方便，且易于脱模 缺点：与圆形截面相比，热量及压力损失大，冷凝料多	半圆形和矩形截面	两者的比表面积均较大，其中矩形截面最大，热量及压力损失大，一般不常用

　　圆形截面分流道直径一般为 2～12mm。实验证明，对多数塑料来说，分流道直径为 5～6mm 时，对熔体流动性影响较大，直径在 8mm 以上时，再增大直径，对熔体流动性影响不大。

　　分流道的长度一般为 8～30mm，可根据型腔布置适当加长或缩短，但最短不宜小于 8mm，否则会给制品修磨和分割带来困难。

　　2）分流道的布置形式：分流道的布置形式取决于型腔的布局，其遵循的原则应是排列紧凑，能缩小模板尺寸，减小流程，锁模力力求平衡。

　　分流道的布置形式有平衡式和非平衡式两种，以平衡式布置形式最佳。

　　分流道平衡式的布置形式见表 5-2。其主要特征是：主流道和各个型腔的分流道的长度、断面形状及尺寸均相等，以达到各个型腔能同时均衡进料的目的。

　　分流道非平衡式的布置形式见表 5-3。它的主要特征：是各型腔的流程不同，为了使各型腔同时均衡进料，必须将浇口加工成不同尺寸，同样空间时，比平衡式布置形式排列容纳的型腔数目多，型腔排列紧凑，总流程短。因此，对于精度要求特别高的制品，不宜采用非平衡式布置形式的分流道。

　　3）分流道设计要点：分流道的截面和长度设计应在保证顺利充型的前提下尽量取小值，尤其是小型制品。

　　分流道的表面粗糙度值一般为 1.6μm 即可，这样可以使熔融塑料的冷却皮层固定，有利于保温。

表 5-2　分流道平衡式的布置形式

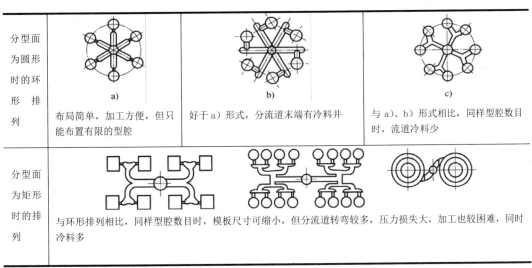

分型面为圆形时的环形排列	a)	b)	c)
	布局简单，加工方便，但只能布置有限的型腔	好于 a) 形式，分流道末端有冷料井	与 a)、b) 形式相比，同样型腔数目时，流道冷料少
分型面为矩形时的排列	与环形排列相比，同样型腔数目时，模板尺寸可缩小，但分流道转弯较多，压力损失大，加工也较困难，同时冷料多		

表 5-3　分流道非平衡式的布置形式

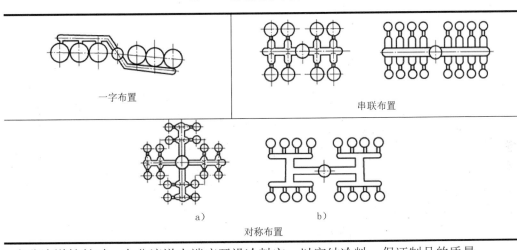

一字布置　　　　　　　　　串联布置

a)　　　　　　b)
对称布置

当分流道较长时，在分流道末端应开设冷料穴，以容纳冷料，保证制品的质量。

分流道与浇口的连接处要如图 5-7 所示以斜面或圆弧过渡，这样有利于熔料的流动及填充。否则会引起反压力，消耗动能。

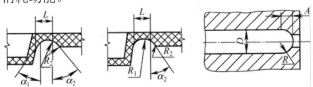

图 5-7　分流道与浇口的连接形式

（3）浇口设计：浇口是连接分流道与型腔的进料通道，是浇注系统中截面最小的部分。其作用是使熔料通过浇口时产生加速度，从而迅速充满型腔。浇口处的熔料首先冷凝，封闭型腔，可防止熔料倒流。成型后浇口处凝料最薄，利于与制品分离。浇口的形式很多，常见的有

以下几种。

1）侧浇口（又称边缘浇口）。该浇口设置在模具的分型面，截面通常为矩形，可用于各种形状的制品。其形状和尺寸见表5-4所示，

2）扇形浇口。其形状和侧浇口类似，可用于成型宽度较大的薄片制品，其形状和尺寸见表5-5。

3）平缝式浇口（又叫薄片式浇口），该浇口可改善熔料流速，降低制品内应力和翘曲变形，适用于成型大面积扁平塑料。其形状和尺寸见表5-6。

4）直接浇口（又叫主流道型浇口）。熔体经主流道直接进入型腔，由于该浇口尺寸大，流动阻力小，故常用于高黏度塑料的壳体类及大型、厚壁制品的成型。其形状和尺寸见表5-7。

5）环形浇口。该浇口可获得各处相同的流程和良好的排气，适用于圆筒形或中间带孔的制品。其形状和尺寸见表5-8。

表5-4　侧浇口形状和尺寸　　　　　　　　　（单位：mm）

模具类型	浇口简图	塑料名称	a			b	l
			壁厚<1.5	壁厚=1.5～3	壁厚>3		
热塑性塑料注射模		聚乙烯 聚丙烯 聚苯乙烯	简单塑料 0.5～0.7 复杂塑料 0.5～0.6	简单塑料 0.6～0.9 复杂塑料 0.6～0.8	简单塑料 0.8～1.1 复杂塑料 0.8～1.0	3～10a （中小型制品）	0.7～2
		ABS 聚甲醛	简单塑料 0.6～0.8 复杂塑料 0.5～0.8	简单塑料 1.2～1.4 复杂塑料 0.8～1.2	简单塑料 0.8～1.1 复杂塑料 0.8～1.0		
		聚碳酸酯 聚苯醚	简单塑料 0.8～1.2 复杂塑料 0.6～1.0	简单塑料 1.3～1.6 复杂塑料 1.2～1.5	简单塑料 1.0～1.6 复杂塑料 1.4～1.6	>10a （大型制品）	
热固性塑料注射模		注射型酚醛塑料粉	0.2～0.5			2～5	1～2

6）轮辐式浇口。其特点是浇口去除方便，但制品上往往留有熔接痕，适用范围与环形浇口相似，见表5-9。

表 5-5　扇形浇口形状和尺寸　　　　　　　　　　　　（单位：mm）

简　　图	尺　　寸
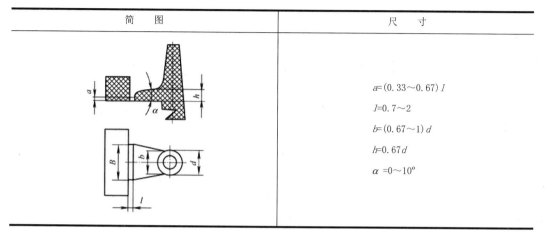	$a=(0.33\sim0.67)\,l$ $l=0.7\sim2$ $b=(0.67\sim1)\,d$ $h=0.67d$ $\alpha=0\sim10^{\circ}$

表 5-6　平缝式浇口形状和尺寸　　　　　　　　　　　　（单位：mm）

简　　图	尺　　寸
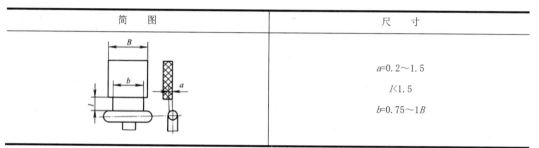	$a=0.2\sim1.5$ $l<1.5$ $b=0.75\sim1\,B$

表 5-7　直接浇口形状和尺寸　　　　　　　　　　　　（单位：mm）

简　　图	尺　　寸
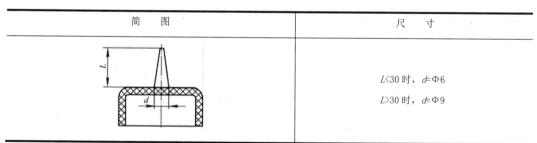	$L<30$ 时，$d=\Phi6$ $L>30$ 时，$d=\Phi9$

7）爪形浇口。爪形浇口是轮辐式浇口的变异形式浇口，尺寸可以参考轮辐式浇口。该浇口常设在分流锥上，适用于孔径较小的管状制品和同心度要求较高的制品的成型。其形状和尺寸见表 5-10。

8）点浇口（又叫橄榄形浇口或菱形浇口）。该浇口截面小如针点，适用于盆型及壳体类制品成型，不适宜平薄易变形和复杂形状制品以及流动性较差和热敏性塑料成型。其形状和尺寸见表 5-11。

9）潜伏式浇口（又叫隧道式、剪切式浇口）。该浇口是点浇口的演变形式，其特点是利于脱模，适用于要求外表面不留浇口痕迹的制品，对脆性塑料也不宜采用。其形状和尺寸见表 5-12。

UG NX 2022

表5-8　环形浇口形状和尺寸　　　　　　　　　　　　　（单位：mm）

模具类型	简　图	尺　寸
热塑性塑料注射模		$a=0.25\sim1.6$ $l=0.8\sim2$ d—直角式浇注系统的主流道直径或 立、卧式浇注系统的分流道直径
热固性塑料注射模		$a=0.3\sim0.5$ A处应保持锐角

表5-9　轮辐式浇口形状和尺寸　　　　　　　　　　　　（单位：mm）

浇口类型	简　图	尺　寸
轮辐式浇口		$a=0.8\sim1.8$ $b=1.6\sim6.4$

表5-10　爪形浇口形状和尺寸　　　　　　　　　　　　（单位：mm）

浇口类型	简　图	尺　寸
爪形浇口		参考轮辐式浇口

表 5-11　点浇口形状和尺寸

模具类型	简　图	尺寸/mm	说　明
热塑性塑料注射模	a)　　b)　　c)　　d)　　e)	$D=\phi 0.5\sim1.5$ $l=-0.5\sim2$ $\alpha=6°\sim15°$ $R=1.5\sim3$ $R_1=0.2\sim0.5$ $H=3$ $H_1=0.75D$	图 a、b 适用于外观要求不高的制品，图 c、d 适用于外观要求较高、薄壁及热固性塑料，图 e 适用于多型腔结构
热固性塑料注射模		$d=\phi 0.4\sim1.5$ $R=0.3\sim0.5$ $l=0.5\sim1.5$	当一个进料口不能充满型腔时，不宜增大浇口孔径，而应采用多点进料

表 5-12　潜伏式浇口形状和尺寸

类　型	简　图	尺寸/mm
推切式		
拉切式		$d=\phi 0.8\sim1.5$ $\alpha=30°\sim45°$ $\beta=5°\sim20°$ $l=1\sim1.5$ $R=1.5\sim3$
二次浇道式		$d=\phi 1.5\sim2.5$ $\alpha=30°\sim45°$ $\beta=5°\sim20°$ $l=1\sim1.5$ $b=0.6\sim0.8t$ $L>3d_1$

10）护耳式浇口（又叫凸耳式、冲击型浇口）。适用于聚氯乙烯、聚碳酸酯、ABS 及有机玻璃等塑料的成型。其优点是可避免因喷射而造成塑料的翘曲、层压、糊状斑等缺陷，缺点是浇口切除困难，制品上留有较大的浇口痕迹。其形状和尺寸见表 5-13。

表 5-13 护耳式浇口形状和尺寸

简 图	护耳尺寸/mm	浇口尺寸
 A—A （示意图） 	$L=10\sim20$ $B=10\sim1.5$ $H=0.8t$ t —制品壁厚	a、b、1 参照表 5-4 选取

（4）浇口位置设计。浇口位置需要根据制品的几何形状、结构特征、技术和质量要求、塑料的流动性能等因素综合加以考虑。浇口的位置选择见表 5-14。

表 5-14 浇口位置的选择

简 图	说 明	简 图	说 明
	圆环形制品采用切向进浇，可减少熔接痕，提高熔接部位强度，有利于排气，但会增加熔接痕数量。适用于大型制品		箱体形制品设置的浇口流程短，焊接痕少，焊接强度好
	框形制品采用对角浇口，可减少制品收缩变形，圆角处有反料作用，增大流速，利于成型		对于大型制品，可采用双点浇口进料来改善流动性，提高制件质量
	圆锥形制品当其外观无特殊要求时，采用点浇口进料较为合适		对于圆形齿轮制品采用直接浇口，可避免产生接缝线，齿形外观质量也可以保证
	对于壁厚不均匀制品，浇口位置应使流程一致，避免涡流而形成明显的焊接痕		对于薄板形制品，浇口设在中间长孔中可缩短流程，防止缺料和焊接痕，制件质量良好
	对于骨架形制品，浇口位置选择在中间可缩短流程，减少填充时间		对于长条形制品，采用从两端切线方向进料可缩短流程，如有纹向要求时，可改从一端切线方向进料
	对于多层骨架的薄壁制品，采用多点浇口可改善填充条件		圆形扁平制品，采用径向扇形浇口可以防止涡流，利于排气，保证制件质量

（5）冷料穴和拉料杆设计。冷料穴是用来收集料流前锋的冷料，常设在主流道或分流道末端；拉料杆的作用是在开模时，将主流道凝料从定模中拉出。冷料穴和拉料杆形状及尺寸见表 5-15。

表 5-15　冷料穴和拉料杆形状和尺寸

形式	简图	说明	形式	简图	说明
带工形拉料杆的冷料穴		常用于热塑性塑料模，也可用于热固性塑料模。使用这种拉料杆，在制品脱模后必须做侧向移动，否则无法取出制品	带拉料杆的球形冷料穴		常用于推板推出和弹性较好的塑料
带推杆的倒锥形冷料穴		适用于软质塑料	带推杆的圆形冷料穴		常用于推板推出和弹性较好的塑料
带推杆的圆环形冷料穴		用于弹性较好的塑料	主流道延长式冷料穴		常用于直角式注射机用模具

（6）排气孔设计。排气孔常设在型腔最后充满的部位，通过试模后确定。其形状及尺寸见表 5-16。

表 5-16　排气孔的形状和尺寸

简图	说明
 1—浇口　2—排气槽	排气槽开设在型腔最后充满的地方
	图 a 所示为在推杆上开设排气槽 1 的形式 图 b 所示为大型模具开设曲线型排气槽 1 的形式
	用于热塑性塑料注射模： $h<0.05$mm　$t=0.8\sim1.5$mm　$B=1.5\sim6$mm 用于热固性塑料注射模： $h=0.03\sim0.06$mm　$B=3\sim15$mm

 **注意：**

本小节主要讲述了模具设计的一些基础知识，更深的知识可以参照各种模具设计手册和相关书籍。本书的宗旨不是详细讲述如何能更好地设计出模具，而是如何通过 UG 来完成模具设计的一些基本的操作。当掌握了这些基本的操作以后，读者可以结合自己的设计经验，运用 UG 设计出更出色的模具。

5.1.2　主流道

主流道是熔体进入模具最先经过的一段流道，一般使用标准浇口套成型设计而成。

单击"注塑模向导"选项卡"主要"面板上的"标准件库"按钮，系统弹出如图 5-8 所示的"重用库"对话框和"标准件管理"对话框，在"重用库"对话框中选择"DME_MM"→"Injection"选项，在"成员选择"中即可选择需要的标准浇口套。

5.1.3　分流道

分流道是熔料经过主流道进入浇口之前的路径，设计要素分为流动路径和流道截面形状。

单击"注塑模向导"选项卡"主要"面板上的"流道"按钮，系统弹出如图 5-9 所示的"流道"对话框。

1．引导：引导线串的设计根据流道管道、分型面和参数调整要求的综合情况来考虑，共分为三种方法：

1）输入草图式样。

2）曲线通过点。

3）从引导线上增加/去除曲线。

单击"绘制截面"按钮，进入草图环境，即可绘制引导线；也可以单击"曲线"按钮，选择已有的曲线作为引导线。

2．截面类型：系统提供了 5 中常用的流道截面形式：Circular(圆形)、Parabolic(抛物线形)、Trapezoidal(梯形)、Hexagonal(六边形)和 Semi_Circular(半圆形)。不同的截面形状有不同的控制参数。

3．设置：

1）"编辑注册文件"：单击该按钮，打开注册文件表，用户可以编辑模型、数据库电子表格和位图的自定义横截面。

2）"编辑数据库"：用于用于显示一个草图数据的电子表格。

図 5-8　"重用库"对话框和"标准件管理"对话框　　　　図 5-9　"流道"对话框

5.1.4　浇口

浇口是指连接流道和型腔的熔料进入口，如图 5-10 所示。浇口根据模型特点及产品外观要求的不同有很多种设计方法。

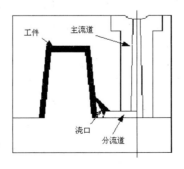

图 5-10　浇口示意图

使用设计填充命令时，UG 自动将浇口组件添加到流道特征内的所有位置。

单击"注塑模向导"选项卡"主要"面板上的"设计填充"按钮，系统弹出如图 5-11 所示的"重用库"对话框和"设计填充"对话框。

图 5-11 "重用库"对话框和"设计填充"对话框

1. 名称：此列表中列出了可用的库文件。

2. 成员选择：在"成员选择"列表中会显示多种规格，如图 5-12 中显示了不同规格的流道和浇口。选择某个对象，弹出如图 5-13 所示的"信息"对话框，其中显示了所选部件的信息。

3. 组件：勾选"重命名组件"复选框，可在加载部件之前重命名组部件。

4. 详细信息：在"重用库"对话框的"成员选择"选项组中选择对象后，会在"设计填充"对话框中显示"详细信息"选项组并弹出"信息"对话框，如图 5-14 所示。拖动滚动条可以浏览整个标准件流道和浇口可编辑的尺寸。当选中一个尺寸时，它将显示在尺寸编辑窗口以编辑。

5. 放置：指定放置所选的流道或浇口组件的位置。

6. 设置

"编辑注册器"：单击该按钮，可以编辑每个浇口模型都注册在注射模向导模块中的注册表。

116

"编辑数据库" ⊞：单击该按钮，可以在电子表格中每个浇口模型的参数都保存在电子表格中并可以编辑。

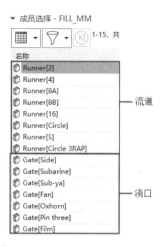

图 5-12　"成员选择"列表

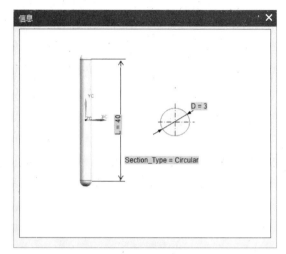

图 5-13　"信息"对话框

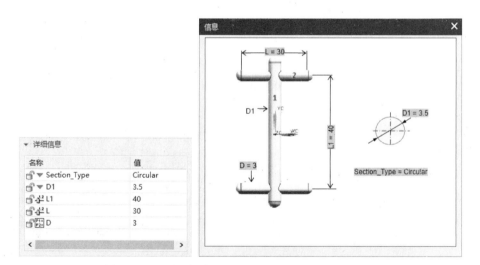

图 5-14　"详细信息"选项组和"信息"对话框

5.1.5　仪表盖模具设计——浇注系统设计

01 浇口设计。

❶单击"注塑模向导"选项卡"主要"面板上的"设计填充"按钮，弹出如图 5-15 所示的"重用库"对话框和"设计填充"对话框。

❷在"成员选择"列表中选择"Gate[Fan]"，在"设计填充"对话框的"详细信息"选项组中更改"D"为 8、"Position"为"Parting"、"L"为 4，其他采用默认设置，如图 5-16 所示。

图 5-15 "重用库"对话框和"设计填充"对话框

图 5-16 "详细信息"栏

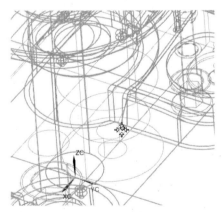

图 5-17 选择直线端点

❸在"放置"选项组中单击"选择对象"按钮⊕,选择如图 5-17 所示的零件直线端的点作为浇口的加载点。

❹选择视图中动态坐标系上的 YC 轴,输入距离为 9,按 Enter 键确认,移动浇口位置,如图 5-18 所示。

❺选取视图中动态坐标系上的"绕 ZC 轴旋转",输入角度为 180º,按 Enter 键,将浇口绕 Z 轴旋转 180º,如图 5-19 所示。

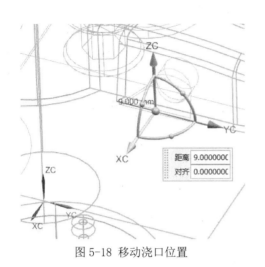

图 5-18 移动浇口位置　　　　　　　　　　　　　图 5-19 旋转浇口

❻单击"确定"按钮，完成一个浇口的创建，如图 5-20 所示。采用相同的方法，创建另一个浇口，结果如图 5-21 所示。

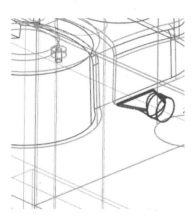

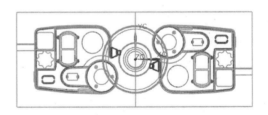

图 5-20　创建一个浇口　　　　　　　　　　图 5-21　创建另一个浇口

[02] 流道设计。

❶单击"注塑模向导"选项卡"主要"面板上的"流道"按钮 ，弹出"流道"对话框，如图 5-22 所示。

❷单击"绘制截面"按钮 ，弹出如图 5-23 所示的"创建草图"对话框，在平面方法下拉列表中选择"基于平面"，在绘图区选取 XC-YC 平面做为草图绘制面。单击"确定"按钮，进入草图绘制环境。

❸选择两个浇口的圆心绘制引导线，如图 5-24 所示。然后退出草图环境。

❹在"流道"对话框的"截面类型"中选择"Circular"（圆形）作为分流道的截面形状，其并且设置 D 为 8，单击"确定"按钮 ，完成流道的创建，如图 5-25 所示。

图 5-22　"流道"对话框　　　　图 5-23　"创建草图"对话框

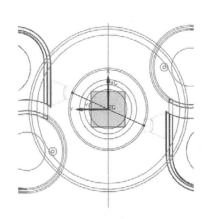
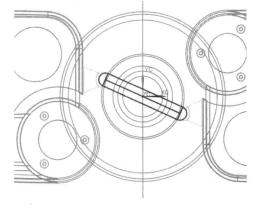

图 5-24　绘制引导线　　　　图 5-25　创建流道

5.2　冷却组件设计

注射模型腔壁的温度高低及其均匀性对成型效率和制品的质量影响很大，一般注入模具的塑料熔体温度为 200～300℃，而制品固化从模具取出时的温度为 60～80℃或以下。为了调节型腔的温度，需要在模具内开设冷却水通道（或油通道），即进行冷却系统设计。

单击"注塑模向导"选项卡"冷却工具"面板上的"冷却标准件库"按钮，系统弹出如

图 5-26 所示的"重用库"对话框和"冷却标准件库"对话框,其中提供了设计冷却系统用的标准件。具体参数的设置和操作过程可以参考 4.3 节标准件。

图 5-26　"重用库"对话框和"冷却标准件库"对话框

第  章

其他工具

本章将介绍 Mold Wizard 中的滑块、抽
芯、镶块、顶杆、电极以及模具材
料清单、模具图等。

◎ 滑块和内抽芯

◎ 镶块设计

◎ 顶杆设计

◎ 电极设计

◎ 模具材料清单

◎ 模具图

6.1　滑块和内抽芯

　　当制品上具有与开模方向不一致的侧孔、侧凹或凸台时，在脱模之前就必须要先抽掉侧向成型零件（或侧型芯），否则无法脱模。这种带动侧向成型零件移动的机构称为侧向分型机构。

　　根据动力来源的不同，自动侧向分型与抽芯机构一般可分为机动和气动（液压）两大类。

　　1．机动侧向分型与抽芯机构。　机动侧向分型与抽芯机构是利用注射机的开模力，通过传动件使模具中的侧向成型零件移动一定距离而完成侧向分型与抽芯动作。这类模具结构复杂，制造困难，成本较高，但其劳动强度小，操作方便，生产率较高，易实现自动化，故应用较为广泛。

　　2．液压或气动侧向分型与抽芯机构。液压或气动侧向分型与抽芯机构以液压力或压缩空气作为侧向分型与抽芯的动力，它的特点是传动平稳，抽拔力大，抽芯距长，但液压或气动装置成本较高。

📖6.1.1　结构设计

　　利用斜导柱进行侧向抽芯的机构是一种最常用的机动抽芯机构，如图 6-1 所示。该机构组成包括斜导柱、滑块、滑块定位装置及锁紧装置等。其工作过程为：开模时，开模力通过斜导柱作用于滑块，迫使滑块在开模开始时沿动模的导滑槽向外滑动，完成抽芯。滑块定位装置将滑块限制在抽芯终了的位置，以保证合模时斜导柱能插入滑块的斜孔中，使滑块顺利复位。锁紧楔用于在注射时锁紧滑块，防止侧型芯受到成型压力的作用时向外移动。

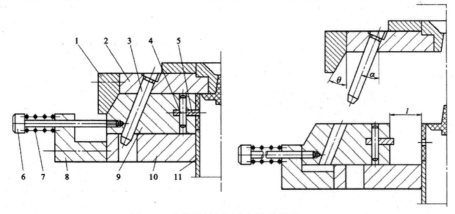

图 6-1　利用斜导柱侧向抽芯机构

1—锁紧楔　2—定模板　3—斜导柱　4—销钉　5—型芯　6—螺钉

7—弹簧　8—支架　9—滑块　10—动模板　11—推管

　　1．斜导柱设计。

　　（1）斜导柱的结构如图 6-2 所示。其中，图 6-2a 所示为圆柱形的斜导柱，有结构简单、制造方便和稳定性好等优点，所以使用广泛；图 6-2b 所示为矩形的斜导柱，当滑块很狭窄或

抽拔力大时使用，其头部形状进入滑块比较安全；图 6-2c 所示的结构适用于延时抽芯的情况，可作斜导柱内抽芯用；图 6-2d 所示的结构与图 6-2c 所示的结构使用情况类似。

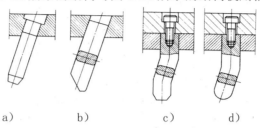

图 6-2　斜导柱结构

斜导柱固定端与模板之间的配合采用 H7/m6，与滑块之间的配合采用 0.5 ～ 1mm 的间隙。斜导柱的材料多为 T8、T10 等碳素工具钢，也可以采用 20 钢渗碳处理，热处理硬度 ≥ 55HRC，表面粗糙度 $Ra \leq 0.8\mu m$。

（2）斜导柱倾斜角 a 是决定其抽芯工作效果的重要因素。倾斜角的大小关系到斜导柱承受的弯曲力和实际达到的抽拔力，也关系到斜导柱的有效工作长度、抽芯距和开模行程。倾斜角实际上就是斜导柱与滑块之间的压力角，因此 a 应小于 25°，一般在 12° ～ 25° 内选取。

（3）斜导柱直径 d。根据材料力学，可推导出斜导柱直径 d 的计算公式为

$$d = \sqrt[3]{\frac{FL_w}{0.1[\sigma_w \cos\alpha]}} \qquad (6-1)$$

式中　d——斜导柱直径，mm；

　　　F——抽出侧型芯的抽拔力，N；

　　　L_w——斜导柱的弯曲力臂（见图 6-3）mm；

　　　$[\sigma_w]$——斜导柱许用弯曲应力（MPa），对于碳素钢可取为 140MPa；

　　　a——斜导柱倾斜角，(°)。

（4）斜导柱长度的计算。斜导柱长度根据抽芯距 s、斜导柱直径 d、固定轴肩直径 D、倾斜角 a 以及安装导柱的模板厚度 h 来确定，如图 6-4 所示。

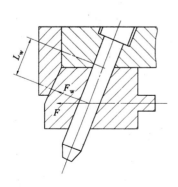
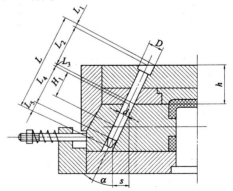

图 6-3　斜导柱的弯曲力臂　　　　图 6-4　斜导柱长度的确定

$$L = L_1 + L_2 + L_3 + L_4 + L_5$$
$$= \frac{D}{2}\text{tg}\alpha + \frac{h}{\cos\alpha} + \frac{d}{2}\text{tg}\alpha + \frac{s}{\sin\alpha} + (10 \sim 15)\text{mm} \tag{6-2}$$

2. 滑块设计。

（1）滑块形式分整体式和组合式两种。组合式是将型芯安装在滑块上，这样可以节省钢材，且加工方便，因而应用广泛。型芯与滑块的固定形式如图 6-5 所示。其中图 6-5a、b 所示为较小型芯的固定形式；也可采用图 6-5c 所示的螺钉固定形式；图 6-5d 所示为燕尾槽固定形式，用于较大型芯；对于多个型芯，可用图 6-5e 所示的固定板固定形式；型芯为薄片时，可用图 6-5f 所示的通槽固定形式。滑块材料一般采用 45 钢或 T8、T10 工具钢，热处理硬度为 40HRC 以上。

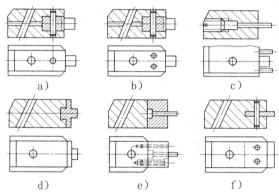

图 6-5　型芯与滑块的固定形式

（2）滑块的导滑形式如图 6-6 所示。其中，图 6-6a、e 所示为整体式；图 6-6b、c、d、f 所示为组合式，加工方便。导滑槽常用 45 钢，调质热处理硬度为 28～32HRC。盖板的材料用 T8、T10 工具钢或 45 钢，热处理硬度为 50HRC 以上。滑块与导滑槽的配合为 H8/f8，配合部分的表面粗糙度 $Ra \leqslant 0.8\mu\text{m}$，滑块长度应大于滑块宽度的 1.5 倍，抽芯完毕后留在导滑槽内的长度不小于自身长度的 2/3。

3. 滑块定位装置。用于保证开模后滑块停留在刚脱离斜导柱的位置上，使合模时斜导柱能准确地进入滑块的孔内，顺利合模。滑块定位装置的结构如图 6-7 所示。图 6-7a 所示为滑块利用自重停靠在限位挡块上，结构简单，适用于向下方抽芯的模具；图 6-7b 所示为靠弹簧力使滑块停留在挡块上，适用于各种抽芯的定位，定位比较可靠，经常采用；图 6-7c、d、e 所示为使用弹簧止动销和弹簧钢球定位的形式，结构比较紧凑。

4. 锁紧楔。其作用就是锁紧滑块，以防止在注射过程中活动型芯受到型腔内塑料熔体的压力作用而产生位移。常用的锁紧楔形式如图 6-8 所示。其中，图 6-8a 所示为整体式，结构牢固可靠，刚性好，但耗材多，加工不便，磨损后调整困难；图 6-8b 所示形式适用于锁紧力不大的场合，制造调整都较方便；图 6-8c 所示为形式利用 T 形槽固定锁紧楔，销钉定位，能承受较大的侧向压力，但磨损后不易调整，适用于较小模具；图 6-8d 所示为锁紧楔整体嵌入模板的形式，刚性较好，修配方便，适用于较大尺寸的模具；图 6-8e、f 所示的形式对锁紧楔进行了加强，适用于锁紧力大的场合。

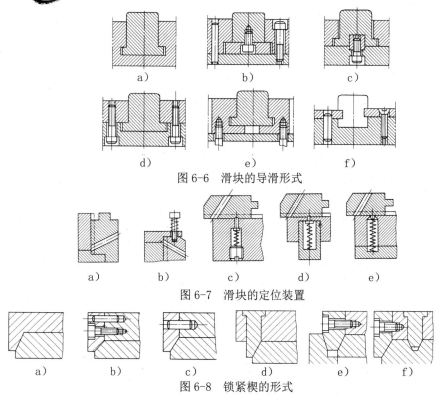

图6-6 滑块的导滑形式

图6-7 滑块的定位装置

图6-8 锁紧楔的形式

6.1.2 设计方法

1. 滑块/抽芯概览

从结构上来看，滑块/抽芯的组成大致可以分为两部分：滑块/抽芯头部和滑块/抽芯体。头部依赖于产品的形状，体则由可自定义的标准件组成。

（1）头部设计：可以用以下方法来创建滑块或斜顶的头部。

1）用实体头部方法创建滑块或斜顶头部。如果在型芯或型腔中创建好了实体头部，并添加了滑块或斜顶体，就可以将该头部链接到滑块或斜顶体中并将它们合并到一起。也可以创建一个新的组件，再将头部链接到新组件中。实体头部方法经常用于滑块头部的设计。

2）直接添加滑块或斜顶到模架中，然后设定滑块和抽芯的本体作为工作部件。可单击 UG NX 的"WAVE 几何链接器"按钮🔗将型芯或型腔分型面链接到当前的工作部件中，然后用该分型面来修剪滑块或斜顶的本体。

（2）体的设计：滑块/抽芯体一般由几个组件组成，如本体和导向件等。这些组件由 UG NX 的装配功能装配到一起。滑块/斜顶的大小由尺寸控制。滑块/斜顶的装配可以视为标准件，因此标准件方法会应

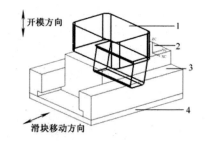

图6-9 Push-Pull 滑块结构
1—滑块驱动部分 2—滑块体
3—固定导轨 4—底板

用在滑块/抽芯设计中。图 6-9 所示为 Push-Pull 滑块结构，可以参考其给出的形式。

"注塑模向导"中提供了几种类型的滑块/抽芯结构。因为标准件功能是一个开放式结构的设计，所以可以向"注塑模向导"中添加自定义的滑块/抽芯结构。

滑块/抽芯文件保存在文件目录.../moldwizard/slider_lifter 中。在使用之前，所有滑块/抽芯都需要进行注册，注册文件的名称是"slider_lifter_reg.xls"。有两个注册的变更分别对应不同的单位类型："SLIDE_IN"用于英制，SLIDE_MM 用于米制。单击"编辑注册文件"图，注册文件会加载到表格中并可编辑。

滑块/抽芯机构以子装配体的形式加入到模具装配体的 prod 节点下，其装配体一般含有滑块头、斜楔、滑块体和导轨等使滑块/抽芯能够移动所必需的零部件。

2. 滑块设计

滑块设计的用户界面与标准件的界面相同。下面说明滑块的设计步骤。

（1）设计滑块头部。使用模具工具中交互建模的方法在型芯或型腔部件中创建滑块的头部。

（2）设定 WCS（工作坐标系）。将 WCS 设定在头部的底线的中心，Z+指向顶出方向，Y+指向底切区域。其方向与滑块库中的设计方向相关。

（3）添加滑块体。单击"注塑模向导"选项卡"主要"面板上的"滑块和斜顶杆库"按钮，弹出如图 6-10 所示的"重用库"对话框和"滑块和斜顶杆设计"对话框，在其中设置适当的参数，单击"确定"按钮，添加一个标准尺寸的滑块体。

图 6-10　"重用库"对话框和"滑块和斜顶杆设计"对话框

（4）链接滑块体。单击"WAVE 几何链接器"按钮，将滑块头部链接到滑块的本体部件中，修改滑块体的尺寸，将它们布尔合并到一起。

（5）如果有必要，可调整模架尺寸。

6.1.3 仪表盖模具设计——滑块设计

01 为加入滑块变换 WCS。

❶单击屏幕左侧的"装配导航器"按钮 📎，选择"ex2-6_prod_039×2"部件，右击，在弹出的快捷菜单中选择"在窗口中打开"命令，打开 prod 文件。选择"菜单"→"格式"→"图层设置"命令，在弹出的"图层设置"对话框中使得第 25 层可见，以显示滑块头。

❷选择"菜单"→"格式"→"WCS"→"原点"命令，弹出如图 6-11 所示的"点"对话框。选中下边缘直线的中点，如图 6-12 所示。WCS 发生移动。

图 6-11 "点"对话框   图 6-12 选择直线中点

❸单击"分析"选项卡"测量"面板上的"测量"按钮 ✏，测量 WCS 距离成型工件侧面的距离为 27.2155（该值因创建的分型面的大小不同而会有所不同）。选择"菜单"→"格式"→"WCS"→"原点"命令，将该值带入"点"对话框，如图 6-13 所示。再次移动 WCS，结果如图 6-14 所示。

 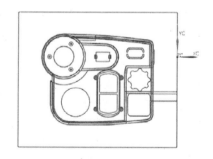

图 6-13 "点"对话框   图 6-14 移动 WCS

❹选择"菜单"→"格式"→"WCS"→"旋转"命令，弹出如图 6-15 所示的"旋转 WCS 绕"对话框。选中"+ZC 轴：XC→YC"选项，输入角度为 90。单击"确定"按钮，完成 WCS 的旋转，如图 6-16 所示。

图 6-15　"旋转 WCS 绕"对话框

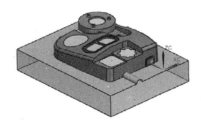

图 6-16　旋转 WCS

02 加入滑块。

❶单击"注塑模向导"选项卡"主要"面板上的"滑块和斜顶杆库"按钮 ，弹出如图 6-17 所示的"重用库"对话框和"滑块和斜顶杆设计"对话框，在"名称"中选择"SLIDE_LIFT"→"Slide"，在"成员选择"中选择"Push-Pull Slide"，在"详细信息"选项组中设置"angle"为 30、wide 为 25、"slide_top"为 15（注意需要按 Enter 键输入）。注意绘图区中的滑块结构图以及坐标原点的位置，Y+指向滑块头的方向。

❷单击"确定"按钮，完成滑块的添加，结果如图 6-18 所示。

图 6-17　"重用库"对话框和"滑块和斜顶杆设计"对话框

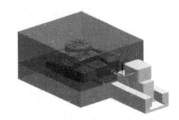

图 6-18　添加滑块

03 链接滑块体。

❶ 选择"菜单"→"格式"→"图层设置"命令,在弹出的"图层设置"对话框中,使得第 256 层(成型工件)可见,以第 1 层为工作层。单击"装配导航器"按钮,选择"ex2-6_xavity_048"部件,右击,在弹出的快捷菜单中选择"设为工作部件"命令,把型腔转为工作部件。

❷ 单击"装配"选项卡"部件间链接"面板上的"WAVE 几何链接器"按钮,弹出如图6-19 所示的"WAVE 几何链接器"对话框,选择体类型,并选中如图 6-20 所示的滑块部件的滑块体部分,单击"确定"按钮,创建滑块体到当前的工作零件的几何链接体,即型腔。

图 6-19 "WAVE 几何链接器"对话框

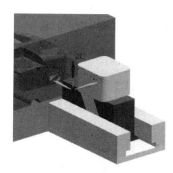

图 6-20 选择滑块体

04 连接滑块体和滑块头。

❶ 单击"主页"选项卡"基本"面板上的"拉伸"按钮,弹出"拉伸"对话框,单击"绘制截面"按钮,选取滑块靠近型腔一端的表面为草图绘制面,绘制草图,如图 6-21 所示。在"拉伸"对话框中设置"指定矢量"为"YC 轴"、"终止"为"直至延伸部分",如图 6-22 所示。拾取如图 6-23 所示的终止曲面,拉伸该草图至该曲面。

❷ 单击"主页"选项卡"同步建模"面板上的"替换面"按钮,弹出"替换面"对话框。选择拉伸实体的大端面作为要替换的面,选择型腔的大端面作为替换面,如图 6-24 所示。单击"确定"按钮,拉伸实体的大端面被压缩,完成面的替换,结果如图 6-25 所示。

❸ 单击"主页"选项卡"基本"面板上的"合并"按钮,在弹出的"合并"对话框中选择拉伸实体和滑块头,将两者布尔求和。

❹ 单击"主页"选项卡"基本"面板上的"减去"按钮,在弹出的"求差"对话框中勾选"保存工具"复选框,使用求和后的滑块体与型腔求差,求差后的型腔如图 6-26 所示。

图 6-22 "拉伸"对话框

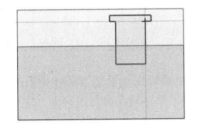

图 6-21 绘制草图

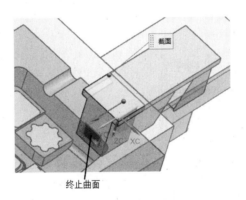

图 6-23 拾取终止曲面

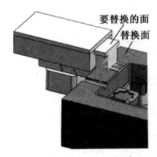

图 6-24 选择替换面

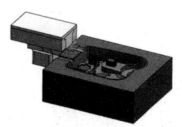

图 6-25 替换面

131

图 6-26　求差后的型腔

6.2　镶块设计

镶件用于型芯或型腔容易发生消耗的区域，也可以用于简化型芯和型腔的加工。一个完整的镶件装配由镶件头部和镶件足部/体组成。单击"注塑模向导"选项卡"主要"面板上的"子镶块库"按钮，系统弹出如图 6-27 所示的"重用库"对话框和"子镶块库"对话框。

"子镶块库"对话框类似于 "标准件管理"对话框，利用该对话框可以方便地插入镶块标准件。镶件形状分为矩形内嵌件和圆形内嵌件，并可以设置是否带支承底面及所用的材料。

图 6-27　"重用库"对话框和"子镶块库"对话框

单击"成员选择"中的文件，系统弹出如图 6-28 所示的"信息"对话框，可在"详细信息"选项组中修改镶件的尺寸。修改完成后，单击"应用"按钮。

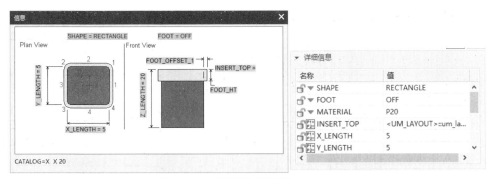

图 6-28 "信息"对话框

6.3 顶杆设计

顶杆是顶出制品或浇注系统凝料的杆件。顶杆顶出是注射成型中最常用的功能。在设计顶杆时，一般先在"标准件管理"对话框中选择好顶杆并加载，并保证顶杆的长度必须要穿过产品体，然后再利用顶杆功能进行裁减。顶杆功能可以改变用标准件功能创建的顶杆的长度并设定配合的距离。由于顶杆功能要用到形成型腔和型芯的分型片体（或已完成型腔和型芯的提取区域），因此在使用顶杆功能之前必须先创建型腔和型芯。在用标准件创建顶杆时，必须选择一个比要求值长的顶杆，才可以将它调整到合适的长度。

6.3.1 顶出机构的结构

常用的顶出机构是简单顶出机构，也叫一次顶出机构。即制品在顶出机构的作用下，通过一次动作就可脱模。它一般包括顶杆顶出机构、顶管顶出机构、推件板顶出机构、推块顶出机构等。这类顶出机构最常见，应用也最广泛。

1. 顶杆顶出机构。

（1）顶杆的特点和工作过程。顶杆顶出机构是最简单、最常用的一种顶出机构。由于设置顶杆的自由度较大，而且顶杆截面大部分为圆形，容易达到顶杆与模板或型芯上顶杆孔的配合精度，顶杆顶出时运动阻力小，顶出动作灵活可靠，损坏后也便于更换，因此在生产中广泛应用。但是因为顶杆的顶出面积一般比较小，易引起较大局部应力而顶穿制品或者使得制品变形，所以很少用于脱模斜度小和脱模阻力大的管类或箱类制品。

顶杆顶出机构如图 6-29 所示，其工作过程是：开模时，当注射机顶杆与顶板 5 接触时，制品由于顶杆 3 的支承处于静止位置，模具继续开模，制品便离开动模 1 脱出模外；合模时，顶出机构由于复位杆 2 的作用恢复到顶出之前的初始位置。

（2）顶杆的设计。顶杆的基本形状如图 6-30 所示。其中，图 6-30a 所示为直通式顶杆，尾部采用台肩固定，是最常用的形式；图 6-30b 所示为阶梯式顶杆，由于工作部分较细，故在其后部加粗以提高刚性，一般顶杆直径小于 2.5mm 时采用；图 6-30c 所示为顶盘式顶杆，这种顶杆加工起来比较困难，装配时也与其他顶杆不同，需从动模型芯插入，端部用螺钉固定在顶杆固定板上，适用于深筒形制品的顶出。

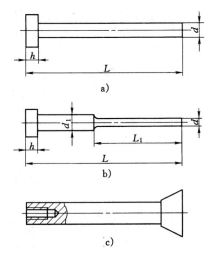

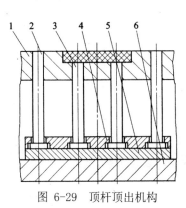

图 6-29　顶杆顶出机构　　　　　　图 6-30　顶杆的基本形状

1—动模　2—复位杆　3—顶杆　4—顶杆固定板　5—顶板　6—动模底板

图 6-31 所示为顶杆在模具中的固定形式。其中，图 6-31a 所示为最常用的形式，直径为 d 的顶杆在顶杆固定板上的孔应为 $d+1$mm，顶杆台肩部分的直径为 $d+6$mm；图 6-31b 所示为采用垫块或垫圈来代替图 6-31a 中固定板上沉孔的形式，这样可使加工方便；图 6-31c 所示为顶杆底部采用顶丝拧紧的形式，适用于顶杆固定板较厚的场合；图 6-31d 所示的形式适用于较粗的顶杆，采用螺钉固定。

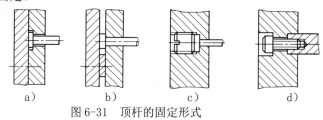

图 6-31　顶杆的固定形式

（3）顶杆设计的注意事项

1）顶杆的位置应选择在脱模阻力最大的地方。因制品对型芯的包紧力在四周最大，若制品较深，则应在制品内部靠近侧壁的地方设置顶杆，如图 6-32a 所示；若制品局部有细而深的凸台或筋，则必须在该处设置顶杆，如图 6-32b 所示。

2）顶杆不宜设在制品最薄处，否则很容易使制品变形甚至破坏。必要时可增大顶杆面积来降低制品单位面积上的受力，采用如图 6-32c 所示的顶盘顶出。

3）当细长顶杆受到较大脱模力时，顶杆就会失稳变形，如图 6-33 所示。这时就必须增大顶杆直径或增加顶杆的数量，同时要保证制品顶出时受力均匀，从而使制品顶出平稳而且不变形。

4）因顶杆的工作端面是成型制品部分的内表面，如果顶杆的端面低于或高于该处型腔面，则制品上就会产生凸台或凹痕，影响其使用及美观，因此通常顶杆装入模具后，其端面应与型腔面平齐或高出 0.05～0.1mm。

5）当制品各处脱模阻力相同时，应均匀布置顶杆，且数量不宜过多，以保证制品被顶出时受力均匀、平稳、不变形。

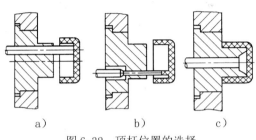
图 6-32 顶杆位置的选择

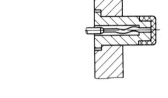
图 6-33 顶杆变形

2. 顶管顶出机构

顶管是用来顶出圆筒形、环形制品或带孔的制品的一种特殊结构型式，其脱模运动方式和顶杆相同。由于顶管是一种空心顶杆，故整个周边接触制品，顶出的力量均匀，制品不易变形，也不会留下明显的顶出痕迹。

（1）顶管顶出机构的结构型式。如图 6-34a 所示的顶管是最简单、最常用的结构型式，模具型芯穿过推板固定于动模座板。这种结构的型芯较长，可兼作顶出机构的导向柱，多用于脱模距离不大的场合，结构比较可靠。图 6-34b 所示为型芯用销或键固定在动模板上的结构型式。这种结构要求在顶管的轴向开一长槽，容纳与销（或键）相干涉的部分，槽的位置和长短依模具的结构和顶出距离而定，一般是略长于顶出距离。与上一种形式相比，这种结构型式的型芯较短，模具结构紧凑，缺点是型芯的紧固力小，适用于受力不大的型芯。图 6-34c 所示的形式是型芯固定在动模垫板上，顶管在动模板内滑动，这种结构可使顶管与型芯的长度大为缩短，用于脱模距离不大的场合，但顶出行程包含在动模板内，致使动模板的厚度增加。

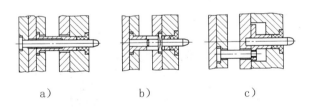
图 6-34 顶管顶出机构的形式

（2）顶管的配合。

顶管的配合如图 6-35 所示。顶管的内径与型芯相配合，小直径时的配合选用 H8/f7，大直径的配合取 H7/f7；外径与模板上的孔相配合，直径较小时采用 H8/f8 的配合，直径较大时的配合采用 H8/f7。顶管与型芯的配合长度一般比顶出行程大 3～5mm，顶管与模板的配合长度一般为顶管外径的 1.5～2 倍，顶管固定端外径与模板有单边 0.5mm 的装配间隙，顶管的材料、热处理硬度要求及配合部分的表面粗糙度要求与顶杆相同。

3. 顶出机构的导向与复位

（1）导向装置：有时顶出机构中的顶杆较细、较多或顶出力不均匀，则顶出后推板可能会发生偏斜，造成顶杆弯曲或折断。此时应考虑设计顶出机构的导向装置。常见的顶出机构导向装置如图 6-36 所示。图 6-36 a、b 所示结构中的导柱除起导向作用外还能起支承作用，以

减小在注射成型时动模垫板的变形；图 6-36c 所示的结构只起导向作用。模具小、顶杆少、制品数量又不多时，可只用导柱不用导套；反之模具还需装导套，以延长模具的使用寿命及增加模具的可靠性。

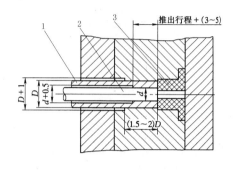

图 6-35　顶管的配合

1—顶管　2—型芯　3—制品

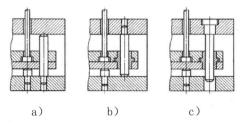

图 6-36　顶出机构的导向装置

（2）复位装置：顶出机构在开模顶出制品后，需使顶出机构复位，为下一次注射成型做准备，所以必须设计复位装置。最简单的方法是在顶杆推固定板上同时安装复位杆（也叫回程杆）。

6.3.2　顶杆后处理

单击"注塑模向导"选项卡"主要"面板上的"顶杆后处理"按钮，系统弹出如图 6-37 所示的"顶杆后处理"对话框。可通过该对话框对顶杆进行修剪。

1．类型。

（1）调整长度：用参数来调整顶杆（而不是用建模面来修剪顶杆），将顶杆的长度调整到与型芯表面的最高点一致，如图 6-38 所示。

图 6-37　"顶杆后处理"对话框

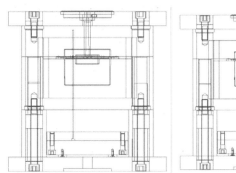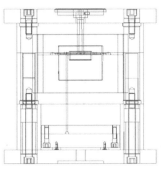

图 6-38　调整顶杆长度修剪

（2）修剪：用一个建模面（型腔侧面）来修剪顶杆，使顶杆头部与型芯表面相适应。如图 6-39 所示。

（3）取消修剪：取消对顶杆的修剪。

2．设置。"配合长度"定义修剪顶杆孔的最低点与顶杆孔偏置开始的位置之间的距离，如图 6-40 所示。

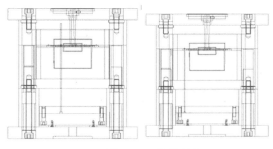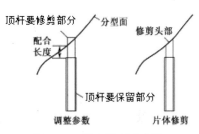

图 6-39　修剪顶杆　　　　　　　图 6-40　配合长度示意图

3．工具

（1）修边部件：使用修边部件来定义包含顶杆修剪面的文件。默认的是修剪部件。

（2）修边曲面：使用修边曲面来定义选择修剪部件的哪些面用来修剪顶杆。每个修剪部件有多个修剪片体。选择面可以直接选择任意面，再将它们链接到顶杆组件中来修剪顶杆。如果选择了多个面，Mold Wizard 会把它们缝合在一起。有 "CORE_TRIM_SHEEF""CAVITY_TRIM_SHEEF""选择片体"和"选择面"4 种方式可供选择。

6.3.3　仪表盖模具设计——顶杆设计

01 单击"注塑模向导"选项卡"主要"面板上的"标准件库"按钮，弹出"重用库"对话框和"标准件管理"对话框，分别在"名称"中选择"DME_MM"→"Ejection"，在"成员选择"中选择"Ejection Pin[Straight]"，在"详细信息"选项组中设置"CATALOG_DIA"为 3、"CATALOG_LENGTH"为 200，如图 6-41 所示。

GNX中文版模具设计从入门到精通

图 6-41　"重用库"对话框和"标准件管理"对话框

02 单击"应用"按钮，弹出"点"对话框，分别在如图 6-42 所示的 9 个圆心和边缘位置放置顶杆。结果如图 6-43 所示。

03 单击"注塑模向导"选项卡"主要"面板上的"顶杆后处理"按钮 🔧，弹出如图 6-44 所示的"顶杆后处理"对话框。在"目标"列表中选择刚创建的 9 个顶杆。

04 采用默认的修边曲面，即型芯修剪片体（CORE_TRIM_SHEET），如图 6-44 所示。

05 单击"确定"按钮，完成顶杆的修剪。结果如图 6-45 所示。

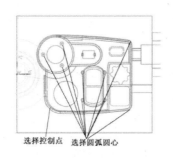

图 6-42　选择放置顶杆的点

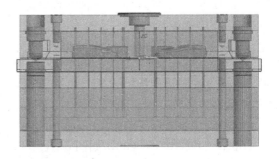

图 6-43　放置顶杆

图6-44 "顶杆后处理"对话框

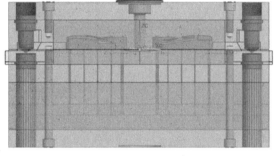

图6-45 修剪顶杆

6.4 电极设计

模具的型芯、型腔和嵌件有的具有复杂的外形，加工非常困难，此时一般采用电极来进行放电加工。制作电极的材料一般是铜和石墨。

6.4.1 初始化电极项目

单击"电极设计"选项卡"主要"面板上的"初始化电极项目"按钮，系统弹出如图6-46所示的"初始化电极项目"对话框。

1. 类型：

（1）Original（原版的）：与以前NX的版本一样，创建标准电极项目。

（2）No Working Part（无工作部分）：创建没有工作部分的电极项目。

（3）No Machine Set（无机组）：创建没有机组零件的电极项目。

（4）No Template（没有模板）：基于当前零件创建电极项目，没有使用模板。

（5）Only Top Part（仅顶部）：在没有可用的工作部件和机器组时创建电极项目。

2. 工件：

选择体：为电极项目选择实体。

3. 加工组：当"类型"设置为原版的或无工作部分时可用。添加的加工组会在列表框中列出，最近添加的加工组位于顶行。要删除MSET，可在表中右击并选择删除。

（1）添加加工组：单击右侧的"添加加工组"按钮，可在列表中列出加工组。

（2）选择面中心：选择一个中心定义MSET CSYS放置的面。

（3）指定方位：指定加工组的方向。

图 6-46 "初始化电极项目"对话框

6.4.2 设计毛坯

单击"电极设计"选项卡"主要"面板上的"设计毛坯"按钮，系统弹出如图 6-47 所示的"设计毛坯"对话框。

1.选择体：选择与设计电极相连接的实体。

2.选择毛坯：选择现有电极进行编辑。

3.形状：

（1）形状：定义毛坯的形状。包括"block_blank"（块状）、"cyc_blank"（圆柱状）、"undercut_blank"（底切）和"slope_blank"（斜面）4 种电极形状。

当因为被模型的一部分挡住而无法创建块状或圆柱状电极时，可以创建适合模型周围的底切毛坯。可以通过单击选择接合面并选择电极必须围绕的面来定义底切的形状。

（2）延伸高度：设置连接体的高度。连接体是毛坯与实体之间的连接部分。

（3）接合方法：指定用于在实体和电极之间创建混合体的方法。包括"拉伸""偏置"和"无"3 种方法。

（4）拔模角：设置拉伸或偏置特征的角度。

图 6-47　"设计毛坯"对话框

（5）圆角半径：在电极头连接到电极的地方创建一个圆角半径。

（6）指定方位：设置电极的放置位置。

4. "位置"选项卡：列出电极的位置和旋转角度。

5. "表达式"选项卡：列出电极毛坯的表达式。要修改某表达式的值，可在"值"列中双击其单元格。

6. 信息窗口：显示或隐藏信息窗口。

7. 多个点火位置：单击"多个点火位置"按钮，打开"多个点火位置"对话框，如图 6-48 所示。可以在该对话框中为电极毛坯创建多个火花头。

8. 设置：

（1）连接电极头和毛坯：在电接头和毛坯之间创建过渡，并将其与实体合并为一个实体。

（2）在一个加工组中保存 Z 向参考不变：如果有多个电极，则对所有电极使用相同的 Z 向参考位置。

图 6-48 "多个点火位置"对话框

（3）保持毛坯尺寸：创建附加电极头时保持现有的毛坯尺寸。

（4）倒圆十字线位置：指定创建附加头时是否调整毛坯的位置。

6.4.3 电极装夹

单击"电极设计"选项卡"主要"面板上的"电极装夹"按钮 ，系统弹出如图 6-49 所示的"电极装夹"对话框。

1. 选择项：选择该项时，用户可以从"重用库"对话框中选择一个支架或托盘。

2. 选择夹具：选择现有的支架或托盘进行编辑。

3. 选择组件：选择要添加夹具的毛坯或工作组件。

4. 选择面中心：选择毛坯或工作组件后，单击该按钮可选择要放置夹具的面。

5. 指定方位：指定放置夹具的位置。

图 6-49 "电极装夹"对话框

📖6.4.4　复制电极

单击"电极设计"选项卡"主要"面板上的"复制电极"按钮🐾，系统弹出如图 6-50 所示的"复制电极"对话框

1.类型：

（1）变换：将电极从参考面转换到具有相同形状的目标面。

（2）镜像：通过基准平面镜像电极。此时的对话框如图 6-51 所示。

2.选择电极：选择要进行复制的电极。

3.运动：选择复制电极的方法。包括动态、面-面、坐标系-坐标系和旋转 4 种方法。

4.副本数：设置复制的数量。

5.工具选项：用于选择镜像平面。

图 6-50　"复制电极"对话框

图 6-51　"复制电极"对话框

📖6.4.5　仪表盖模具设计——电极设计

01 在"装配导航器"中单击"ex2-6_moldbase_050"前面的✔按钮，将模架进行隐藏。隐藏后的图形如图 6-52 所示。

02 单击"电极设计"选项卡"主要"面板上的"初始化电极项目"按钮🖼️，系统弹出"初始化电极项目"对话框。单击"选择体"按钮，框选所有实体和组件，再单击"添加加工组"按钮⊕，此时对话框如图 6-53 所示。单击"确定"按钮，完成电极项目初始化。

03 单击"视图组"中的"立即隐藏"按钮，将模架、定位环、主流道和型腔等进行隐藏。

04 单击"电极设计"选项卡"主要"面板上的"设计毛坯"按钮🖤，系统弹出"设计毛坯"对话框。选择图 6-54 所示的实体作为选择体。选择"形状"为"block_blank"。　选

择"表达式"选项卡，设置"FOOT-LEN"为25、"FOOT-WIDTH"为10、"SQUARE HEIGHT"为40、"FOOT_HEIGHT"为40。单击"指定方位"按钮，在绘图区拾取如图6-55所示的点。单击"确定"按钮，完成电极的创建，结果如图6-55所示。

图6-52　隐藏模架后的图形　　　　图6-53　"初始化电极项目"对话框

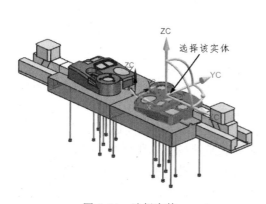

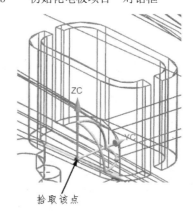

图6-54　选择实体　　　　　　　图6-55　拾取放置点

05 在绘图区选中创建的电极，右击，在弹出的快捷菜单中选择"设为工作部件"命令。单击"主页"选项卡"同步建模"面板上的"替换"按钮，弹出"替换面"对话框，选择如图6-56所示的替换面和要替换面，单击"确定"按钮，完成替换。采用同样的方法，选择如

图 6-57～图 6-61 所示的面进行替换。

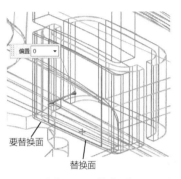

图 6-56　替换面 1

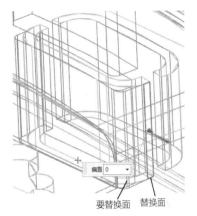

图 6-57　替换面 2

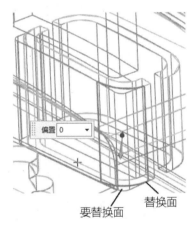

图 6-58　替换面 3

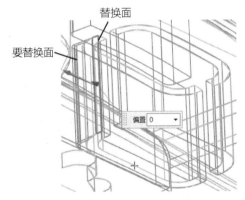

图 6-59　替换面 4

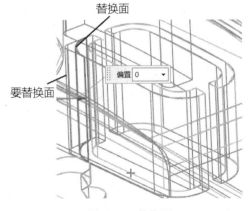

图 6-60　替换面 5

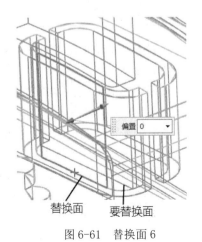

图 6-61　替换面 6

06 在"装配导航器"中选中"ex2-6_top_065"文件，右击，在弹出的快捷菜单中选择"设为工作部件"命令。单击"注塑模向导"选项卡"主要"面板上的"开腔"按钮🗔，弹出"开腔"对话框，如图 6-62 所示，选择模具的型芯和型腔作为目标体，选择加载的顶杆、浇注系统零件和块零件作为刀具体。单击"确定"按钮，完成腔体的建立。创建的型芯和型腔如图 6-63 所示。

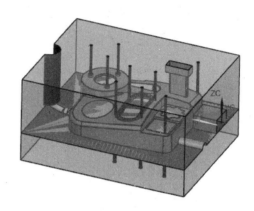

图 6-62　"开腔"对话框　　　　　　图 6-63　创建型芯和型腔

07 选择"文件"→"保存"→"全部保存"命令，保存全部零件。

6.5　模具材料清单

"注塑模向导"包含一个带目录排序信息的全相关的材料清单（BOM）。产生清单的部件列表功能在制图（Drafting）模块中。

单击"注塑模向导"选项卡"主要"面板上的"材料清单"按钮▦，弹出如图 6-64 所示的"物料清单"对话框。

1. BOM 列表

部件列表信息显示在"列表"窗口中。列表中的第一行和最后一行用来记录区域名称及表示每一列的含义。

当选择一个记录时，详细的记录信息会显示在文本区域，相应的组件会在 NX 的绘图区中显示。当在 UG NX 的绘图区中选择一个标准组件时，相应的记录也会高亮显示。如果选择的组件不在当前列表窗口的记录中，会弹出一个信息框，提示要将它添加到列表窗口中。

在每个记录相邻的值域中间有竖直的间隔（│）。区域的值会以适当的宽度显示，如果太宽，后面的字符会以省略号（...）来代替。如果区域名称长度超过 132 个字符，某些区域名称将会切掉超长的字符以符合列表窗口。

2.隐藏列表

单击"隐藏列表"按钮▸🔲，可隐藏 BOM 列表。

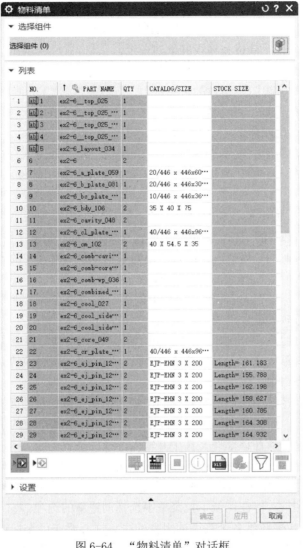

图 6-64 "物料清单"对话框

6.6 模具图

根据实际要求，Mold Wizard 可以自动创建模具工程图，并可以添加不同的视图和截面，包括装配图纸、组件图纸和孔表三种。

6.6.1 装配图纸

装配图纸功能可用于自动创建和管理模具绘图。用户可以使用该功能创建绘图，给绘图输入预定义图框及创建视图。

单击"注塑模向导"选项卡"模具图纸"面板上的"装配图纸"按钮，弹出"装配图纸"对话框。

在"注塑模向导"中创建一个模具装配图纸的步骤如下：

● 定义图纸页的名称、单位和模板并创建图纸。

● 设定装配组件的可见性属性。

● 创建视图并控制各视图中组件的可见性。

1. 图纸。在"装配图纸"对话框中选择"图纸"类型，此时对话框如图 6-65 所示。注塑模向导支持两种创建类型的图纸：

● 自包含：图纸在装配的顶层部件（top）中创建。

● 主模型：图纸在一个单独的部件文件中创建，装配的顶层部件（top）会添加为该主模型部件文件的子组件。

（1）自包含图纸：创建模具装配自包含图纸的第一个步骤是从"列表"中选择一个图纸模板。系统会根据工作部件的单位，显示默认模板列表。例如，如果工作部件的单位是英制的，默认模板列表也将是英制的。当然，也可以切换到米制，并从列表中的米制模板中选择图纸模板。

（2）主模型图纸：在"装配图纸"对话框的图纸类型中选择"主模型"选项，便可以创建主模型图纸。用该选项创建图纸有两种方法：

1）新建主模型文件：单击此按钮，弹出"新建部件文件"对话框。在其中定义新建主模型部件文件的位置、单位及文件名后，单击"确定"按钮，该文件的完整文件名称将显示在创建的部件模具图纸窗口中。

在"装配图纸"对话框中显示的是默认的图纸名称和图纸模板，可以采用这些默认选项，也可以根据需要来更改。如果单击"应用"按钮，指定文件名和单位的主模型部件文件就会在指定位置创建。图纸会创建在该部件文件中并输入选择的模板。

2）打开主模型文件：如果选择了一个正确的主模型部件文件，该文件会打开并作为显示部件。该主模型部件文件的所有图纸都会列举在图纸下拉菜单中。如果希望在该主模型部件文件中创建一个新的图纸，可在图纸下拉菜单中选择创建新的选项。

2. 可见性。为了控制图纸各个视图的组件的可见性，要在可见性页面中指定各组件的可见性属性。在"装配图纸"对话框中选择"可见性"练习，此时对话框如图 6-66 所示。

（1）属性名称："注塑模向导"有两种属性可以指定给一个组件：MW_SIDE 和 MW_COMPONENT_NAME。"属性名称"是 MW_SIDE 。

1）"MW_SIDE"属性：该属性决定部件属于哪一侧，如组件可以属于 A 侧或者 B 侧（选定"属性值"为 A 或 B）。如果不希望组件显示在任何视图中，可以在"属性"下拉列表中选择隐藏属性。

2）"MW_COMPONENT_NAME"属性：该属性决定组件的类型。该属性用于在一个视图中只显示确定的组件类型。默认组件类型列举在"属性值"下拉列表中。

可以更改、去除或添加组件类型（打开文件"MW_Drawing_ComponentTypes1"和"MW_Drawing_ComponentTypes2"并更改）。这些更改在下次使用装配图纸功能并打开"装配图纸"对话框时可以使用。

一个组件只能是其中一种类型。例如，它可以是斜顶或顶杆，但不能两者都是。如果先指定了属性"MW_COMPONENT_NAME=LIFTER"，再指定"MW_COMPONENT_ NAME=EJECTOR"给同一个组件，先指定的属性会被第二个属性覆盖，最终结果是"=EJECTOR"。

（2）属性值：默认的"属性值"是 A。第一次打开"装配图纸"对话框时，列表窗口显示 A 侧的组件名称，如果没有组件含有属性 MW_SIDE=A，则"选定组件"列表为空。

（3）列出相关对象：如果选择一个组件，其所有子组件也都会被选中。可以从 UG NX 的绘图窗口中取消选择一个子组件。

图 6-65　选择"图纸"类型

图 6-66　选择"可见性"类型

3．视图。

图纸的模板和当前图纸中的所有视图都显示在图纸列表中。比例和其他显示的属性从图纸模板中读取，。在"装配图纸"对话框中选择"视图"类型，此时对话框如图 6-67 所示。

视图控制的默认值如下：

● 型芯侧视图（CORE）：显示 B 侧选项打开。

● 型腔侧视图（CAVITY）：显示 A 侧选项打开。

● 前剖视（FRONTSECTION）：显示 A 侧和显示 B 侧选项均打开。

● 右剖视（RIGHTSECTION）：显示 A 侧和显示 B 侧选项均打开。

● 其他视图：显示 A 侧和显示 B 侧选项打开。

图 6-67 选择"视图"类型

6.6.2 组件图纸

利用组件图纸功能可为模具装配组件自动创建并管理图纸。在"模板"下拉列表中选择预定义的图框式样,单击"创建图纸"按钮,即可创建视图。

单击"注塑模向导"选项卡"模具图纸"面板上的"组件图纸"按钮,弹出如图 6-68 所示的"组件图纸"对话框。

图 6-68 "组件图纸"对话框

(1)类型 在组件中选择组件类型。列表中只显示能够匹配选择类型的组件。

(2)隐藏非结构组件 取消选择此选项,将在列表中列出所有组件。

6.6.3　孔表

利用孔表功能可以为组件中的所有孔创建一个表。表由制图模块创建并使用制图的表格注释，其内容包括：按不同直径和类型来分类的孔；按直径升序来分类的孔；按到基准的距离升序来分类的孔；每种分类的 ID（编号）、孔径、孔的类型和孔的深度。也可以定制这些属性的显示。

单击"注塑模向导"选项卡"模具图纸"面板上的"孔表"按钮 ，弹出如图 6-69 所示的"孔表"对话框。

图 6-69　"孔表"对话框

孔表功能可以自动搜索参考面上的孔，将它们按直径和类型来分类，并计算各个孔中心到原点的距离。

孔表功能使用模板来创建孔表。孔表是由制图模块生成的。在制图模块中，可以使用建模状态或绘图状态（通过切换"显示绘图"开关）。孔表功能会自动识别那些包含孔的最顶层的面。如果没有找到有孔的顶层面，系统将会输出一个错误信息并退出孔表功能。

1．选择原点：在该选择步骤中需要定义一个原点来计算孔的坐标位置。孔表功能用坐标原点计算，这类似于在制图中创建坐标原点。选择创建坐标原点的对象，并在对话框中输入坐标原点名称，系统会在选定的对象上创建一个坐标原点。另外，也可以选择一个现有的坐标原点。

2．选择对象：从绘图区选择一个视图。孔表会在该视图中创建。

3．原点：在孔表功能自动搜索并分类完孔后，系统会提示选择一个创建孔表的位置。　UG

NX 会切换到将孔表放置在选择的点上。

6.7 视图管理

"视图管理"提供了模具构件的可见性控制、颜色编辑、更新控制以及打开或关闭文件的管理功能。视图管理功能可以和"注塑模向导"的其他功能一起使用。

单击"注塑模向导"选项卡"主要"面板上的"视图管理器"按钮 ，弹出如图 6-15 所示的"视图管理器导航器"对话框。该对话框包含一个可查看部件结构树的滚动窗口和控制结构树显示的按钮及选项，如图 6-70 所示。

图 6-70 "视图管理器导航器"对话框

滚动窗口包含了部件的结构树，其每列可控制每个模具特征（如型腔、型芯和 A 侧）的显示。

●标题：该列列出了模具所有者 holders 和节点的名称。该名称可以是标准组件的名称或自定义的名称。

● 隔离：在该列中可以控制只显示特定组件。但选择树中的某个父节点和子节点也会选中并显示。

● 冻结状态：在当前任务中可以冻结（锁定）/解冻（解锁）WAVE interpart 中的一个组件或部件系列。

● 打开状态：可以打开或关闭 holders 和节点。

● 数量：显示当前装配部件的数量。

6.8 删除文件

在模具设计过程中，如果出现了没有被使用过的或者重复创建的部件，会被 Mold Wizard 记录下来，并通过"删除文件"功能显示。

单击"注塑模向导"选项卡"主要"面板上的"未用部件管理"按钮 ，弹出如图 6-71 所示的"未用部件管理"对话框。

图 6-71 "未用部件管理"对话框

其中选项的含义如下：

● 项目目录：选择该选项，可列举工程目录中所有未使用的部件文件。

● 回收站：选择该选项，可列举回收站中的所有文件。

● 从项目目录中删除文件 ×：直接从文件系统中删除未使用的文件。这些文件将不可恢复。

● 将文件放入回收站 ：将未使用的文件放入回收站目录中。

● 恢复文件 ：从回收站中将未使用的文件恢复到项目目录中。

● 清空回收站 ：从文件系统中删除回收站目录中未使用的文件。

● 打开项目文件夹：单击此按钮，可打开项目文件夹，从中选取需要的文件。

第 **7** 章

典型一模两腔模具设计——散热盖

散热盖模具设计是全书的第一个综合实例，结构比较简单。首先进行初始设置（包括项目初始化及加载产品、设置收缩率、定义成型工件及布局），然后进行分型设计（包括产品曲面修补、创建分型线和分型面等），最后进行辅助系统设计（包括加入模架、滑块和顶杆设计、浇注系统设计等）。

学 习 要 点

◎ 初始设置

◎ 分型设计

◎ 辅助系统设计

7.1 初始设置

在开始散热盖模具设计时，首先要进行一些初始的设置，包括项目初始化及加载产品、设置收缩率、定义成型工件、定义布局等。

7.1.1 项目初始化及加载产品

01 项目初始化。

❶单击"注塑模向导"选项卡中的"初始化项目"按钮，打开"部件名"对话框，在其中选择"yuanshiwenjian:7\ex1.prt"，如图 7-1 所示。单击"确定"按钮。

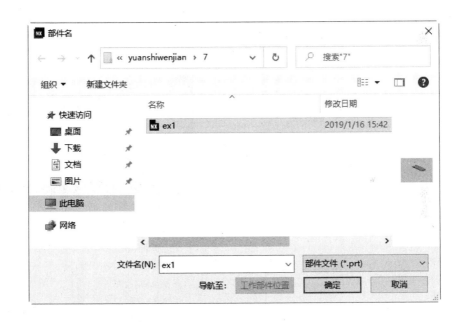

图 7-1 "部件名"对话框

❷在弹出的如图 7-2 所示的"初始化项目"对话框中设置"项目单位"为"毫米"、"材料"为"NYLON"、"名称"为"ex1"。单击"确定"按钮，完成项目初始化。

02 加载产品。单击"装配导航器"按钮，打开"装配导航器"，如图 7-3 所示。加载产品模型，结果如图 7-4 所示。

03 创建模具坐标系。

❶单击"注塑模向导"选项卡"主要"面板上的"模具坐标系"按钮，弹出如图 7-5 所示的"模具坐标系"对话框。在其中选择"产品实体中心"和"锁定 Z 位置"选项。

❷单击"确定"按钮，完成模具坐标系的创建。

图 7-2 "初始化项目"对话框

图 7-3 装配导航器

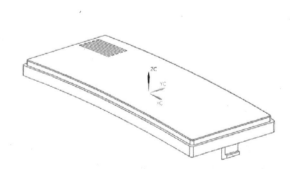

图 7-4 加载产品模型

图 7-5 "模具坐标系"对话框

7.1.2 设置收缩率

01 单击"注塑模向导"选项卡"主要"面板上的"收缩"按钮，弹出"缩放体"对话框，如图 7-6 所示。

02 选择"均匀"类型，在"比例因子"中的"均匀"文本框中输入 1.005。

03 单击"确定"按钮，完成收缩率的设置。

7.1.3　定义成型工件

01 单击"注塑模向导"选项卡"主要"面板上的"工件"按钮，弹出"工件"对话框，在"定义类型"下拉列表中选择"参考点"，设置 X、Y、Z 的参数，如图 7-7 所示。

02 单击"确定"按钮，完成在视图区加载成型工件，加工如图 7-8 所示。

图 7-6　"缩放体"对话框　　　　　图 7-7　"工件"对话框

7.1.4　定义布局

01 单击"注塑模向导"选项卡"主要"面板上的"型腔布局"按钮，弹出如图 7-9 所示的"型腔布局"对话框，选择"矩形"布局类型和"平衡"选项，设置"型腔数"为 2、"指定矢量"为"-YC 轴"。

02 单击"开始布局"按钮，完成布局，结果如图 7-10 所示。

03 单击"型腔布局"对话框中的"自动对准中心"按钮，将该多腔模的几何中心移动到 layout 子装配的绝对坐标系（ACS）的原点上，如图 7-11 所示。单击"关闭"按钮，

退出"型腔布局"对话框。

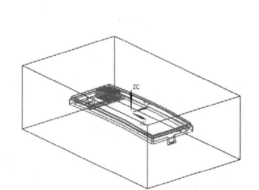

图 7-8　加载成型工件

图 7-9　"型腔布局"对话框

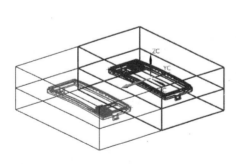

图 7-10　完成布局

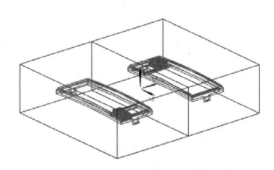

图 7-11　移动几何中心到坐标原点

7.2　分型设计

在分型设计时首先要完成产品曲面修补,然后创建分型线和分型面,最后生成型芯和型腔。

7.2.1　产品曲面修补

01 单击"注塑模向导"选项卡"分型"面板上的"曲面补片"按钮，在弹出的图 7-12 所示的"曲面补片"对话框中选中"面"类型，在绘图区选择如图 7-13 所示的面。

图 7-12　"曲面补片"对话框

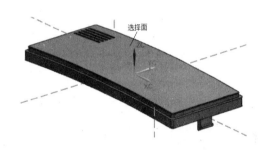

图 7-13　选择面

02 系统自动选择如图 7-14 所示的环。单击"确定"按钮，完成曲面修补，结果如图 7-15 所示。

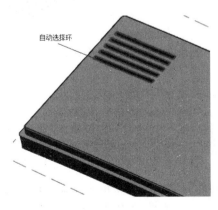

图 7-14　自动选择环

图 7-15　修补曲面

7.2.2　创建分型线

01 单击"注塑模向导"选项卡"分型"面板上"分型面"下拉菜单中的"设计分型面"按钮，弹出如图 7-16 所示的"设计分型面"对话框。

02 单击"编辑分型线"选项组中的"选择分型线"按钮，选择如图 7-17 所示的边线。单击"确定"按钮，完成分型线的创建，结果如图 7-17 所示。

图 7-16　"设计分型面"对话框

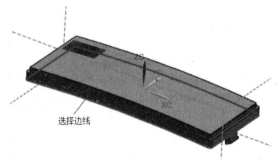

选择边线

图 7-17　创建分型线

7.2.3　创建分型面

01 单击"注塑模向导"选项卡"分型"面板上"分型面"下拉菜单中的"设计分型面"按钮，弹出 "设计分型面"对话框。

02 在"创建分型面"选项组中单击"扩大的曲面"按钮，取消"调整所有方向的大小"复选框，通过拖动滑块扩大曲面，如图 7-18 所示，使得曲面的尺寸大于成型工件的尺寸。单击"确定"按钮，完成分型面的创建，如图 7-19 所示。

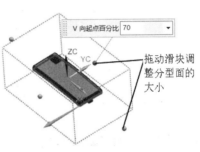

图 7-18　拖动扩大曲面

图 7-19　创建分型面

7.2.4　设计区域

01 单击"注塑模向导"选项卡"分型"面板上的"检查区域"按钮，弹出如图 7-20 所示的"检查区域"对话框，在"指定脱模方向"下拉列表中选择"ZC 轴"，单击"计算"按钮。

02 选择"区域"选项卡，显示有 28 个未定义的区域，如图 7-21 所示。在视图中选择散热盖四周的区域，选取"型腔区域"单选按钮，然后单击"应用"按钮，将散热盖的四周的区域定义为型腔区域；选取"型芯区域"单选按钮，框选其余未定义的面，单击"应用"按钮，

将其余未定义的面定义为型芯区域。可以看到，型腔区域的数量为26，型芯区域的数量为50，如图7-22所示。

图7-20 "检查区域"对话框

提示：为了方便选取未定义的面，可以拖动型腔区域和型芯区域透明度滑块，将型腔区域和型芯区域更改为透明，然后再分别选取未定义的面，将其定义为型腔或型芯。

图7-21 "区域"选项卡

图7-22 定义区域

7.2.5　定义区域

01 单击"注塑模向导"选项卡"分型"面板上的"定义区域"按钮⚒，在弹出的"定义区域"对话框中选择"所有面"选项，如图 7-23 所示。

02 勾选"创建区域"复选框，单击"确定"按钮，完成型芯区域和型腔区域的定义。

7.2.6　创建型芯和型腔

01 单击"注塑模向导"选项卡"分型"面板上的"定义型腔和型芯"按钮☎，弹出"定义型腔和型芯"对话框，如图 7-24 所示。

02 选择"区域"类型，选取"所有区域"选项，单击"确定"按钮，系统自动完成一系列动作来创建型芯和型腔，结果如图 7-25 所示。

图 7-23　"定义区域"对话框

图 7-24　"定义型腔和型芯"对话框

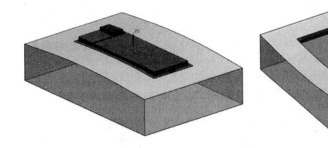

图 7-25　创建型芯和型腔

7.3 辅助系统设计

在完成分型设计后，还需要设计一些辅助系统，包括加入模架、滑块设计、顶杆设计、浇注系统设计和创建腔体等。

7.3.1 加入模架

01 单击"注塑模向导"选项卡"主要"面板上的"模架库"按钮▤，弹出如图 7-26 所示的"重用库"对话框和"模架库"对话框。在"重用库"对话框的"名称"列表中选择"DME"，在"成员选择"列表中选择"2A"，在"模架库"对话框中的"详细信息"选项组中设置"AP_h"为 36、"BP_h"为 36。

02 单击"确定"按钮，完成模架的添加，结果如图 7-27 所示。将模架切换到右视图，如图 7-28 所示，可以观察装配体的各个线条，尤其是成型工件、分型面以及产品模型在装配体中的位置。

完成了模架设计后，便可进行标准件设计，如设计滑块和顶杆等。

图 7-26 "重用库"对话框和"模架库"对话框

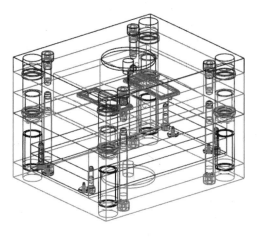

图 7-27　加入模架（轴测图）

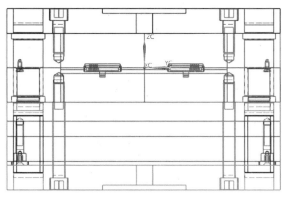

图 7-28　模架右视图

7.3.2　滑块设计

01 创建滑块头。

❶单击"视图"选项卡"窗口"→"parting"窗口,选择"菜单"→"格式"→"图层设置"命令,在弹出的"图层设置"对话框中设置第 10 层为工作层。

❷单击"注塑模向导"选项卡"注塑模工具"面板上的"包容体"按钮 ，弹出"包容体"对话框,如图 7-29 所示。选中如图 7-30 所示的倒钩外侧面,并将"偏置"设置为 5mm。单击"确定"按钮,完成包容体的创建。

图 7-29　"包容体"对话框

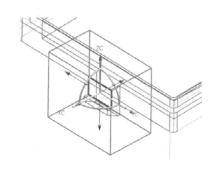

图 7-30　选择倒钩外侧面

❸单击"主页"选项卡"同步建模"面板上的"替换"按钮 ，弹出"替换面"对话框。分别选择创建的包容体侧面为要替换的面，选择如图7-31所示的5个平面为替换面（其中1为倒钩的两个侧面，2为倒钩的上端面，3为产品模型的下底面，4为倒钩的内侧面）。替换后的结果如图7-32所示。

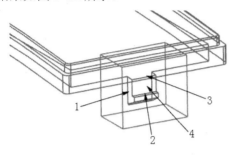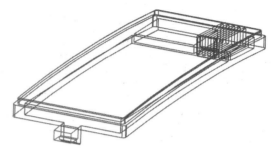

图7-31　选择替换面　　　　　　　　　　　图7-32　替换面

❹切换到"top"窗口，并将其展开。在"装配导航器"中选中"prod_003"文件，右击，在弹出的快捷菜单中选择"在窗口中打开"命令。选择"菜单"→"格式"→"图层设置"命令，在弹出的"图层设置"对话框中设置第10层为工作层。显示的模型如图7-33所示。

02 为添加滑块调整WCS。

❶选择"菜单"→"格式"→"WCS"→"原点"命令，弹出如图7-34所示的"点"对话框。选中包容体的上边缘线端点，单击"确定"按钮，完成坐标的第一次调整，结果如图7-35所示。

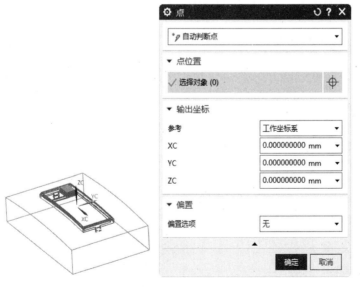

图7-33　显示模型　　　　图7-34　"点"对话框　　　　图7-35　第一次调整坐标

❷选择"菜单"→"分析"→"测量"命令，测量滑块头侧面到成型工件的距离为25.8375，选择"格式"→"WCS"→"原点"命令，弹出如图7-36所示的"点"对话框，在

"XC"文本框中输入 25.8375，单击"确定"按钮，移动 WCS，第二次调整坐标的结果如图 7-37 所示。

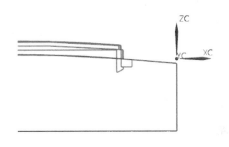

图 7-36　"点"对话框　　　　　　　　　图 7-37　第二次调整坐标

❸选择"菜单"→"格式"→"WCS"→"旋转"命令，弹出如图 7-38 所示的"旋转 WCS 绕"对话框。选中"+ZC 轴：XC→YC"选项，输入"角度"为 90。单击"确定"按钮，完成 WCS 的旋转，第三次调整坐标的结果如图 7-39 所示。

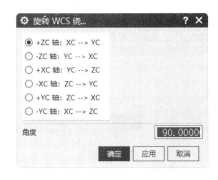

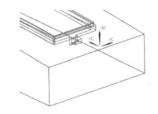

图 7-38　"旋转 WCS"对话框　　　　　　图 7-39　第三次调整坐标

03 添加滑块。

❶单击"注塑模向导"选项卡"主要"面板上的"滑块和斜顶杆库"按钮，弹出"重用库"对话框和"滑块和斜顶杆设计"对话框。在"重用库"对话框的"名称"中选择"SLIDE_LIFT"→"Slide"，在"成员选择"中选择"Push-Pull Slide"，在"滑块和斜顶杆设计"对话框的"详细信息"选项组中设置"wide"为 25、"slide_top"为 6（需要按下 Enter 键输入），如图 7-40 所示。注意绘图区中的滑块结构图及坐标原点的位置，Y+指向滑块头的方向。

❷单击"确定"按钮，完成滑块的添加，结果如图 7-41 所示。

图 7-40 "重用库"对话框和"滑块和斜顶杆设计"对话框

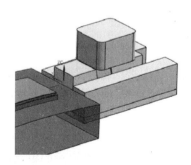

图 7-41 添加滑块

04 链接滑块。

❶选择"菜单"→"格式"→"图层设置"命令,在弹出的"图层设置"对话框里中使得第10层(成型工件)可见,设置第1层为工作层。

❷以"prod_003"作为显示零部件,并把型芯转为工作部件(可通过"装配导航器"来实现)。

❸选择"菜单"→"插入"→"关联复制"→"WAVE 几何链接器"命令,弹出如图7-42所示的"WAVE 几何链接器"对话框。选择"体"类型,并选中如图7-43所示的滑块部件的滑块体部分,单击"确定"按钮,创建滑块体到目前的工作零件的几何链接体,即型芯。采用同样的方法,链接之前创建的滑块头。

图 7-42　"WAVE 几何链接器"对话框

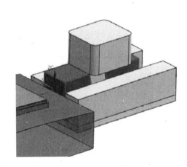

图 7-43 选择滑块体

05 连接滑块体和滑块头。

❶单击"主页"选项卡"基本"面板上的"拉伸"按钮⬡,弹出如图7-44所示的"拉伸"对话框。以滑块体的端面为起始位置,设置"结束"为"直至延伸部分",选择如图7-45所示的滑块头的端面。单击"确定"按钮,完成拉伸实体的创建。

❷单击"主页"选项卡"同步建模"面板上的"偏置"按钮🗇,在弹出的"偏置区域"对话框中输入"偏置"为-15mm,选择拉伸体的底面,如图7-46所示。单击"确定"按钮,将底面向上偏置15 mm。

❸单击"主页"选项卡"特征"面板上的"合并"按钮🗗,在弹出的"合并"对话框中选择拉伸实体和滑块头,将两者布尔求和。结果如图7-47所示。

06 创建另一个滑块。用同样的方法,创建另一个滑块,结果如图7-48所示。

图 7-44　"拉伸"对话框

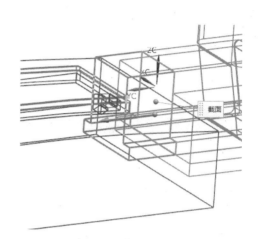

图 7-45　选择截面和延伸面

图 7-46　"偏置区域"对话框

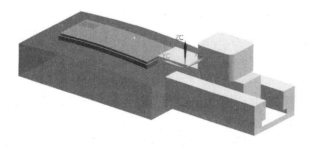

图 7-47　合并拉伸实体和滑块头

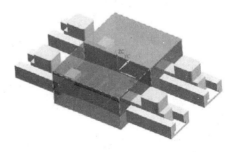

图 7-48　完成滑块的创建

7.3.3　顶杆设计

01 单击"注塑模向导"选项卡"主要"面板上的"标准件库"按钮，在弹出的"重用库"对话框的"名称"中选择"FUTABA_MM"→"Ejector Pin"，在"成员选择"中选择"Ejector Pin Straight"，在"标准件管理"对话框的"详细信息"中设置"CATALOG_DIA"为 2、"CATALOG_LENGTH"为 100，如图 7-49 所示。

图 7-49　"重用库"对话框和"标准件管理"对话框

02 单击"应用"按钮，弹出"点"对话框，选择如图 7-50 所示的凸缘直边的端点作为加载点，添加 8 个顶杆，结果如图 7-51 所示。

图 7-50　选择点

03 单击"注塑模向导"选项卡"主要"面板上的"顶杆后处理"按钮，弹出如图 7-52 所示的"顶杆后处理"对话框，在"目标"列表中选择刚创建的顶杆。

04 采用默认的修边曲面，即型芯修剪片体（CORE_TRIM_SHEET），如图 7-52 所示。

05 单击"确定"按钮，完成顶杆的修剪，结果如图 7-53 所示。

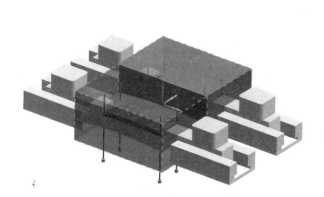

图 7-51　添加顶杆

图 7-52　"顶杆后处理"对话框

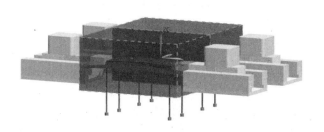

图 7-53　修剪顶杆

7.3.4　浇注系统设计

01 定位环设计。

❶单击"注塑模向导"选项卡"主要"面板上的"标准件库"按钮，弹出"重用库"对话框和"标准件管理"对话框。

❷在"重用库"对话框"名称"中选择"HASCO_MM_NX11"→"Locating Ring"，在"成员选择"中选择"K100[Locating_Ring]"，在"标准件管理"对话框"详细信息"中设置"TYPE"为2、"h1"为8、"d1"为90、"d2"为36，如图7-54所示。

❸单击"确定"按钮，弹出"点"对话框，设置放置点为原点。生成的定位环如图 7-55所示。

图7-54　"重用库"对话框和"标准件管理"对话框

图7-55　生成定位环

02 浇口套设计。

❶单击"注塑模向导"选项卡"主要"面板上的"标准件库"按钮🗐，在弹出的"重用库"对话框的"名称"中选择"FUTABA_MM"→"Sprue Bushing"，在"成员选择"中选择"Sprue Bushing"，如图 7-56 所示。

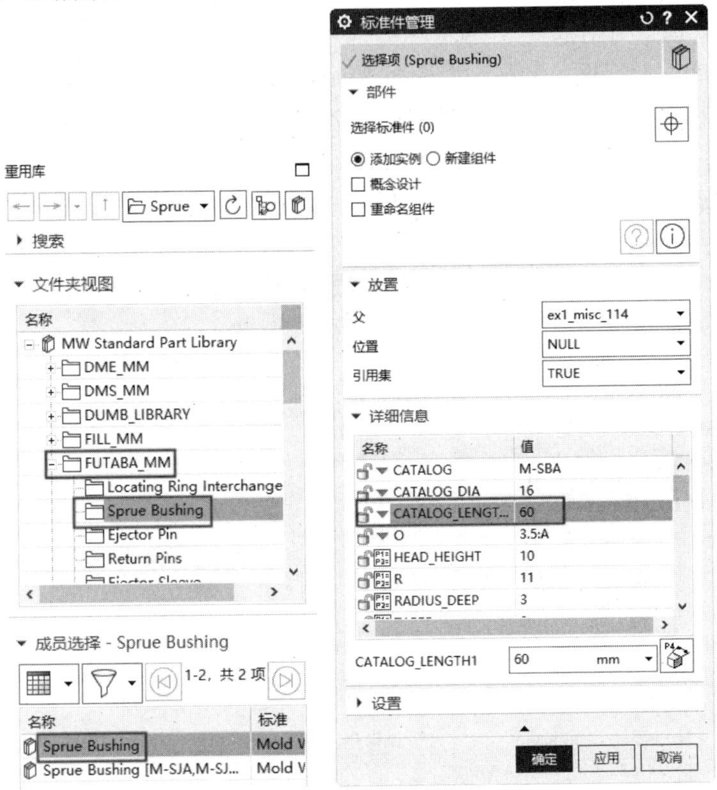

图 7-56　"重用库"对话框和"标准件管理"对话框

❷在"标准件管理"对话框"详细信息"中修改"CATALOG_LENGTH"为 60，重新设计浇口衬套的长度（其长度值由测量并估计得出）。生成的浇口套如图 7-57 所示。

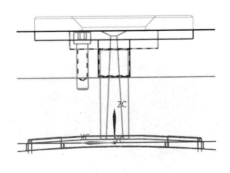

图 7-57　生成浇口套

03 流道和浇口设计。

❶单击"注塑模向导"选项卡"主要"面板上的"设计填充"按钮🔳 ，弹出"重用库"对话框和"设计填充"对话框。

❷在"重用库"对话框的"名称"中选择"FILL_MM"，在"成员选择"中选择"Gate[Subarine]"，并打开"信息"对话框，如图 7-58 所示。

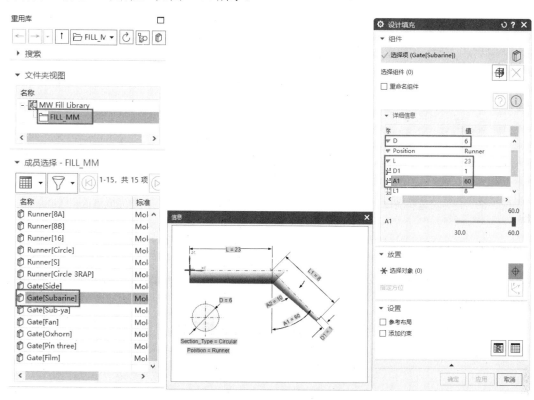

图 7-58 "重用库"对话框、"信息"对话框和"设计填充"对话框

❸在"设计填充"对话框的"详细信息"中修改"D"为 6、"D1"为 1、"L"为 23、"A1"为 60，其他采用默认设置，如图 7-58 所示。

❹在视图中选取一点作为流道和浇口的放置点，然后单击"设计填充"对话框中的"点对话框"按钮🔳 ，弹出"点"对话框，设置"参考"为"绝对坐标系-显示部件"，输入坐标为 (0, 0, 1)，单击"确定"按钮，完成流道和浇口的添加，结果如图 7-59 所示。

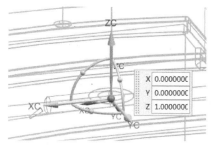

图 7-59 添加流道和浇口

❺将流道和浇口绕 ZC 轴旋转-90º，使其与 YC 轴重合，如图 7-60 所示，单击"确定"按钮，完成一侧流道和浇口的创建。

❻采用相同的方法，在另一侧创建相同尺寸的流道和浇口，结果如图 7-61 所示。

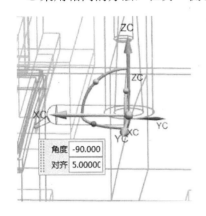

图 7-60　旋转流道和浇口

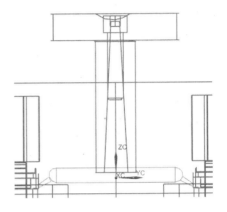

图 7-61　创建完成流道和浇口

7.3.5　创建腔体

01 单击"注塑模向导"选项卡"主要"面板上的"腔"按钮，弹出如图 7-62 所示的"开腔"对话框。

图 7-62　"开腔"对话框

02 选择模具的型芯和型腔作为目标体，选择加载的顶杆、浇注系统零件和滑块零件作为工具体。单击"确定"按钮，完成建立腔体的工作。独立显示的型芯如图 7-63 所示。

03 选择"文件"→"保存"→"全部保存"命令，保存全部零件。

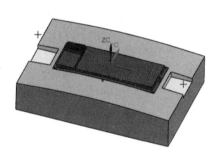

图 7-63 型芯

第 **8** 章

典型多腔模具设计——充电器座

本实例中的塑件尺寸较小，而且生产批量较大，所以采用了一出八的模具结构。这里使用了自动选择分型线的方法，可以有效地确定模具的分型面。

学 习 要 点

◎ 初始设置

◎ 分型设计

◎ 辅助系统设计

8.1 初始设置

在开始充电器座模具设计时,首先要进行一些初始的设置,包括项目初始化及加载产品、定义成型工件、定义布局等。

8.1.1 项目初始化及加载产品

01 项目初始化。

❶单击"注塑模向导"选项卡中的"初始化项目"按钮,打开"部件名"对话框,在其中选取"yuanshiwenjian\8\ex2.prt",单击"确定"按钮。

❷弹出如图 8-1 所示的"初始化项目"对话框,设置"项目单位"为"毫米"、"名称"为"ex2"、"材料"为"NYLON"。单击"确定"按钮,完成项目初始化。

图 8-1 "初始化项目"对话框

02 加载产品。单击"装配导航器"按钮,打开"装配导航器",如图 8-2 所示。加载产品模型的结果如图 8-3 所示。

03 创建模具坐标系。

❶单击"注塑模向导"选项卡"主要"面板上的"模具坐标系"按钮,弹出如图 8-4 所示的"模具坐标系"对话框。在其中选择"锁定 Z 位置"和"产品实体中心"选项。

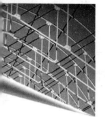

❷单击"确定"按钮，完成模具坐标系的创建。

图 8-2　装配导航器

图 8-3　加载产品模型

图 8-4　"模具坐标系"对话框

📖8.1.2　定义成型工件

01 单击"注塑模向导"选项卡"主要"面板上的"工件"按钮◈，弹出如图 8-5 所示的"工件"对话框，在"定义类型"下拉列表中选择"参考点"，输入 X、Y、Z 轴的参数。

02 单击"确定"按钮，完成在视图区加载成型工件，结果如图 8-6 所示。

图 8-5　"工件"对话框

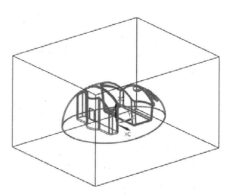

图 8-6　加载成型工件

8.1.3　定义布局

01 单击"注塑模向导"选项卡"主要"面板上的"型腔布局"按钮，弹出如图 8-7 所示的"型腔布局"对话框，选择"矩形"布局类型和"线性"选项，使系统以矩形线性方式布局。

02 在"型腔布局"对话框中的"X 向型腔数"中输入 2、"Y 向型腔数"中输入 4、"X 距离"中输入 0、"Y 距离"中输入 0，单击"开始布局"按钮，启用自动布局。

03 单击"型腔布局"对话框中的"自动对准中心"按钮，将该多腔模的几何中心移动到 layout 子装配的绝对坐标系（ACS）的原点上，如图 8-8 所示。

04 单击"关闭"按钮，退出"型腔布局"对话框。

图 8-7　"型腔布局"对话框

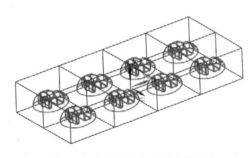

图 8-8　移动几何中心到坐标原点

8.2　分型设计

在分型设计时首先要完成产品边界和曲面修补以及实体补片，然后创建分型线和分型面，最后生成型芯和型腔。

GNX中文版模具设计从入门到精通

8.2.1　曲面补片

01 单击"注塑模向导"选项卡"分型工具"面板上的"曲面补片"按钮，弹出"曲面补片"对话框，在"类型"中选择"移刀"，取消"按面的颜色遍历"复选框的勾选，如图 8-9 所示。选择如图 8-10 所示的边作为修补边界。

选择边

图 8-9　"曲面补片"对话框　　　　图 8-10　选择修补边界

02 单击"应用"按钮，完成边界修补。采用相同方法，完成另一个边界修补，结果如图 8-11 所示。

03 在"曲面补片"对话框的"类型"中选择"面"，选择如图 8-12 所示的面。单击"确定"按钮，完成曲面的修补，结果如图 8-13 所示。

182

图 8-11 修补边界

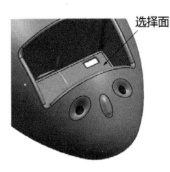
图 8-12 选择面

图 8-13 修补曲面

8.2.2 实体修补

01 单击"注塑模向导"选项卡"注塑模工具"面板上的"包容体"按钮，弹出"包容体"对话框，如图 8-14 所示。选中如图 8-15 所示的两侧面，设置"偏置"为 1mm。单击"确定"按钮，创建包容体。

02 单击"注塑模向导"选项卡"注塑模工具"面板上的"分割实体"按钮，弹出"分割实体"对话框。在"类型"下拉列表中选择"修剪"，选择创建的包容体作为目标体，选择 6 个平面修剪包容体。分割后的实体如图 8-16 所示。

图 8-14 "包容体"对话框

图 8-15 选择面

图 8-16 分割实体

03 单击"注塑模向导"选项卡"注塑模工具"面板上的"实体补片"按钮，弹出"实体补片"对话框，如图 8-17 所示。选中充电器座作为产品实体，选择刚创建的包容体作为补片体。单击"确定"按钮，完成实体补片，结果如图 8-18 所示。

图 8-17　"实体补片"对话框

图 8-18　实体补片

8.2.3　创建分型线

01 单击"注塑模向导"选项卡"分型"面板上"分型面"下拉菜单中的"设计分型面"按钮，弹出如图 8-19 所示的"设计分型面"对话框。

02 单击"编辑分型线"选项组中的"选择分型线"按钮，在视图上选择实体的底面边线，单击"确定"按钮，系统自动生成图 8-20 所示的分型线。

图 8-19　"设计分型面"对话框

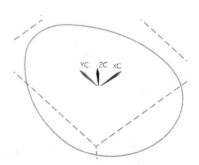

图 8-20　创建分型线

8.2.4　创建分型面

01 单击"注塑模向导"选项卡"分型"面板上"分型面"下拉菜单中的"设计分型面"
按钮，弹出如图 8-21 所示的"设计分型面"对话框。

02 在"创建分型面"选项组中选中"有界平面"选项，系统自动选择分型线作为
母线。单击"确定"按钮，完成分型面的创建，结果如图 8-22 所示。

图 8-21　"设计分型面"对话框

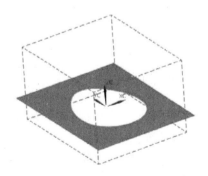

图 8-22　创建分型面

8.2.5　设计区域

01 单击"注塑模向导"选项卡"分型刀具"面板上的"检查区域"按钮，弹出

GNX中文版模具设计从入门到精通

如图 8-23 所示的"检查区域"对话框，选择"保留现有的"选项，选择"指定脱模方向"为"ZC 轴"，单击"计算"按钮⊞。

02 选择"区域"选项卡，显示有 6 个未定义的区域，如图 8-24 所示。将未定义的面定义为型芯区域，单击"确定"按钮，可以看到，型腔区域的数量为 54，型芯区域的数量为 61。

图 8-23 "检查区域"对话框

图 8-24 "区域"选项卡

8.2.6 抽取区域

01 单击"注塑模向导"选项卡"分型"面板上的"定义区域"按钮，弹出如图 8-25 所示的"定义区域"对话框。

02 选择"所有面"选项，勾选"创建区域"复选框。

03 单击"确定"按钮，完成型芯和型腔的抽取。

8.2.7 创建型芯和型腔

01 单击"注塑模向导"选项卡"分型刀具"面板上的"定义型腔和型芯"按钮，弹出如图 8-26 所示的"定义型腔和型芯"对话框。

02 选择"所有区域"选项，单击"确定"按钮，弹出"查看分型结果"对话框，采用默认方向，单击"确定"按钮，再次弹出"查看分型结果"对话框，采用默认方向，单击"确定"按钮，创建的型芯和型腔如图 8-27 所示。

图 8-25　"定义区域"对话框

图 8-26　"定义型腔和型芯"对话框

图 8-27　创建型芯和型腔

8.3 辅助系统设计

在完成分型设计后，还需要设计一些辅助系统，包括加入模架、顶杆设计、浇注系统设计和创建腔体等。

8.3.1 加入模架

01 单击"注塑模向导"选项卡"主要"面板上的"模架库"按钮 ▤ ，弹出"重用库"对话框和"模架库"对话框，在"重用库"对话框的"名称"列表中选择"HASCO_E"模架，在"成员选择"列表中选择 Type1（F2M2），在"模架库"对话框的"详细信息"选项组中设置"index"为"346×796"，如图 8-28 所示。

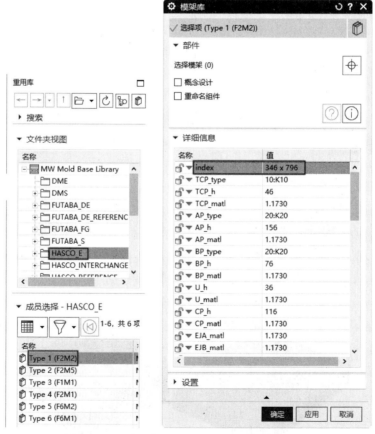

图 8-28 "重用库"对话框和"模架库"对话框

02 单击"应用"按钮，完成模架的添加，结果如图 8-29 所示。

03 在"模架库"对话框的"详细信息"选项组中将厚度参数"AP_h"调整为 76、"BP_h"调整为 27，如图 8-30 所示。单击"确定"按钮，完成的模架修改，结果如图 8-31 所示。

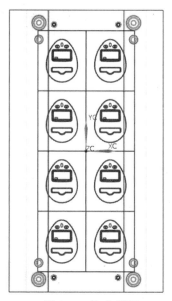

图 8-29 加入模架

名称	值
▼ index	346 x 796
▼ TCP_type	10:K10
▼ TCP_h	46
▼ TCP_matl	1.1730
▼ AP_type	20:K20
▼ AP_h	76
▼ AP_matl	1.1730
▼ BP_type	20:K20
▼ BP_h	27
▼ BP_matl	1.1730
▼ U_h	36
▼ U_matl	1.1730
▼ CP_h	116
▼ CP_matl	1.1730
▼ EJA_matl	1.1730
▼ EJB_matl	1.1730

BP_h 27 mm

图 8-30 编辑上模板参数

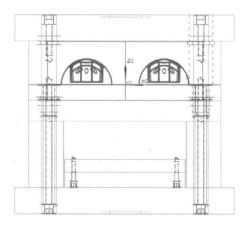

图 8-31 修改模架

8.3.2 顶杆设计

01 单击"注塑模向导"选项卡"主要"面板上的"标准件库"按钮🗐，弹出"重用库"对话框和"标准件管理"对话框。

02 在"重用库"对话框的"名称"中选择"DME_MM"→"Ejection"，在"成员选择"中选择"Ejector Sleeve Assy[S,KS]"，在"标准件管理"对话框的"详细信息"选项组中设置"PIN_CATALOG_DIA"为 2、"PIN_CATALOG_LENGTH"为 160、"SLEEVE_CATALOG_LENGTH"为 200，如图 8-32 所示。

UG NX 2022

GNX中文版模具设计从入门到精通

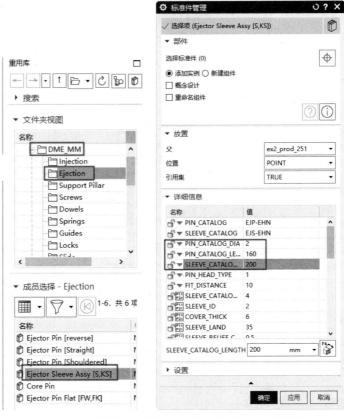

图 8-32 "重用库"对话框和"标准件管理"对话框

03 单击"应用"按钮，弹出如图 8-33 所示的"点"对话框，设置一个顶杆的点坐标为 (-70，-240，0)，放置顶杆。采用同样的方法，放置其他顶杆。添加的 8 个顶杆如图 8-34 所示。

图 8-33 "点"对话框

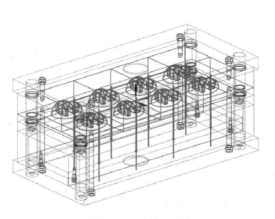

图 8-34 添加顶杆

04 单击"注塑模向导"选项卡"主要"面板上的"顶杆后处理"按钮，弹出如图 8-35 所示的"顶杆后处理"对话框。选择"调整长度"类型，在"目标"列表中选择已经创建的待处理的顶杆。

05 采用默认的修边曲面，即型芯修剪片体（CORE_TRIM_SHEET）。

06 单击"确定"按钮，完成顶杆的修剪，结果如图 8-36 所示。

图 8-35　"顶杆后处理"对话框

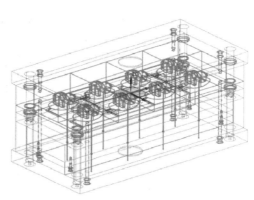

图 8-36　修剪顶杆

8.3.3　浇注系统设计

01 定位环设计。

❶单击"注塑模向导"选项卡"主要"面板上的"标准件库"按钮，弹出"重用库"对话框和"标准件管理"对话框。

❷在"重用库"对话框的"名称"中选择"HASCO_MM"→"Locating Ring"，在"成员选择"中选择"K100C"，在"标准件管理"对话框的"详细信息"中设置"DIAMETER"为100、"THICKNESS"为8，如图 8-37 所示。

❸单击"确定"按钮，生成定位环，结果如图 8-38 所示。

02 浇口套设计。

❶单击"注塑模向导"选项卡"主要"面板上的"标准件库"按钮，弹出"重用库"对话框和"标准件管理"对话框，如图 8-39 所示。

❷在"重用库"对话框的"名称"中选择"HASCO_MM"→"Injection"，在"成员选择"中选择"Spruce Bushing[Z50, Z51, Z511, Z512]"，在"标准件管理"对话框的"详细信息"中设定"CATALOG"为Z50、"CATALOG_DIA"为24、"CATALOG_LENGTH"为100。

❸单击"确定"按钮，完成浇口套的创建，结果如图 8-40 所示。

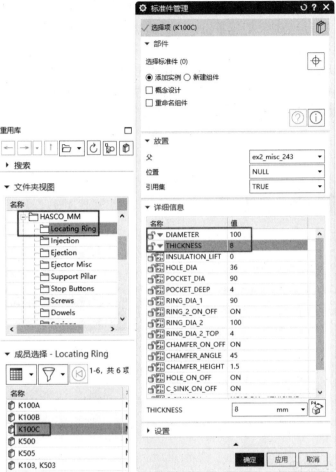

图 8-37　"重用库"对话框和"标准件管理"对话框

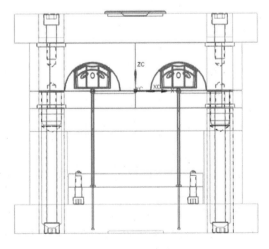

图 8-38　生成定位环

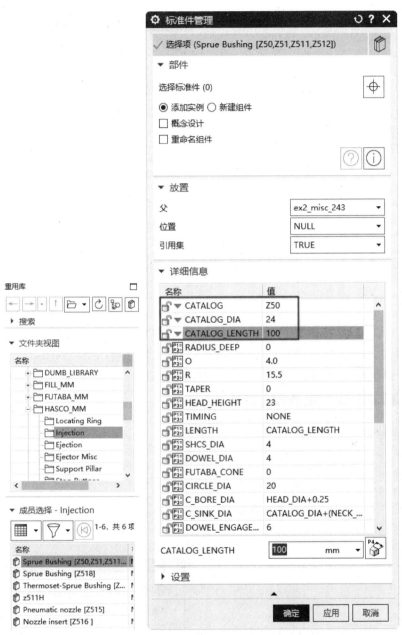

图 8-39 "重用库"对话框和"标准件管理"对话框

03 流道设计。

❶单击"装配"选项卡"部件间链接"面板上的"WAVE 几何链接器"按钮![icon]，弹出"WAVE 几何链接器"对话框，设置选项如图 8-41 所示。在绘图区分别拾取 8 个型腔，单击"应用"按钮，将其链接为一个整体，再拾取 8 个型芯，单击"确定"按钮。

❷单击"注塑模向导"选项卡"主要"面板上的"流道"按钮![icon]，弹出如图 8-42 所示的"流道"对话框。选择半圆形截面形状通道作为分流道的截面形状，并且设置"D"为 8。

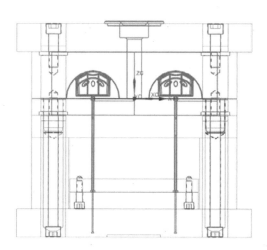

图 8-40　创建浇口套

图 8-41　"WAVE 几何链接器"对话框

❸单击"绘制截面"按钮 ，弹出如图 8-43 所示"创建草图"对话框。系统默认选取 XC-YC 平面为草图绘制平面，单击"确定"按钮，进入草图绘制环境，绘制如图 8-44 所示的草图。单击"完成"按钮 ，完成草图绘制。

图 8-42　"流道"对话框

图 8-43　"创建草图"对话框

❹单击"确定"按钮，完成流道的创建，结果如图 8-45 所示。

04 浇口设计。

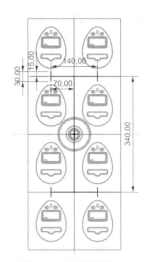

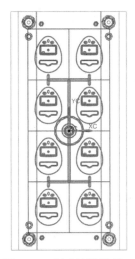

图 8-44　绘制草图　　　　　　　图 8-45　创建流道结果

❶单击"注塑模向导"选项卡"主要"面板上的"设计填充"按钮 ，弹出"重用库"对话框和"设计填充"对话框。

❷在"重用库"对话框的"成员选择"列表中选择"Gate[Side]"，在"设计填充"对话框的"详细信息"中更改"D"为 8、"L"为 1、"L1"为 8，其他采用默认设置，如图 8-46 所示。

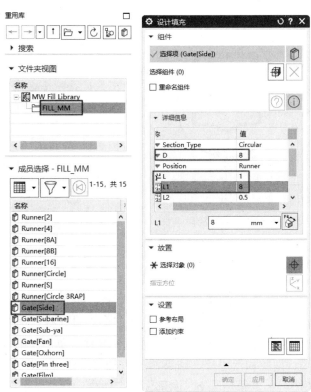

图 8-46　"重用库"对话框和"设计填充"对话框

❸在"放置"选项组中单击"选择对象"按钮 ⊕，捕捉如图 8-47 所示流道的圆心为放置浇口的位置。

❹选取视图中的动态坐标系上的 Z 轴，输入"角度"为 90º，按 Enter 键，将浇口绕 Z 轴旋转 90º，如图 8-48 所示。

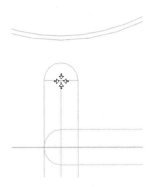

图 8-47 捕捉圆心

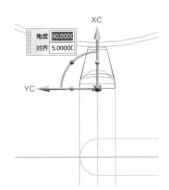

图 8-48 旋转浇口

❺单击"确定"按钮，完成一个浇口的创建，如图 8-49 所示。采用相同的方法，在分流道附近创建余下的 7 个浇口，结果如图 8-50 所示。

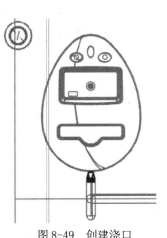

图 8-49 创建浇口

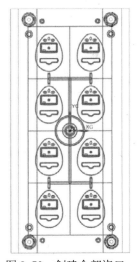

图 8-50 创建全部浇口

8.3.4 创建腔体

01 在"装配导航器"中隐藏"ex2_prod"文件。单击"注塑模向导"选项卡"主要"面板上的"腔"按钮 ⬛，弹出如图 8-51 所示的"开腔"对话框。选择模具的 8 组型芯和型腔作为目标体，选择加载的顶杆、浇注系统零件作为工具体。单击"确定"按钮，完成腔体的创建，隐藏模架、型芯、型腔和流道等，结果如图 8-52 所示。

02 选择"文件"→"保存"→"全部保存"命令，保存全部零件。

开腔
▼ 模式
去除材料
▼ 目标
选择体 (0)
▼ 工具
工具类型　　　组件
选择对象 (0)
引用集　　　　无更改
▼ 工具
查找相交
检查腔状态
移除腔
编辑工具体
▶ 设置
确定　应用　取消

图 8-51　"开腔"对话框

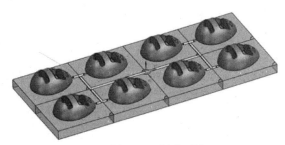

图 8-52　创建开腔

第 **9** 章

典型分型模具设计——播放器盖

本实例中的塑件是一种典型的板孔
类零件（ ）即在平板壳体表面开有若干通
孔或凸起凹槽的零件。其模具设计遵循修
补及分型的基本思路，分型线比较明晰，
分型面位于最大截面或底部端面。

学 习 要 点

 初始设置

 分型设计

 辅助系统设计

9.1　初始设置

在开始播放器盖模具设计时，首先要进行一些初始的设置，包括项目初始化及加载产品、创建模具坐标系、定义成型工件、定义布局等。

9.1.1　项目初始化及加载产品

01　项目初始化。

❶单击"注塑模向导"选项卡中的"初始化项目"按钮 🖳，打开"部件名"对话框，在其中选择"yuanshiwenjian\9\ ex3.prt"，单击"确定"按钮，打开产品模型，如图 9-1 所示。

❷在随即弹出的"初始化项目"对话框设置"项目单位"为"毫米"、"名称"为"ex3"、"材料"为"PS"，如图 9-2 所示。单击"确定"按钮，完成项目初始化。

图 9-1　打开产品模型　　　　　　　　　图 9-2　"初始化项目"对话框

02 加载产品。单击"装配导航器"按钮，打开"装配导航器"，如图 9-3 所示。加载产品模型，结果如图 9-4 所示。

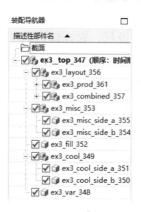

图 9-3　产品加载

图 9-4　加载产品模型

9.1.2　创建模具坐标系

01 单击"注塑模向导"选项卡"主要"面板上的"模具坐标系"按钮，弹出如图 9-5 所示的"模具坐标系"对话框。在其中选择"产品实体中心"和"锁定 Z 位置"选项。

02 单击"确定"按钮，完成模具坐标系的创建。

图 9-5　"模具坐标系"对话框

9.1.3　定义成型工件

01 单击"注塑模向导"选项卡"主要"面板上的"工件"按钮，弹出如图 9-6 所示的"工件"对话框，在"定义类型"下拉列表中选择"参考点"，单击"重置大小"按钮，再输入 X、Y、Z 轴的参数，如图 9-6 所示。

02 单击"确定"按钮，完成在视图区加载成型工件，结果如图9-7所示。

图9-6　"工件"对话框

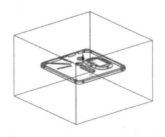

图9-7　调入成型工件

📖 9.1.4　定义布局

01 单击"注塑模向导"选项卡"主要"面板上的"型腔布局"按钮，弹出如图9-8所示的"型腔布局"对话框，单击"自动对准中心"按钮。

02 将几何中心移动到 layout 子装配的绝对坐标系（ACS）的原点上，并保持Z坐

标不变，如图 9-9 所示。

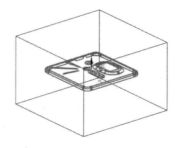

图 9-8　"型腔布局"对话框　　　　　　　图 9-9　移动几何中心结果到坐标原点

9.2　分型设计

在分型设计时首先要完成产品曲面和边的修补，然后创建分型线和分型面，最后生成型芯和型腔。

9.2.1　产品补片修补

01 单击"注塑模向导"选项卡"注塑模工具"面板上的"曲面补片"按钮，弹出如图 9-10 所示的"曲面补片"对话框，在"环选择"的"类型"中选择"面"，在视图中选择如图 9-11 所示的面，单击"应用"按钮，完成曲面的修补。

02 在"曲面补片"对话框的"类型"中选择"移刀"，取消"按面的颜色遍历"复选框的勾选，如图 9-12 所示。选择如图 9-13 所示的边，单击"应用"按钮，完成曲面的修补。采用同样方法，完成另一个边界修补。

03 在"边补片"对话框的"类型"中选择"遍历"，取消"按面的颜色遍历"复选框的勾选，选择如图 9-14 所示的边，单击"接受"按钮，将选中的边添加到"环列表"中。单击

"应用"按钮，完成边的修补。采用同样方法，完成另一个边的修补，结果如图 9-15 所示。

图 9-10　"曲面补片"对话框

图 9-11　选择面

图 9-12　"曲面补片"对话框

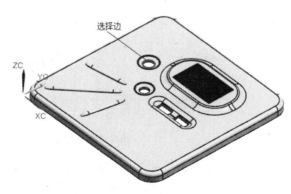

图 9-13　选择边

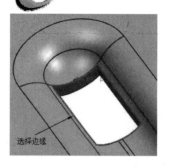

选择边缘

图 9-14　选择边

图 9-15　修补边

9.2.2　创建分型线

01 单击"注塑模向导"选项卡"分型"面板上"分型面"下拉菜单中的"设计分型面"按钮 ，弹出如图 9-16 所示的"设计分型面"对话框，单击"编辑分型线"选项组中的"选择分型线"按钮，在视图上选择实体的底面边线，单击"应用"按钮，系统自动生成如图 9-17 所示的分型线。

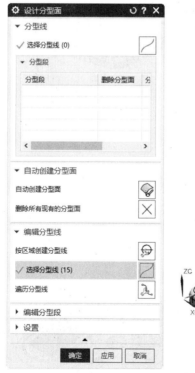

图 9-16　"设计分型面"对话框

02 单击"设计分型面"对话框"编辑分型段"选项组中的"选择分型或引导线"按钮，选择图 9-18 中的两点。单击"确定"按钮，完成引导线的创建，结果如图 9-18 所示。

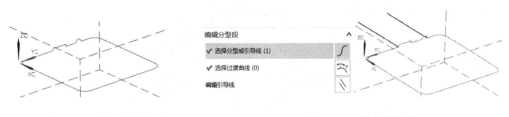

图 9-17 生成分型线   图 9-18 创建引导线

9.2.3 创建分型面

01 单击"注塑模向导"选项卡"分型"面板上"分型面"下拉菜单中的"设计分型面"按钮，弹出"设计分型面"对话框。在其"分型段"列表中选择分段 1，如图 9-19 所示。在"创建分型面"选项组中选中"有界平面"选项 ，拖动如图 9-19 所示的滑动块，使得有界平面的尺寸大于成型工件。单击"应用"按钮，完成分型面 1 的创建，结果如图 9-20 所示。

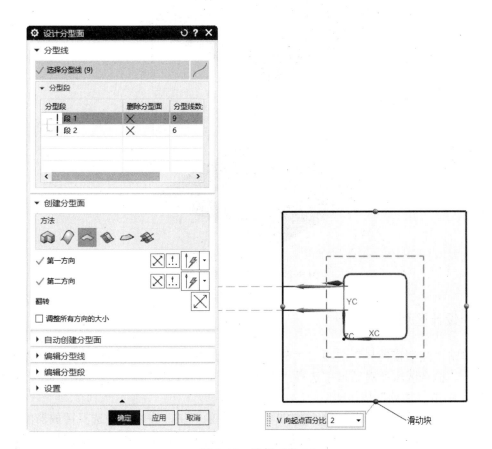

图 9-19 选择"段 1"

G NX中文版模具设计从入门到精通

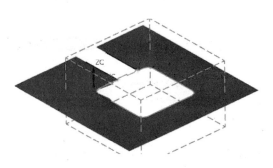

图 9-20　创建分型面 1

02 在"设计分型面"对话框的"分型段"列表中选择"段 2"，在"创建分型面"选项组中选中"拉伸"选项🌐。在视图中按引导线创拖动箭头调整延伸距离，如图 9-21 所示。单击"确定"按钮，完成分型面的创建，结果如图 9-22 所示。

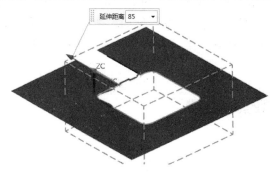

图 9-21　选择分段 2

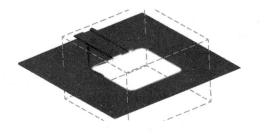

图 9-22　创建分型面 2

9.2.4　设计区域

01 单击"注塑模向导"选项卡"分型"面板上的"检查区域"按钮⌒，在弹出的图 9-23 所示"检查区域"对话框中选择"保留现有的"单选按钮，选择"指定脱模方向"为"ZC 轴"，单击"计算"按钮⊞。

02 选择"区域"选项卡，显示有 23 个未定义的区域，在视图中选择播放器的外边面，将其定义为型腔区域，再将其余未定义的面定义为型芯区域。单击"确定"按钮，可以看到，型腔区域的数量为 59、型芯区域的数量为 124，如图 9-24 所示。

206

图 9-23　"检查区域"对话框　　　　　　　图 9-24　"区域"选项卡

9.2.5　定义区域

01 单击"注塑模向导"选项卡"分型"面板上的"定义区域"按钮，弹出如图 9-25 所示的"定义区域"对话框，选择"所有面"选项。

02 勾选"创建区域"复选框，单击"确定"按钮，完成型芯和型腔的抽取。

9.2.6　创建型芯和型腔

01 单击"注塑模向导"选项卡"分型刀具"面板上的"定义型腔和型芯"按钮，弹出"定义型腔和型芯"对话框。

02 选择"所有区域"选项，单击"确定"按钮。创建的型芯和型腔如图 9-26 所示。

03 选择"文件"→"保存"→"全部保存"命令，保存全部零件。

图 9-25　"定义区域"对话框

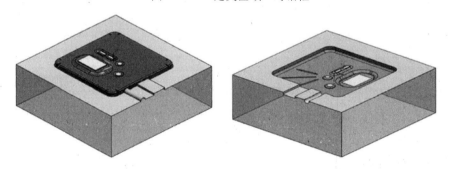

图 9-26　创建型腔和型芯

9.3　辅助系统设计

在完成分型设计后，还需要设计一些辅助系统，包括加入模架、添加标准件、添加冷却管路和创建腔体等。

9.3.1　加入模架

01 单击"注塑模向导"选项卡"主要"面板上的"模架库"按钮 ，弹出"重用库"对话框和"模架库"对话框。在"重用库"对话框的"名称"列表中选择"HASCO_E"，在"成员选择"列表中选择"Type1（F2M2）"，在"模架库"对话框中"详细信息"列表中设置"index"为"246×346"。

02 在"模架库"对话框的"详细信息"列表中更改"AP_h"为 46 作为上模板的厚度值，更改"BP_h"为 46 作为下模板的厚度值，如图 9-27 所示。单击"应用"按钮。

03 单击"旋转模架"按钮 ，再单击"确定"按钮，旋转模架，结果如图 9-28 所示。

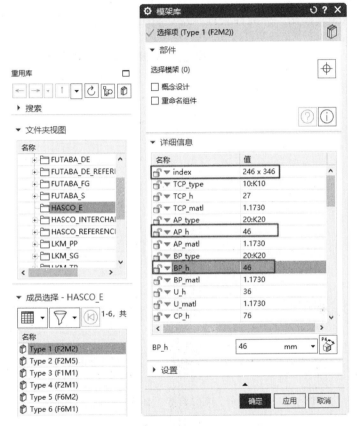

图 9-27　"重用库"对话框和"模架库"对话框

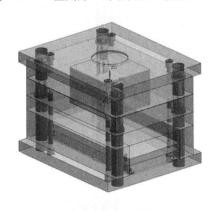

图 9-28　旋转模架

9.3.2 添加标准件

01 定位环设计。

❶单击"注塑模向导"选项卡"主要"面板上的"标准件库"按钮⬡，弹出"重用库"对话框和"标准件管理"对话框。

❷在"重用库"对话框的"名称"中选择"HASCO_MM"→"Locating Ring"，在"成员选择"中选择"K505"，在"标准件管理"对话框的"详细信息"中将"DIAMETER"设置为90，如图9-29所示。

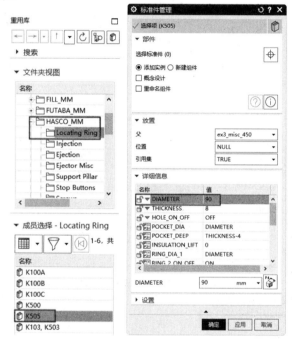

图9-29 "重用库"对话框和"标准件管理"对话框

❸单击"确定"按钮，完成定位环的添加，结果如图9-30所示。

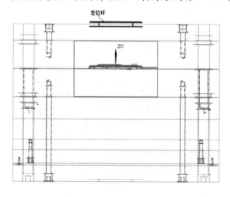

图9-30 添加定位环

02 浇口套设计。

❶单击"注塑模向导"选项卡"主要"面板上的"标准件库"按钮⬜，弹出"重用库"对话框和"标准件管理"对话框。

❷在"重用库"对话框的"名称"中选择"HASCO_MM"→"Injection"，在"成员选择"中选择"Spruce Bushing [Z50, Z51, Z511, Z512]"，在"标准件管理"对话框的"详细信息"中设置"CATALOG"为 Z50、"CATALOG_DIA"为 18、"CATALOG_LENGTH"为 46，如图 9-31 所示。

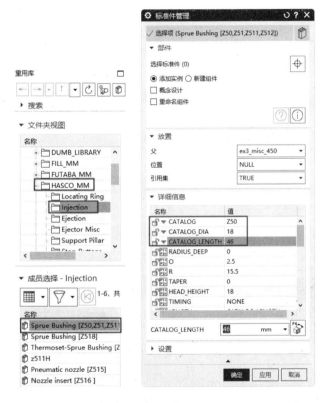

图 9-31 "重用库"对话框和"标准件管理"对话框

❸单击"确定"按钮，完成浇口套的添加，结果如图 9-32 所示。

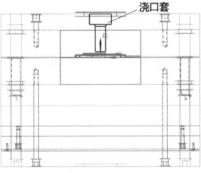

图 9-32 添加浇口套

03 添加顶杆。

❶单击"注塑模向导"选项卡"主要"面板上的"标准件库"按钮，在弹出的"重用库"对话框的"名称"中选择"DME_MM"→"Ejection"，在"成员选择"中选择"Ejector Pin (Shouldered)"，在"标准件管理"对话框的"详细信息"中设置"CATALOG_DIA"为 1、"CATALOG_LENGTH 为"160、"HEAD_TYPE"为 1，如图 9-33 所示。

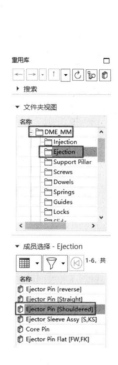
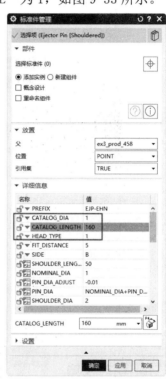

图 9-33 "重用库"对话框和"标准件管理"对话框

❷单击"应用"按钮，弹出如图 9-34 所示的"点"对话框，设置在点（-35, 35, 0）和点（35, -35, 0）放置顶杆。添加的 2 个顶杆如图 9-35 所示。

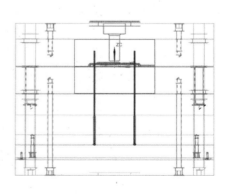

图 9-34 "点"对话框　　　　　　　　图 9-35 添加顶杆

04 顶杆后处理。

❶单击"注塑模向导"选项卡"主要"面板上的"顶杆后处理"按钮 ![icon]，弹出如图9-36所示的"顶杆后处理"对话框。选择"调整长度"类型，在"目标"列表中选择已经创建的待处理的顶杆。

❷在"工具"选项组中采用默认的修边部件，并采用默认的修边曲面，即型芯修剪片体（CORE_ TRIM_SHEET）。

❸单击"确定"按钮，完成顶杆的修剪，结果如图9-37所示。

图9-36 "顶杆后处理"对话框

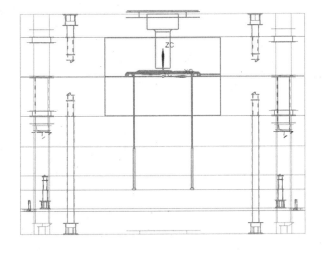

图9-37 修剪顶杆

9.3.3　添加浇口

01 单击"注塑模向导"选项卡"主要"面板上的"设计填充"按钮，在弹出的"重用库"对话框的"成员选择"中选择"Gate[Pin three]"，在"设计填充"对话框中设置"d"为1.2、"L1"为0，如图9-38所示。

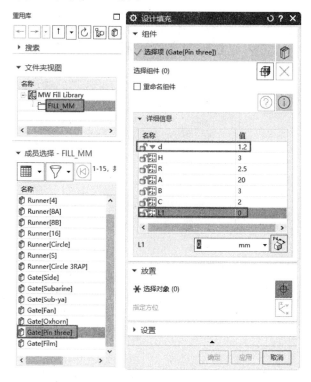

图9-38　"重用库"对话框和"设计填充"对话框

02 在"放置"选项组中单击"选择对象"按钮，捕捉浇口套的下端圆心为放置浇口位置，如图9-39所示。

03 在"放置"选项组中单击"点对话框"按钮，打开"点"对话框，设置"参考"为"WCS"，输入点的坐标为（0，0，4）。单击"确定"按钮，完成浇口的创建，结果如图9-40所示。

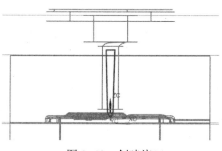

图9-39　放置浇口　　　　图9-40　创建浇口

9.3.4 创建腔体

01 单击"注塑模向导"选项卡"主要"面板上的"腔"按钮 ，弹出如图 9-41 所示的"开腔"对话框。选择"去除材料"模式，选择模具的型芯和型腔作为目标体，选择顶杆和浇注系统零件作为工具体。单击"确定"按钮，完成腔体的创建，结果如图 9-42 所示。

图 9-41 "开腔"对话框

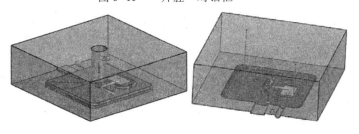

图 9-42 创建腔体

02 选择"文件"→"保存"→"全部保存"命令，保存全部零件。

第 **10** 章

典型多件模具设计——上下圆盘

本实例通过上圆盘和下圆盘的模具设计，展示了一模两件的模具设计方法，这种方法可以较好地满足两个有配合要求的零件的尺寸精度。

◎ 初始设置

◎ 分型设计

◎ 辅助系统设计

10.1　初始设置

由前面的基础知识可知，在开始上下圆盘模具设计时，首先要进行一些初始的设置，包括项目初始化及加载产品、创建模具坐标系、定义成型工件和定义布局等。

10.1.1　项目初始化及加载产品

01 单击"注塑模向导"选项卡中的"初始化项目"按钮，打开"部件名"对话框，在其中选择"yuanshiwenjian\10\ ex4-1.prt"，单击"确定"按钮。

02 在弹出如图 10-1 所示的"初始化项目"对话框中设置"项目单位"为"毫米"、"名称"为"ex4_1"、"材料"为"ABS"。单击"确定"按钮，完成"ex4-1.prt"模型的初始化。

图 10-1　"初始化项目"对话框

03 单击"初始化项目"按钮，在"部件名"对话框中选择"yuanshiwenjian\10\ex4-2.prt"，单击"确定"按钮，弹出如图 10-2 所示的"部件名管理"对话框。在"命

名规则"文本框里面输入"ex4_2",单击"确定"按钮,完成"ex4-2.prt"模型的初始化。完成上述操作以后,屏幕上同时显示两个零件,如图 10-3 所示。

图 10-2 "部件名管理"对话框

图 10-3 显示零件

10.1.2 创建模具坐标系

01 单击"注塑模向导"选项卡"主要"面板上的"多腔模设计"按钮,弹出如图 10-4 所示的"多腔模设计"对话框。选择"ex4-1"零件进行定位。

02 选择"菜单"→"格式"→"WCS"→"动态"命令,选择坐标系 YC 箭头,在"距离"文本框中输入 120,如图 10-5 所示,按 Enter 键完成坐标系的移动。

图 10-4 "多腔模设计"对话框

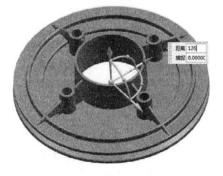

图 10-5 输入"距离"参数

03 选择"菜单"→"格式"→"WCS"→"旋转"命令,弹出"旋转 WCS 绕"对话框,选中"+YC 轴:ZC→XC"选项,在"角度"文本框中输入 180,如图 10-6 所示。单击"确定"按钮,以+Y 轴为法向,将+Z 轴向+X 轴旋转 180°。

04 单击"注塑模向导"选项卡"主要"面板上的"模具坐标系"按钮 ,弹出如图 10-7 所示的"模具坐标系"对话框,选择"当前 WCS"。单击"确定"按钮,完成 ex4-1 零件模具坐标系的创建,如图 10-8 所示。

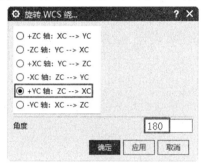

图 10-6 "旋转 WCS 绕"对话框   图 10-7 "模具坐标系"对话框

图 10-8 创建 ex4-1 零件模具坐标系

05 单击"注塑模向导"选项卡"主要"面板上的"多腔模设计"按钮 ,弹出"多腔模设计"对话框,选择 ex4-2 零件进行定位。

06 选择"菜单"→"格式"→"WCS"→"动态"命令,选择坐标系 ZC 箭头,在"距离"文本框中输入-6.367,如图 10-9 所示。

07 单击"注塑模向导"选项卡"主要"面板上的"模具坐标系"按钮 ,弹出"模具坐标系"对话框,选择"当前 WCS"。单击"确定"按钮,完成 ex4-2 零件模具坐标系的创建,如图 10-10 所示。

图 10-9 输入"距离"参数   图 10-10 创建 ex4-2 零件模具坐标系

📖10.1.3 定义成型工件

01 单击"注塑模向导"选项卡"主要"面板上的"多腔模设计"按钮📇，弹出"多腔模设计"对话框。选择 ex4-1 零件进行成型工件设计。

02 单击"注塑模向导"选项卡"主要"面板上的"工件"按钮◎，弹出如图 10-11 所示的"工件"对话框。在"定义类型"下拉列表中选择"参考点"，输入 X、Y、Z 轴的参数，如图 10-11 所示。

03 采用相同的方法，选择 ex4-2 零件进行成型工件设计（工件尺寸与 ex4-1 零件的相同）。创建的成型工件如图 10-12 所示。

图 10-11　"工件"对话框

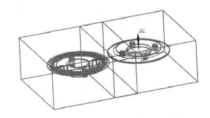

图 10-12　创建成型工件

📖10.1.4 定义布局

01 单击"注塑模向导"选项卡"主要"面板上的"多腔模设计"按钮📇，弹出"多腔模设计"对话框。选择 ex4-1 零件进行布局。

02 单击"注塑模向导"选项卡"主要"面板上的"型腔布局"按钮🔲，弹出如图 10-13 所示的"型腔布局"对话框。单击"变换"按钮➡，弹出"变换"对话框，选择"变换类型"为"平移"，设置"X 距离"为 0、"Y 距离"为-50，如图 10-14 所示。

图 10-13　"型腔布局"对话框

图 10-14　"变换"对话框

03 单击"确定"按钮，完成零件的平移。

04 单击"型腔布局"对话框的"自动对准中心"按钮⊞，将该多腔模的几何中心移动到 layout 子装配的绝对坐标系（ACS）的原点上，如图 10-15 所示。单击"关闭"按钮，退出"型腔布局"对话框。

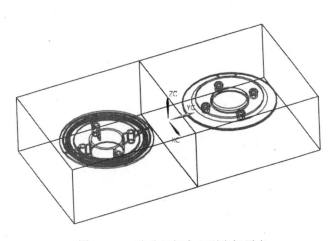

图 10-15　移动几何中心到坐标原点

10.2　上圆盘分型设计

选择零件"ex4-1"进行分型设计。

📖10.2.1　曲面补片

01 单击"注塑模向导"选项卡"分型"面板上的"曲面补片"按钮◆，弹出如图 10-16 所示的"曲面补片"对话框，在环类型中选择"面"，在视图中选择如图 10-17 所示的面。

选择面

图 10-16　"曲面补片"对话框　　　　图 10-17　选择面

02 单击"确定"按钮，完成修补片体的创建，结果如图 10-18 所示。

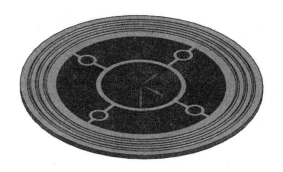

图 10-18　创建修补片体

10.2.2 创建分型线

01 单击"注塑模向导"选项卡"分型"面板上的"分型面"下拉菜单中"设计分型面"按钮，弹出如图 10-19 所示的"设计分型面"对话框，单击"编辑分型线"选项组中的"选择分型线"。

02 在视图上选择图 10-20 所示的零件外边缘，单击"确定"按钮，系统自动创建如图 10-21 所示的分型线。

图 10-19 "设计分型面"对话框

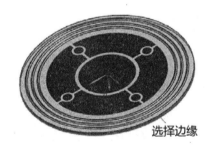

选择边缘

图 10-20 选择零件外边缘

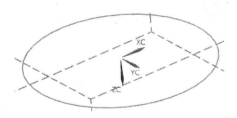

图 10-21 创建分型线

10.2.3 创建分型面

01 单击"注塑模向导"选项卡"分型"面板上"分型面"下拉菜单中的"设计分型面"按钮，弹出如图 10-22 所示的"设计分型面"对话框。

02 选中"有界平面"按钮 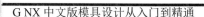，系统自动选择分型线作为母线。单击"确定"按钮，创建分型面，结果如图 10-23 所示。

图 10-22 "设计分型面"对话框

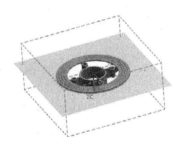

图 10-23 创建分型面

10.2.4 设计区域

01 单击"注塑模向导"选项卡"分型"面板上的"检查区域"按钮 ，在弹出如图 10-24 所示的"检查区域"对话框中选择"保留现有的"选项，选择"指定脱模方向"为"-ZC 轴"，单击"计算"按钮 。

02 选择"区域"选项卡，显示有 9 个未定义的区域，如图 10-25 所示。在视图中选择上圆盘中的外边面，将其定义为型芯区域，再将其余未定义的面定义为型腔区域，单击"确定"按钮，可以看到，型芯区域的数量为 11，型腔区域的数量为 114。

图 10-25　"区域"选项卡

图 10-24　"检查区域"对话框

📖 10.2.5　定义区域

01 单击"注塑模向导"选项卡"分型"面板上的"定义区域"按钮 ⚏，弹出如图 10-26 所示的"定义区域"对话框，选择"所有面"选项。

02 勾选"创建区域"复选框，单击"确定"按钮，完成型腔和型芯的抽取。

📖 10.2.6　创建型芯和型腔

01 单击"注塑模向导"选项卡"分型"面板上的"定义型腔和型芯"按钮 ⚏，弹出如图 10-27 所示的"定义型腔和型芯"对话框。选择"区域"类型，在"区域名称"中选择"所有区域"选项。

02 单击"确定"按钮，完成型芯的创建，结果如图 10-28 所示。

图 10-26 "定义区域"对话框　　　图 10-27 "定义型腔和型芯"对话框

图 10-28 创建型芯

10.3 下圆盘分型设计

选择零件"ex4-2"进行分型设计。

📖 10.3.1 曲面补片

01 单击"注塑模向导"选项卡"主要"面板上的"多腔模设计"按钮🔣，在弹出的"多腔模设计"对话框中选择零件"ex4-2"。

02 单击"注塑模向导"选项卡"注塑模工具"面板上的"曲面补片"按钮🖊，弹出"曲面补片"对话框，在"类型"中选择"移刀"，取消"按面的颜色遍历"复选框的勾选，选择如图 10-29 所示的边。

03 单击"应用"按钮，完成修补片体的创建，结果如图 10-30 所示。

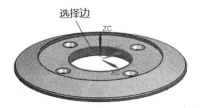

图 10-29 选择边   图 10-30 创建修补片体

04 依次选择下圆盘底面 4 个凸起圆柱的边，如图 10-31 所示，创建修补片体。

📖 10.3.2 创建分型线

01 单击"注塑模向导"选项卡"分型"面板上"分型面"下拉菜单中的"设计分型面"按钮🐟，弹出"设计分型面"对话框。单击"编辑分型线"选项组中的"选择分型线"按钮。

02 在视图上选择实体的底面边线，单击"确定"按钮，系统自动创建如图 10-32 所示的分型线。

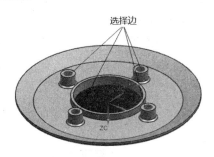
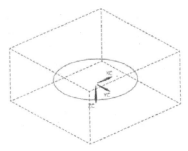

图 10-31 选择边   图 10-32 创建分型线

10.3.3　创建分型面

01 单击"注塑模向导"选项卡"分型"面板上"分型面"下拉菜单中的"设计分型面"按钮，弹出"设计分型面"对话框。

02 选中"有界平面"选项，系统自动选择分型线作为母线，单击"确定"按钮，完成分型面的创建，结果如图 10-33 所示。

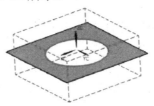

图 10-33　创建分型面

10.3.4　设计区域

01 单击"注塑模向导"选项卡"分型"面板上的"检查区域"按钮，弹出如图 10-34 所示的"检查区域"对话框，选择"保留现有的"选项，选择"指定脱模方向"为"ZC 轴"，单击"计算"按钮。

02 选择"区域"选项卡，如图 10-35 所示。显示有 5 个未定义的区域，将这 5 个未定义区域都定义为型腔区域。单击"应用"按钮，可以看到，型腔区域的数量为 13、型芯区域的数量为 17。

图 10-34　"检查区域"对话框　　　图 10-35　"区域"选项卡

10.3.5 定义区域

01 单击"注塑模向导"选项卡"分型"面板上的"定义区域"按钮，弹出如图 10-36 所示的"定义区域"对话框，选择"所有面"选项。

02 勾选"创建区域"复选框，单击"确定"按钮，完成型芯和型腔的抽取。

10.3.6 创建型芯和型腔

01 单击"注塑模向导"选项卡"分型"面板上的"定义型腔和型芯"按钮，弹出"定义型腔和型芯"对话框，如图 10-37 所示。

02 选择"区域"类型，在区域名称中选择"所有区域"选项，单击"确定"按钮，系统会完成全部的分型。创建的型芯如图 10-38 所示。

图 10-36 "定义区域"对话框

图 10-37 "定义型腔和型芯"对话框

图 10-38 创建型芯

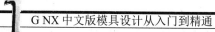

10.4 辅助系统设计

在完成分型设计后，还需要设计一些辅助系统，包括加入模架、浇注系统设计、镶块设计和顶杆设计等。

📖 10.4.1 加入模架

01 单击"注塑模向导"选项卡"主要"面板上的"模架库"按钮，弹出"重用库"对话框和"模架库"对话框。

02 在"重用库"对话框的"名称"列表中选择"LKM_SG"，在"成员选择"列表中选择"A"，在"模架库"的"详细信息"列表中选择"index"为3545，然后分别将"AP_h"和"BP_h"参数设置为70和80，其他参数按照默认值进行设置，如图10-39所示。

03 单击"确定"按钮，添加模架，如图10-40所示。

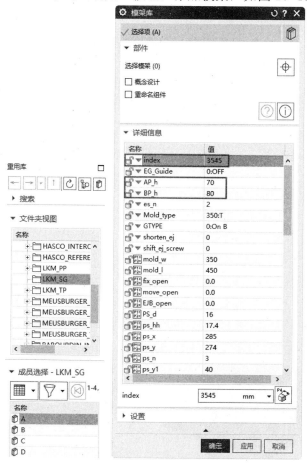

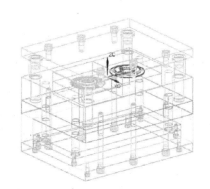

图 10-39 "重用库"对话框和"模架库"对话框

图 10-40 添加模架

📖 10.4.2　浇注系统设计

01 定位环设计。

❶ 单击"注塑模向导"选项卡"主要"面板上的"标准件库"按钮📦，弹出"重用库"对话框和"标准件管理"对话框，如图 10-41 所示。

❷ 在"重用库"对话框的"名称"中选择"FUTABA_MM"→"Locating Ring Interchangeable"，在"成员选择"中选择"Locating Ring"，在"标准件管理"对话框的"详细信息"中设置"TYPE"为"M_LRB"。

❸ 单击"确定"按钮，完成定位环的添加，结果如图 10-42 所示。

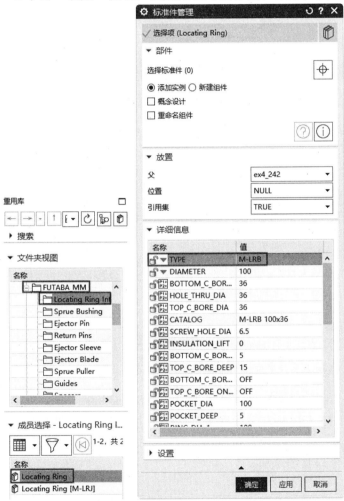

图 10-41　"重用库"对话框和"标准件管理"对话框　　　图 10-42　添加定位环

02 浇口套设计。

❶ 单击"注塑模向导"选项卡"主要"面板上的"标准件库"按钮📦，弹出"重用库"对话框和"标准件管理"对话框，如图 10-43 所示。

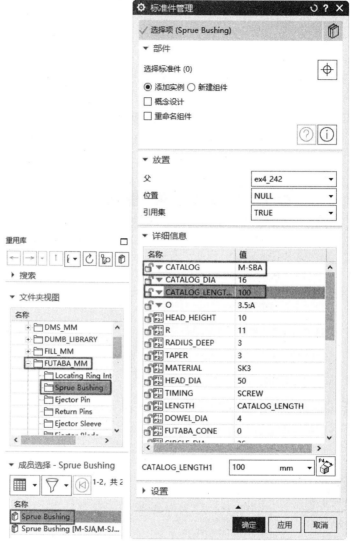

图 10-43 "重用库"对话框和"标准件管理"对话框

❷在"重用库"对话框的"名称"中选择"FUTABA_MM"→"Sprue Bushing",在"成员选择"中选择"Sprue Bushing",在"标准件管理"对话框的"详细信息"选项组中设置"GATALOG"为"M-SBA"、"CATALOG_LENGTH"为100,其他采用默认设置。

❸单击"确定"按钮,完成浇口套的添加。

【03】 浇口和流道设计。

❶单击"注塑模向导"选项卡"主要"面板上的"多腔模设计"按钮,在弹出的"多腔模设计"对话框中选择零件"ex4-2"。

❷ 单击"注塑模向导"选项卡"主要"面板上的"填充设计"按钮,弹出"重用库"对话框和"设计填充"对话框,如图10-44所示。

❸在"重用库"对话框的"成员选择"中选择"Gate[Fan]",在"设计填充"对话

框的"详细信息"中设置"D"为 8、"L"为 20、"L2"为 8，其他采用默认设置。

图 10-44 "重用库"对话框和"设计填充"对话框

❹单击"选择对象"按钮 ⊕，捕捉主流道的最下端圆心，然后将流道和浇口绕 ZC 轴旋转 90°。

❺单击"确定"按钮，完成零件"ex4-2"的浇口和流道的添加，结果如图 10-45 所示。

❻单击"注塑模向导"选项卡"主要"面板上的"多腔模设计"按钮 ，在弹出的"多腔模设计"对话框中选择零件"ex4-1"。

采用相同的方法，对零件"ex4-1"添加流道和浇口，结果如图 10-46 所示。

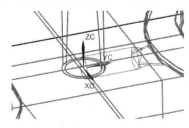

图 10-45 添加"ex4-2"的流道和浇口

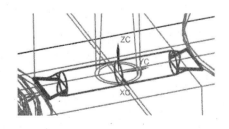

图 10-46 添加"ex4-1"的流道和浇口

10.4.3　镶块设计

镶块用于型芯或型腔容易发生损耗的区域，也可用来简化型芯和型腔的加工工艺。

01 单击"注塑模向导"选项卡"主要"面板上的"多腔模设计"按钮，在弹出的"多腔模设计"对话框中选择"ex4-2"零件。

02 单击"注塑模向导"选项卡"主要"面板上的"子镶块库"按钮，弹出"重用库"对话框和"子镶块库"对话框，如图 10-47 所示。

图 10-47　"重用库"对话框和"子镶块库"对话框

03 在"重用库"对话框的"成员选择"中选择"CAVITY SUB INSERT"类型的镶块。在"子镶块库"对话框的"详细信息"中设置"SHAPE"为"ROUND"、"FOOT"为"ON"、"FOOT_OFFSET_1"为 3、"X_LENGTH"为 10.5、"Z_LENGTH"为 38。

04 单击"指定方位"，选择如图 10-48 所示型腔的 4 个圆柱凸缘的顶面圆心之一作为镶块的放置位置，单击"确定"按钮，完成 1 个镶块的创建，结果如图 10-49 所示。采用相同的方法，创建其他 3 个镶块，结果如图 10-50 所示。

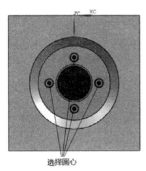

选择圆心

图 10-48　选择圆心

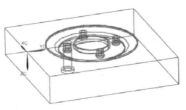

图 10-49　创建 1 个镶块

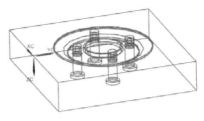

图 10-50　创建全部镶块

05 单击"注塑模向导"选项卡"注塑模工具"面板上的"修边模具组件"按钮 🐚，弹出如图 10-51 所示的"修边模具组件"对话框。选择 4 个刚创建的镶块作为目标体。

06 在"修边曲面"下拉列表中选"CAVITY_TRIM_SHEET"，如图 10-51 所示。如果修剪方向不对，可以单击"反向"按钮 ⊠，调整修剪按方向，注意修剪方向为 ZC 轴。

07 单击"确定"按钮，完成镶块的修剪，结果如图 10-52 所示。

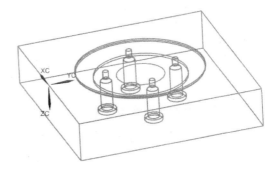

图 10-51　"修边模具组件"对话框

图 10-52　修剪镶块

📖 10.4.4　顶杆设计

01 单击"注塑模向导"选项卡"主要"面板上的"标准件库"按钮 📁，弹出"重用库"对话框和"标准件管理"对话框，在"重用库"对话框的"名称"中选择"FUTABA_MM" → "Ejector Pin"，在"成员选择"中选择"Ejector Pin Straight [EJ, EH, EQ, EA]"，在"标准件管理"对话框的"详细信息"中设置"CATALOG_DIA"为 5、"CATALOG_LENGTH"为 250，如图 10-53 所示。

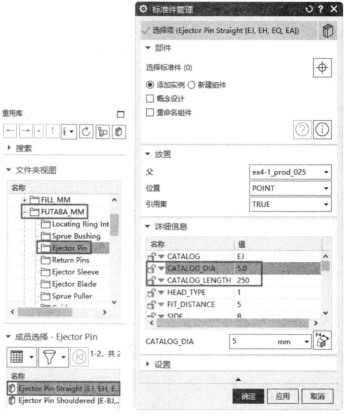

图 10-53 "重用库"对话框和"标准件管理"对话框

02 单击"应用"按钮,弹出如图 10-54 所示的"点"对话框。设置点坐标为(-11,109.5, 0)、(11, 109.5, 0)、(-27, 93.5, 0)、(27, 93.5, 0)、(-27, 71.5, 0)、(27, 71.5, 0)、(-11, 55.5, 0)和(11, 55.5, 0),放置顶杆。添加的 8 个顶杆如图 10-55 所示。

图 10-54 "点"对话框

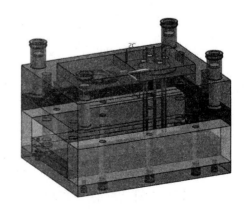

图 10-55 添加顶杆

03 单击"注塑模向导"选项卡"主要"面板上的"顶杆后处理"按钮⏚，弹出如图 10-56 所示的"顶杆后处理"对话框。选择刚创建的顶杆为目标体。

04 采用默认的修边曲面，即型芯修剪片体（CORE_TRIM_SHEET）。单击"确定"按钮，完成顶杆的修剪，结果如图 10-57 所示。

05 单击"注塑模向导"选项卡"主要"面板上的"多腔模设计"按钮🔲，弹出"多腔模设计"对话框，在其中选择"ex4-1"零件。

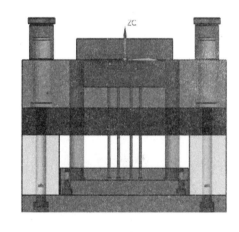

图 10-56 "顶杆后处理"对话框　　　　　　图 10-57 修剪顶杆

06 单击"注塑模向导"选项卡"主要"面板上的"多腔模设计"按钮🔲，弹出"多腔模设计"对话框，在其中选择"ex4-1"零件。单击"注塑模向导"选项卡"主要"面板上的"标准件库"按钮🗐，弹出"重用库"对话框和"标准件管理"对话框，在"重用库"对话框的"名称"中选择"FUTABA_MM"→"Ejector Pin"，在"成员选择"中选择"Ejector Pin Straight[EJ, EH, EQ, EA]"。在"标准件管理"对话框的"详细信息"中设置"CATALOG_DIA"为 2、"CATALOG_LENGTH"为 250，如图 10-58 所示。

07 单击"确定"按钮，弹出"点"对话框，选择"圆弧中心/椭圆中心/球心"类型。在视图中依次选择如图 10-59 所示的 4 个圆心作为放置顶杆的位置，添加顶杆。

08 单击"注塑模向导"选项卡"主要"面板上的"顶杆后处理"按钮⏚，弹出"顶杆后处理"对话框。选择刚创建的顶杆为目标体。

09 采用默认的修边曲面，即型芯修剪片体（CORE_TRIM_SHEET），并采用默认的型芯曲面来修剪顶杆。单击"确定"按钮，完成顶杆的修剪，结果如图 10-60 所示。

图 10-58　"重用库"对话框和"标准件管理"对话框

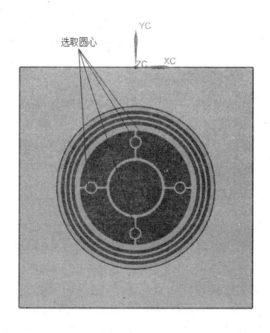

图 10-59　选择放置顶杆位置

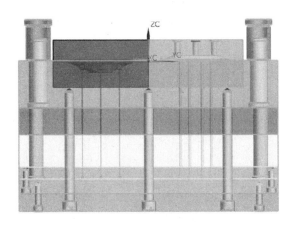

图 10-60   修剪顶杆

📖10.4.5 其他零件

本例的冷却设计较为繁琐，这里从略。有兴趣的读者可以参照其他的冷却设计来进行本例的冷却设计。

01 创建弹簧。

❶隐藏部分零件，使得绘图区内显示的零部件状态如图 10-61 所示。

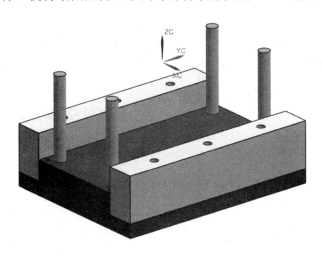

图 10-61   隐藏部件

❷单击"注塑模向导"选项卡"主要"面板上的"标准件库"按钮🗔，弹出"重用库"对话框和"标准件管理"对话框，在 "重用库"对话框的"名称"中选择"FUTABA_MM" → "Springs"，在"成员选择"中选择"Spring［M-FSB］"，在"标准件管理"对话框的"详细信息"中设置"WIRE_TYPE"为"ROUND"、"DIAMETER"为 32.5、"CATALOG_LENGTH"为 80，如图 10-62 所示。

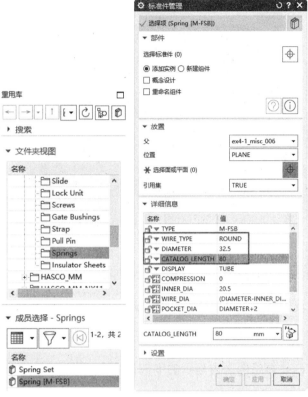

图 10-62 "重用库"对话框和"标准件管理"对话框

❸单击"选择面或平面"按钮 ✛，选择如图 10-63 所示的面作为弹簧放置面，单击"确定"按钮。弹出如图 10-64 所示的"标准件位置"对话框。

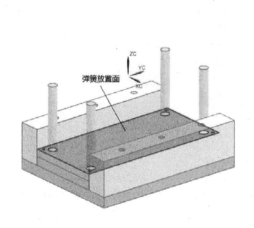

图 10-63 选择面   图 10-64 "标准件位置"对话框

❹依次选择如图 10-65 所示的 4 个圆弧圆心作为放置弹簧的位置。单击"确定"按钮，依次完成弹簧的创建，结果如图 10-66 所示。

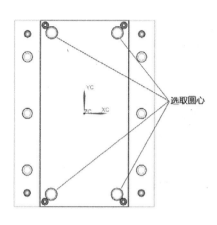

图 10-65 选择圆弧

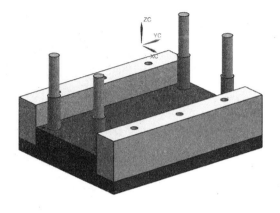

图 10-66 创建弹簧

02 创建腔体。

❶单击"注塑模向导"选项卡"主要"面板上的"腔"按钮，弹出"开腔"对话框，如图 10-67 所示。选择模具的型芯和型腔作为目标体，选择加载的顶杆、浇注系统和镶块作为工具体，单击"确定"按钮，完成腔体的创建，结果如图 10-68 所示。此时的模架如图 10-69 所示。

图 10-67 "开腔"对话框

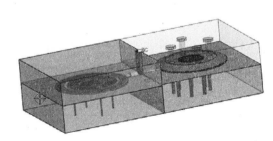

图 10-68 创建腔体

❷选择"文件"→"保存"→"全部保存"命令，保存全部零件。

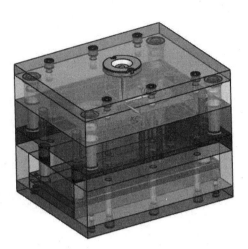

图 10-69　模架

第 **11** 章

典型动、定模模具设计——发动机活塞

本实例中的发动机活塞是形状和结构比较复杂的塑件，在对其进行成型模具设计时除了一般零部件设计外，还需要进行动、定模镶件以及抽芯机构等设计。创建的抽芯结构要能够保证模具抽芯顺利。模具之间不发生干涉。

学 习 要 点

- ◎ 参考模型设置
- ◎ 创建动、定模镶件
- ◎ 辅助系统设计

11.1 参考模型设置

在创建动、定模镶件之前，需要先进行参考模型设置。

01 单击"快速访问"工具栏中的"打开"按钮，弹出"打开"对话框，如图 11-1 所示。选择发动机活塞的产品文件"yuanshiwenjian\11\fdjhs.prt"，单击"确定"按钮，调入模型。

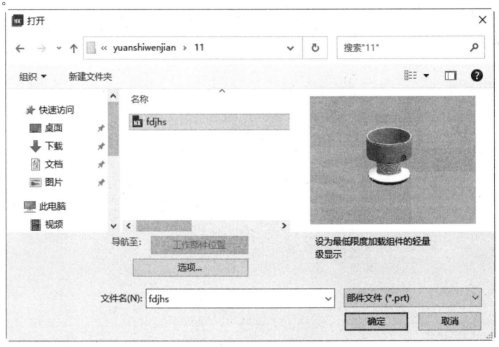

图 11-1 "打开"对话框

打开的发动机活塞模型如图 11-2 所示。

02 选择"菜单"→"插入"→"偏置/缩放"→"缩放体"命令，弹出"缩放体"对话框，选择模型，然后在"均匀"文本框中输入"1.006"，如图 11-3 所示。单击"确定"按钮，完成对模型的缩放。

03 选择"菜单"→"编辑"→"移动对象"命令，弹出"移动对象"对话框，在"运动"下拉列表中选择"角度"，选择模型为要移动的对象，在"指定矢量"下拉列表中选择"XC轴"，在"角度"文本框中输入"180"，设置"指定轴点"为坐标原点，选择"移动原先的"选项，如图 11-4 所示。单击"确定"按钮，完成模型的旋转，结果如图 11-5 所示。

04 选择"菜单"→"编辑"→"移动对象"命令，弹出"移动对象"对话框，如图 11-6 所示。选择模型为要移动的对象，在"运动"下拉列表中选择"点到点"，设置"指定出发点为坐标原点"，设置"指定目标点"为点（0,42,0），选择"移动原先的"选项，单击"确定"按钮，完成模型的平移，结果如图 11-7 所示。

图 11-2　发动机活塞模型　　　图 11-3　"缩放体"对话框　　　图 11-4　"移动对象"对话框

图 11-5　旋转模型　　　　　图 11-6　"移动对象"对话框　　　图 11-7　平移模型

11.2　创建动、定模镶件

本节主要介绍动、定模镶件的创建。动、定模镶件的创建是动、定模模具设计的关键。

11.2.1　创建定模镶件

01 单击"视图"选项卡"层"面板上的"图层设置"按钮，弹出"图层设置"对话框，如图11-8所示。在 "工作层"文本框中输入2，并按Enter键。单击"关闭"按钮，将图层"2"设置为当前工作图层。

02 单击"主页"选项卡"基本"面板上"更多"库中的"抽取几何特征"按钮，弹出"抽取几何特征"对话框，如图11-9所示。选择"面"类型，再选择如图11-10所示的内孔面作为抽取面。单击"确定"按钮，完成几何特征的抽取，如图11-11所示。

图11-8　"图层设置"对话框

图11-9　"抽取几何特征"对话框

图11-10　选择内孔面

图11-11　抽取几何特征

03 单击"视图"选项卡"层"面板上的"图层设置"按钮，弹出"图层设置"对话框，如图 11-12 所示。在"图层"列表的"名称"栏中选择图层"1"，取消图层"1"勾选。单击"关闭"按钮，隐藏图层 1，结果如图 11-13 所示。

图 11-12 "图层设置"对话框

图 11-13 隐藏图层 1

04 单击"主页"选项卡"构造"面板上的"基准平面"按钮，弹出"基准平面"对话框。在"类型"下拉列表中选择"YC-ZC 平面"选项，如图 11-14 所示。单击"确定"按钮，完成 YC-ZC 平面的创建，结果如图 11-15 所示。

图 11-14 "基准平面"对话框

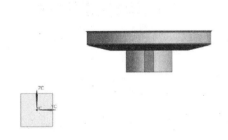

图 11-15 创建 YC-ZC 平面

05 绘制草图。

❶单击"主页"选项卡"构造"面板上的"草图"按钮，弹出"创建草图"对话框，如图 11-16 所示。选择如图 11-17 所示的 YC-ZC 坐标系平面，单击"确定"按钮，进入草

图绘制界面。

图 11-16 "创建草图"对话框

图 11-17 选择平面

❷单击"主页"选项卡"曲线"面板上的"直线"按钮/，绘制如图 11-18 所示的直线。选中直线，在弹出的快捷菜单中单击"转换为参考"按钮，将直线设置为参考。

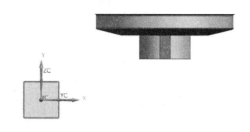

图 11-18 绘制直线

❸单击"主页"选项卡"求解"面板上的"固定曲线"按钮，弹出"固定曲线"对话框，如图 11-19 所示。选择刚绘制的两条直线，单击"确定"按钮，使直线固定，结果如图 11-20 所示。

❹单击"主页"选项卡"曲线"面板上的"轮廓"按钮，绘制如图 11-21 所示的草图，并标注尺寸。

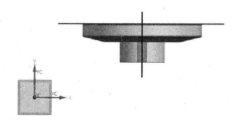

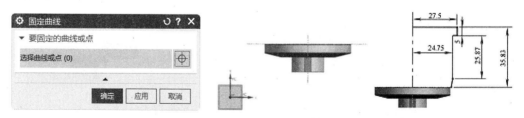

图 11-19 "固定曲线"对话框   图 11-20 固定直线   图 11-21 草图绘制

06 单击"主页"选项卡"基本"面板上的"旋转"按钮，弹出"旋转"对话框，如图 11-22 所示。在"轴"选项组中的"指定矢量"下拉列表中选择"ZC 轴"选项，再选择如图 11-23 所示的基点，将"限制"选项组中的"起始"和"结束"的角度分别设置为 0 和 360，选择"体类型"为"片体"。单击"确定"按钮，完成模型的旋转，结果如图 11-24 所示。

图 11-22　"旋转"对话框

图 11-23　选择基点

07 选择平面上的草图截面和基准平面，右击，在弹出的快捷菜单中单击"隐藏"按钮⌀，完成选中图素的隐藏，结果如图 11-25 所示。

图 11-24　旋转模型

图 11-25　隐藏图素

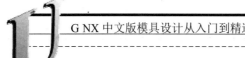
08 选择"菜单"→"插入"→"曲面"→"有界平面"命令，弹出"有界平面"对话框，如图 11-26 所示。选择如图 11-27 所示的边界，然后单击"确定"按钮，完成有界平面的创建，结果如图 11-28 所示。

图 11-26　"有界平面"对话框　　　　图 11-27　选择边界　　　图 11-28　创建有界平面

09 单击"曲面"选项卡"曲面操作"面板上的"缝合"按钮，弹出"缝合"对话框，如图 11-29 所示。选择如图 11-30 所示的目标体，然后框选如图 11-31 所示的所有片体作为工具体，单击"确定"按钮，完成缝合。

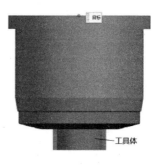

图 11-29　"缝合"对话框　　　图 11-30　选择目标体　　　图 11-31　选择工具体

10 单击"主页"选项卡"构造"面板上的"草图"按钮，弹出"创建草图"对话框，如图 11-32 所示。选择如图 11-33 所示的草图绘制平面，单击"确定"按钮，进入草图绘制界面，绘制如图 11-34 所示的草图。

图 11-32　"创建草图"对话框　　图 11-33　选择草图绘制平面　　　图 11-34　绘制草图

11 单击"主页"选项卡"基本"面板上的"拉伸"按钮，弹出"拉伸"对话框，如图 11-35 所示。在"指定矢量"中选择"-ZC 轴"，将"限制"选项组中的"终止"设置为"贯通"，设置"布尔"选项为"减去"。单击"确定"按钮，完成模型的拉伸操作，结果如图 11-36 所示。

图 11-35　"拉伸"对话框　　　　图 11-36　拉伸模型

12 在"部件导航器"中单击"草图（27）"前面的"隐藏"按钮◉，如图 11-37 所示，隐藏草图。

图 11-37　隐藏操作

📖 11.2.2　创建动模镶件

01 单击"视图"选项卡"层"面板上的"图层设置"按钮，弹出"图层设置"对话框，如图 11-38 所示。在"工作层"文本框中输入 3，按 Enter 键，将图层 3 设置为当前工作

G NX中文版模具设计从入门到精通

图层。取消图层2的勾选，使图层2上的图形不可见，再勾选图层1，使图层1上的图形可见，然后单击"关闭"按钮。

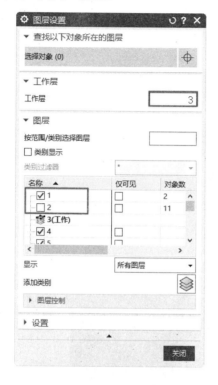

图 11-38 "图层设置"对话框　　　　图 11-39 "抽取几何特征"对话框

02 单击"主页"选项卡"基本"面板上"更多"库中的"抽取几何特征"按钮，弹出"抽取几何特征"对话框，如图 11-39 所示。在"类型"下拉列表中选择"面"选项。选择如图 11-40 所示的内孔面作为抽取面，单击"确定"按钮，完成几何特征的抽取，结果如图 11-41 所示。

图 11-40 选择内孔面　　　　图 11-41 抽取几何特征

03 在屏幕上选择参考模型，右单，在弹出的如图 11-42 所示的快捷菜单中单击"隐藏"按钮，隐藏参考模型，结果如图 11-43 所示。

图 11-42　单击"隐藏"按钮

图 11-43　隐藏参考模型

04 选择"菜单"→"插入"→"曲面"→"有界平面"命令，弹出"有界平面"对话框，如图 11-44 所示。选择如图 11-45 所示的边界，然后单击"确定"按钮，完成有界平面的创建，结果如图 11-46 所示。

图 11-44　"有界平面"对话框

图 11-45　选择边界

图 11-46　创建有界平面

05 单击"主页"选项卡"基本"面板上的"基准平面"按钮◇，弹出"基准平面"对话框，如图 11-47 所示。在"类型"下拉列表中选择"YC-ZC 平面"选项，单击"确定"按钮，完成 YC-ZC 平面的创建，结果如图 11-48 所示。

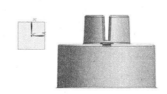

图 11-47　"基准平面"对话框

图 11-48　创建 YC-ZC 平面

06 绘制草图。

❶ 单击"主页"选项卡"构造"面板上的"草图"按钮✍，弹出"创建草图"对话框，如图 11-49 所示。选择如图 11-50 所示的 YC-ZC 坐标系平面，单击"确定"按钮，进入草图绘制界面。

❷ 单击"主页"选项卡"曲线"面板上的"直线"按钮╱，绘制如图 11-51 所示的直线，并标注尺寸。选中直线，在弹出的快捷菜单中单击"转换为参考"按钮⫴，将直线设置为参考。

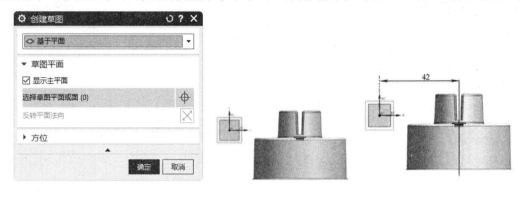

图 11-49　"创建草图"对话框　　　图 11-50　选择平面　　　图 11-51　绘制直线

❸ 单击"主页"选项卡"求解"面板上的"固定曲线"按钮╤，弹出"固定曲线"对话框，如图 11-52 所示。选中直线，单击"确定"按钮，使其固定，结果如图 11-53 所示。

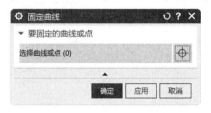
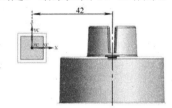

图 11-52　"固定曲线"对话框　　　　　　　　图 11-53　固定直线

❹ 单击"主页"选项卡"曲线"面板上的"轮廓"按钮⌐，绘制如图 11-54 所示的草图，并标注尺寸。

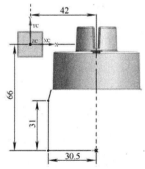

图 11-54　绘制草图

07 单击"主页"选项卡"基本"面板上的"旋转"按钮◈，弹出"旋转"对话框，如

图 11-55 所示。选择"轴"选项组"指定矢量"下拉列表中的"ZC 轴 ^{ZC}"选项，再选择如如图 11-56 所示的基点，然后将"限制"选项组中的"起始"和"结束"的角度分别设置为 0 和 360，选择"体类型"为"片体"。单击"确定"按钮，完成旋转操作，结果如图 11-57 所示。

图 11-55　"旋转"对话框　　　图 11-56 选择基点　　　图 11-57　旋转模型

08 选择平面上的草图截面和基准平面，在弹出的快捷菜单中单击"隐藏"按钮 $\oslash$，如图 11-58 所示，隐藏选中的图素。

09 单击"曲面"选项卡"组合"面板上的"修剪片体"按钮 $\searrow$，弹出"修剪片体"对话框，如图 11-59 所示。选择如图 11-60 所示的目标体，再选择如图 11-61 所示的修剪边界。单击"确定"按钮，完成片体的修剪，结果如图 11-62 所示。

10 单击"曲面"选项卡"曲面"面板上的"直纹"按钮 $\diamondsuit$，弹出"直纹"对话框，如图 11-63 所示。选择如图 11-64 所示的截面线串 1。接着选择如图 11-64 所示的截面线串 2，单击"确定"按钮，生成直纹面，结果如图 11-65 所示。

11 单击"曲面"选项卡"曲面操作"面板上"修剪片体"按钮 $\searrow$，弹出"修剪片体"对话框，选择如图 11-66 所示的目标片体，再选择如图 11-66 所示的修剪边界，单击"确定"按钮，完成一侧片体的修剪，结果如图 11-67 所示。

图 11-58　单击"隐藏"按钮　　　　　　　　　图 11-59　"修剪片体"对话框

图 11-60　选择目标体

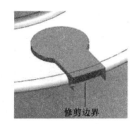

图 11-61　选择修剪边界

图 11-62　修剪片体

图 11-63　"直纹"对话框

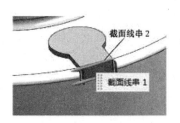

图 11-64　选择截面线串

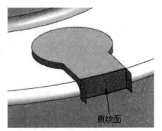

图 11-65　生成直纹面

12 使用相同的方法，修剪另一侧的片体，结果如图 11-68 所示。

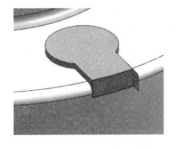
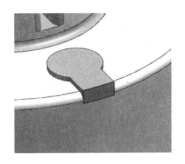

图 11-66　选择目标体和修剪边界　　图 11-67　修剪一侧片体　　　　图 11-68　完成片体修剪

13 单击"曲面"选项卡"组合"面板上的"缝合"按钮 ⬡，弹出"缝合"对话框。选择如图 11-69 所示的目标片体，然后框选所有的片体作为工具片体，如图 11-70 所示。单击"确定"按钮，完成缝合。

图 11-69　选择目标片体　　　　　　图 11-70　选择工具片体

14 单击"主页"选项卡"构造"面板上的"草图"按钮 ✎，弹出"创建草图"对话框，选择如图 11-71 所示的草图绘制面，单击"确定"按钮，进入草图绘制界面，绘制如图 11-72 所示的草图。

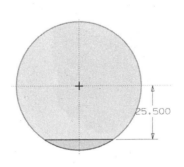

图 11-71　选择草图绘制面　　　　　图 11-72　绘制草图

15 单击"主页"选项卡"基本"面板上的"拉伸"按钮，弹出"拉伸"对话框，如图 11-73 所示。单击"方向"选项组中的"反向"按钮，再设置"限制"选项组中的"终止"为 27.5、"布尔"选项为"减去"。选择如图 11-74 所示的求差体，单击"确定"按钮，完成模型的拉伸操作，结果如图 11-75 所示。

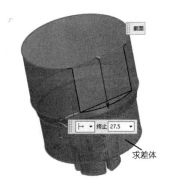

图 11-73　"拉伸"对话框　　　　图 11-74　选择求差体

16 选择屏幕上的草图绘制截面，在弹出的快捷菜单中单击"隐藏"按钮，如图 11-76 所示，完成选中图素的隐藏。

图 11-75　拉伸模型　　　　图 11-76　单击"隐藏"按钮

17 单击"视图"选项卡"层"面板上的"图层设置"按钮，弹出"图层设置"对话框，如图 11-77 所示。在"工作层"文本框中输入 4，并按 Enter 键，将图层 4 设置为当前工作图层。接着在"图层"列表的"名称"栏中取消图层"2"和"3"的勾选，勾选图层"1"，然后单击"关闭"按钮。

⑱ 选择"菜单"→"编辑"→"显示和隐藏"→"显示"命令，弹出"类选择"对话框，如图 11-78 所示。选择屏幕中的参考模型，单击"确定"按钮，显示参考模型。

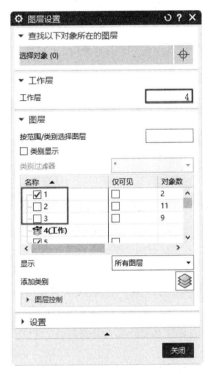

图 11-77　"图层设置"对话框

图 11-78　"类选择"对话框

⑲ 单击"主页"选项卡"基本"面板上的"抽取几何特征"按钮，弹出"抽取几何特征"对话框，如图 11-79 所示。在"类型"下拉列表中选择"面"选项，再选择如图 11-80 所示的 4 个小内孔面作为抽取面，单击"确定"按钮，完成几何特征的抽取。

⑳ 在屏幕上选择参考模型，在弹出的快捷菜单中单击"隐藏"按钮，隐藏参考模型，结果如图 11-81 所示。

㉑ 选择"菜单"→"插入"→"曲面"→"有界平面"命令，弹出"有界平面"对话框，如图 11-82 所示。选择如图 11-83 示的边界，然后单击"确定"按钮，完成有界平面的创建，结果如图 11-84 所示。

㉒ 单击"主页"选项卡"基本"面板上的"基准平面"按钮，弹出"基准平面"对话框，如图 11-85 所示。在"类型"下拉列表中选择"YC-ZC 平面"选项，单击"确定"按钮，完成 YC-ZC 平面的创建。

㉓ 单击"主页"选项卡"构造"面板上的"草图"按钮，弹出"创建草图"对话框，选择刚创建的 YC-ZC 平面，单击"确定"按钮，进入草图绘制界面。

图 11-79   "抽取几何特征"对话框   图 11-80   选择小内孔面   图 11-81   隐藏参考模型

图 11-82   "有界平面"对话框   图 11-83   选择边界   图 11-84   创建有界平面

24 单击"主页"选项卡"曲线"面板上的"直线"按钮∕，绘制如图 11-86 所示的直线，并标注尺寸。选中直线，在弹出的快捷菜单中单击"转换为参考对象"按钮，将直线设置为参考。

25 单击"主页"选项卡"曲线"面板上的"轮廓"按钮，绘制如图 11-87 所示的草图，并标注尺寸。

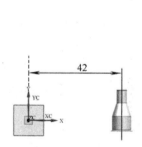

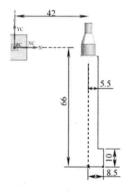

图 11-85   "基准平面"对话框   图 11-86   绘制直线   图 11-87   绘制草图

26 单击"主页"选项卡"基本"面板上的"旋转"按钮，弹出"旋转"对话框，如图 11-88 所示。选择"轴"选项组中的"指定矢量"下拉列表中的"ZC 轴 ^{ZC}↑"选项，再选择如图 11-89 所示的基点，然后将"限制"选项组中的"起始"和"结束"角度分别设置为 0 和 360，选择"体类型"为"片体"。单击"确定"按钮，完成图形的旋转操作，结果如图 11-90

所示。

27 选择平面上的草图截面和基准平面，在弹出的快捷菜单中选择"隐藏"按钮 ⌀，完成隐藏选中的图素。

图 11-88　"旋转"对话框

图 11-89　选择基点

图 11-90　旋转图形

28 单击"曲面"选项卡"组合"面板上的"缝合"按钮 ◇，弹出"缝合"对话框。选择如图 11-91 所示的目标体，然后框选所有的片体作为工具片体，如图 11-91 所示。单击"确定"按钮，完成缝合。

29 单击"视图"选项卡"层"面板上的"图层设置"按钮 ⬢，弹出"图层设置"对话框。在"图层"列表的"名称"栏中，勾选图层"3"，然后单击"关闭"按钮，显示最初创建的镶件，如图 11-92 所示。

30 单击"主页"选项卡"基本"面板上的"减去"按钮 ◉，弹出"减去"对话框如图 11-93 所示。在"设置"选项组中勾选"保存工具"复选框，再依次选择如图 11-94 所示的目标体和工具体，单击"确定"按钮，完成求差操作。

31 单击"视图"选项卡"层"面板上的"图层设置"按钮 ⬢，弹出"图层设置"对话框。在"图层"列表框中勾选图层"1""2"和"3"，然后单击"关闭"按钮，显示镶件和参考模型，如图 11-95 所示。

32 镜像对象。

❶ 选择"菜单"→"编辑"→"变换"命令，弹出"变换"对话框，如图 11-96 所示。框选模型，单击"确定"按钮，此时弹出"变换"对话框如图 11-97 所示。

GNX中文版模具设计从入门到精通

图 11-91　选择目标体和工具片体

图 11-92　显示镶件

图 11-93　"减去"对话框

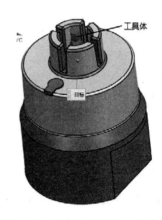

图 11-94　选择目标体和工具体

图 11-95　显示镶件和参考模型

图 11-96　"变换"对话框 1

262

❷在"变换"对话框上单击"通过一平面镜像"按钮，弹出"平面"对话框，如图 11-98 所示。在"类型"下拉列表中选择"XC-ZC 平面"选项。

❸单击"平面"对话框上的"确定"按钮，弹出图 11-99 所示的"变换"对话框，单击"复制"按钮，完成镜像操作，结果如图 11-100 所示。单击"取消"按钮，退出"变换"对话框。

图 11-97　"变换"对话框

图 11-98　"平面"对话框

图 11-99　"变换"对话框

图 11-100　镜像模型

11.3　创建抽芯机构

抽芯机构既要保证模具抽芯顺利，又要结构简单，使模具零件之间不发生干涉。

01 单击"视图"选项卡"层"面板上的"图层设置"按钮🔩，弹出"图层设置"对话框。在"图层设置"对话框的"工作"文本框中输入 5，并按回车键，将图层"5"设置为当前工作图层。接着在"图层"列表的"名称"栏中取消图层"1""2""3"和"4"的勾选，然后单击"关闭"按钮，隐藏所有的部件。

02 绘制草图。

❶单击"主页"选项卡"构造"面板上的"草图"按钮🖉，弹出"创建草图"对话框，如图 11-101 所示。选择 XC-YC 基准平面作为草图绘制面，单击"确定"按钮，进入草图绘制界面。

❷单击"主页"选项卡"曲线"面板上的"矩形"按钮□，绘制草图并标注尺寸，如图 11-102 所示。

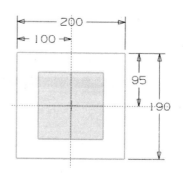

图 11-101 "创建草图"对话框　　　　　　图 11-102 绘制草图

03 单击"主页"选项卡"基本"面板上的"拉伸"按钮，弹出"拉伸"对话框，如图 11-103 所示。在"限制"选项组中的"宽度"下拉列表中选择"对称值"，设置"距离"为 77，设置"布尔"为"无"，设置"偏置"为"无"，单击"确定"按钮，完成拉伸操作，结果如图 11-104 所示。

图 11-103　"拉伸"对话框　　　　　　图 11-104　拉伸草图

04 以线框选择模型，选择屏幕上的草图截面，在弹出的快捷菜单中单击"隐藏"按钮，如图 11-105 所示，完成选中图素的隐藏。

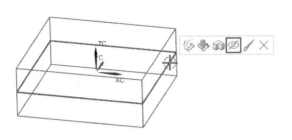

图 11-105 单击"隐藏"按钮

05 绘制草图。

❶单击"主页"选项卡"构造"面板上的"草图"按钮 ✎，弹出"创建草图"对话框，如图 11-106 所示。选择 YC-ZC 坐标系平面为草图绘制面，单击"确定"按钮，进入草图绘制界面。

❷单击"主页"选项卡"曲线"面板上的"矩形"按钮 ☐，绘制如图 11-107 所示的草图并标注尺寸。

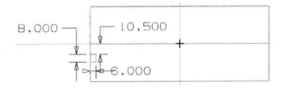

图 11-106 "创建草图"对话框

图 11-107 绘制草图

❸单击"主页"选项卡"曲线"面板上的"镜像"按钮 ⚭，弹出"镜像曲线"对话框，如图 11-108 所示。选择中心线，接着框选要镜像的曲线，如图 11-109 所示。单击"确定"按钮，完成镜像曲线，结果如图 11-110 所示。

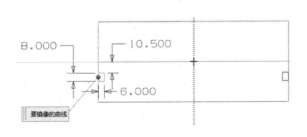

图 11-108 "镜像曲线"对话框

图 11-109 选择中心线和要镜像的曲线

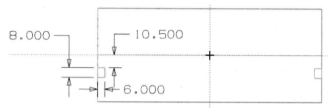

图 11-110　镜像曲线

06 单击"主页"选项卡"基本"面板上的"拉伸"按钮，弹出"拉伸"对话框。在"指定矢量"下拉列表中选择"XC 轴"为拉伸方向，在"限制"选项组中的"起始"和"终止"下拉列表中选择"贯通"，在"布尔"下拉列表中选择"减去"选项，如图 11-111 所示。单击"确定"按钮，完成曲线的拉伸操作，结果如图 11-112 所示。然后隐藏草图。

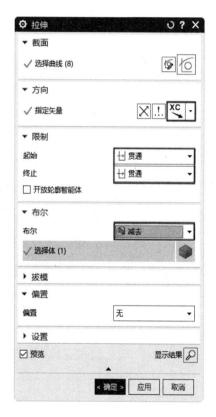

图 11-111　"拉伸"对话框

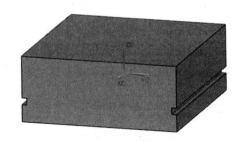

图 11-112　拉伸曲线

07 单击"主页"选项卡"构造"面板上的"草图"按钮，弹出"创建草图"对话框。选择 XC-ZC 坐标系平面为草图绘制面，单击"确定"按钮，进入草图绘制界面，绘制如图 11-113 所示的草图并标注尺寸。

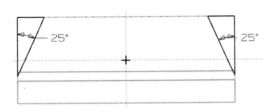

图 11-113　绘制草图

08 单击"主页"选项卡"基本"面板上的"拉伸"按钮，弹出"拉伸"对话框，如图 11-114 所示。在"指定矢量"下拉列表中选择"YC 轴"为拉伸方向，在"限制"选项组中的"宽度"下拉列表中选择"对称值"，设置"距离"的为 140mm，在"布尔"下拉列表中选择"减去"选项。选择如图 11-115 所示的求差体，单击"确定"按钮，完成草图的拉伸操作，结果如图 11-116 所示。然后隐藏草图。

图 11-114　"拉伸"对话框

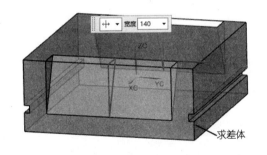

图 11-115　选择求差体

09 单击"主页"选项卡"构造"面板上的"草图"按钮，弹出"创建草图"对话框，选择 XC-ZC 平面为草图绘制面，单击"确定"按钮，进入草图绘制界面。单击"曲线"面板上的"轮廓"按钮，绘制的如图 11-117 所示的锁紧楔草图并标注尺寸。

10 单击"主页"选项卡"基本"面板上的"拉伸"按钮，弹出"拉伸"对话框。在"限制"选项组中的"宽度"下拉列表中选择"对称值"，设置"距离"的为 135mm，在"布尔"下拉列表中选择"无"选项。单击"确定"按钮，完成草图的拉伸操作，结果如图 11-118 所示。然后隐藏草图。

11 镜像对象。

❶选择"菜单"→"编辑"→"变换"命令，弹出"变换"对话框。选择刚创建的锁紧楔，

单击"确定"按钮,此时"变换"对话框如图11-119所示。

图11-116 拉伸草图

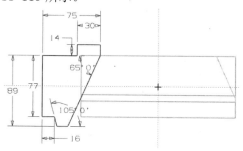

图11-117 绘制草图

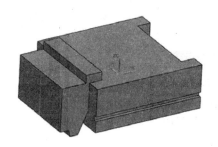

图11-118 拉伸草图

❷在"变换"对话框中单击"通过一平面镜像"按钮,弹出"平面"对话框,在"类型"下拉列表中选择"YC-ZC平面"选项,如图11-120所示。

图11-119 "变换"对话框1

图11-120 "平面"对话框

❸单击"平面"对话框中的"确定"按钮,弹出如图11-121所示的"变换"对话框。在该对话框中单击"复制"按钮,完成草图的镜像操作,结果如图11-122所示。单击"取消"按钮,退出"变换"对话框。

⓬ 单击"视图"选项卡"层"面板上的"图层设置"按钮,弹出"图层设置"对话框。在"图层"列表的"名称"栏中勾选图层"1""2""3"和"4",然后单击"关闭"按钮,

显示所有部件。接着打开"部件导航器"，隐藏两个锁紧楔，其余部件全部显示，如图 11-123 所示。

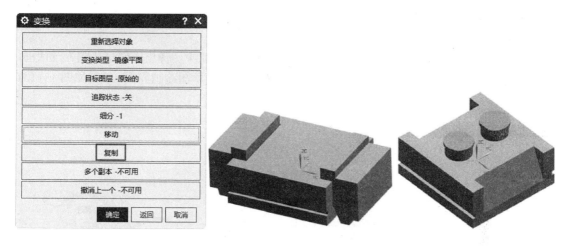

| 图 11-121 "变换"对话框 2 | 图 11-122 镜像草图 | 图 11-123 显示部件 |

13 单击"主页"选项卡"基本"面板上的"减去"按钮，弹出"减去"对话框，如图 11-124 所示。在"设置"选项组中勾选"保存工具"复选框，依次选择如图 11-125 所示的目标体和所有的动、定模镶件作为工具体，单击"确定"按钮，完成求差。

14 单击"视图"选项卡"层"面板上的"图层设置"按钮，弹出"图层设置"对话框。在"图层"列表的"名称"栏中取消图层"2""3"和"4"的勾选，然后单击"关闭"按钮，隐藏动、定模部件，结果如图 11-126 所示。

| 图 11-124 "减去"对话框 | 图 11-125 选择目标体和工具体 | 图 11-126 隐藏动、定模部件 |

15 单击"主页"选项卡"基本"面板上的"修剪体"按钮，弹出"修剪体"对话框，如图 11-127 所示。选择如图 11-128 所示的目标体，单击"选择面和平面"按钮，接着选择

"菜单"→"编辑"→"显示和隐藏"→"隐藏"命令，选择如图 11-128 所示的需要隐藏的特征，结果如图 11-129 所示。然后选择如图 11-130 所示的工具面，单击"确定"按钮，完成一个参考模型的修剪。

16 打开"部件导航器"，显示如图 11-128 所示的目标体。使用相同的方法，完成另一参考模型的修剪。

17 单击"主页"选项卡"构造"面板上的"草图"按钮 ，弹出"创建草图"对话框，选择 XC-YC 基准平面作为草图绘制面，单击"确定"按钮，进入草图绘制界面，绘制如图 11-131 所示的草图。

图 11-127 "修剪体"对话框　　图 11-128 选择目标体和要隐藏的特征　　图 11-129 隐藏的效果图

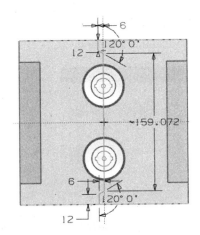

图 11-130 选择工具面　　　　　　　图 11-131 绘制草图

18 单击"主页"选项卡"基本"面板上的"拉伸"按钮 ，弹出"拉伸"对话框。在"指定矢量"下拉列表中选择"ZC"轴作为拉伸方向，在"限制"选项组的"宽度"的下拉列表中选择"对称值"，设置"距离"为 77，在"布尔"下拉列表中选择"无"选项，单击"确定"按钮，完成草图的拉伸操作，结果如图 11-132 所示。然后隐藏草图。

19 单击"菜单"→"插入"→"修剪"→"拆分体"命令，弹出"拆分体"对话框，如图 11-133 所示。选择如图 11-134 所示的拆分体和拆分面，单击"确定"按，完成拆分操作。

注意

将矩形拉伸体一分为二的目的是为了创建两个滑块。

20 选择屏幕上的拉伸曲面，在弹出的快捷菜单中单击"隐藏"按钮，隐藏选中的图素，如图 11-135 所示。

图 11-132　拉伸草图

图 11-133　"拆分体"对话框

图 11-134　选择拆分体和拆分面

图 11-135　隐藏图素

21 单击"主页"选项卡"基本"面板上的"基准平面"按钮，弹出"基准平面"对话框。在"类型"下拉列表中选择"XC-ZC 平面"选项，设置"偏置和参考"选项组中的"距离"为 42，如图 11-136 所示。单击"确定"按钮，完成基准平面的创建。

22 单击"主页"选项卡"构造"面板上的"草图"按钮，弹出"创建草图"对话框。选择刚创建的基准平面作为草图绘制面，单击"确定"按钮，进入草图绘制界面，绘制如图 11-137 所示的草图。

23 单击"主页"选项卡"基本"面板上的"旋转"按钮，弹出"旋转"对话框。在该对话框中选择"轴"选项组中的"指定矢量"下拉列表中的"自动判断的矢量"选项，选择如图 11-137 中的最长线段作为旋转轴。然后将"限制"选项组中的"起始"和"结束"角度分别设置为 0 和 360。单击"确定"按钮，完成草图的旋转操作，然后隐藏草图。创建的斜

UG NX 2022

导柱如图 11-138 所示。

图 11-136 "基准平面"对话框

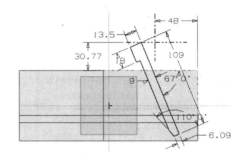

图 11-137 绘制草图

图 11-138 创建斜导柱

24 镜像特征。

❶选择"菜单"→"编辑"→"变换"命令，弹出"变换"对话框。选择刚创建的斜导柱，单击"确定"按钮，此时"变换"对话框如图 11-139 所示。

❷在"变换"对话框中单击"通过一平面镜像"按钮，弹出"平面"对话框，在"类型"下拉列表中选择"XC-ZC 平面"选项，如图 11-140 所示。

图 11-139 "变换"对话框 1

图 11-140 "平面"对话框

❸单击"平面"对话框中的"确定"按钮，弹出如图 11-141 所示的"变换"对话框。在该对话框中单击"复制"按钮，完成斜导柱的镜像操作，结果如图 11-142 所示。单击"取消"按钮，退出"变换"对话框。

图 11-141 "变换"对话框 2

图 11-142 镜像生成一个斜导柱

❹使用相同的方法，以"YC-ZC 平面"作为镜像面，对图 11-142 所示的两根斜导柱进行镜像操作，结果如图 11-143 所示。

图 11-143 镜像生成全部斜导柱

25 单击"主页"选项卡"基本"面板上的"修剪体"按钮 ，弹出"修剪体"对话框，如图 11-144 所示。选择如图 11-143 所示的 4 根斜导柱作为目标体，在"工具"选项组的"工具选项"下拉列表中选择"新平面"选项，在"指定平面"中选择"平面对话框"选项 ，弹出"平面"对话框，如图 11-145 所示。

图 11-144 "修剪体"对话框

图 11-145 "平面"对话框

26 在"平面"对话框中的"类型"下拉列表中选择"点和方向"选项，单击"通过点"选项组中的"象限点"按钮 ⊙，捕捉如图 11-146 所示的边界的四等分点，将"法向"选项组中的"指定矢量"设置为"ZC 轴"，捕捉结果如图 11-147 所示。单击"确定"按钮，返回"修剪体"对话框，接着单击"确定"按钮，完成斜导柱的修剪，结果如图 11-148 所示。

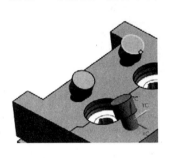  

图 11-146　捕捉点　　　　图 11-147　捕捉结果　　　　图 11-148　修剪斜导柱

27 单击"主页"选项卡"构造"面板上的"草图"按钮 🖉，弹出"创建草图"对话框。选择第 **21** 步创建的基准平面作为草图绘制面，并单击"确定"按钮，进入草图绘制界面，绘制如图 11-149 所示的草图。

28 单击"主页"选项卡"基本"面板上的"旋转"按钮 🗔，弹出"旋转"对话框，如图 11-150 所示。在该对话框中选择"轴"选项组中的"指定矢量"下拉列表中的"自动判断的矢量"选项 🕹，选择如图 11-149 中的中间线段作为旋转轴。然后将"限制"选项组中的"起始"和"结束"角度分别设置为 0 和 360，在"布尔"下拉列表中选择"⚫减去"选项，选择最大拉伸体为求差体。单击"确定"按钮，完成旋转操作，生成导柱孔。

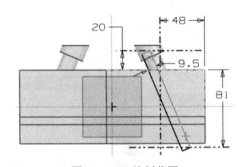

图 11-149　绘制草图

29 选择屏幕上的草图截面，在弹出的快捷菜单中单击"隐藏"按钮 ⍉，隐藏选中的图素。

30 选择刚创建的导柱孔，单击"主页"选项卡"基本"面板上的"镜像特征"按钮 🔏，弹出"镜像特征"对话框，在"镜像平面"选项组中的"平面"下拉列表中选择"新平面"选项，在"指定平面"中选择"XC-ZC 平面"选项，如图 11-151 所示。单击"确定"按钮，完成导柱孔的镜像操作。

31 按照步骤 **27**～**30** 创建另一侧的导柱孔，其中草图绘制如图 11-152 所示。然后利用镜像功能对生成的导柱孔进行镜像，结果如图 11-153 所示。

图 11-150 "旋转"对话框

图 11-151 "镜像特征"对话框

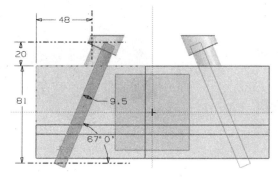

图 11-152 绘制草图

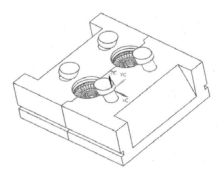

图 11-153 生成全部导柱孔

11.4 辅助系统设计

在完成动、定模镶件和抽芯机构设计后，还需要设计一些辅助系统，包括添加模架、B 板开框、A 板开框、创建流道板和浇注系统设计、创建唧嘴以及冷却系统设计等。

11.4.1 添加模架

01 单击"注塑模向导"选项卡"主要"面板上的"模架库"按钮▤，弹出"重用库"对话框和"模架库"对话框。

02 在"重用库"对话框的"名称"列表中选择"LKM_TP"模架，在"成员选择"列表中选择"FC"，在"详细信息"列表中设置"index"为3035、"EG_Guide"为1：ON、"BP_h"为100、"AP_h"为80、"Mold_type"为350：I，其他参数采用默认，如图11-154所示。

03 在"模架库"对话框中单击"确定"按钮，系统自动加载模架，结果如图11-155所示。

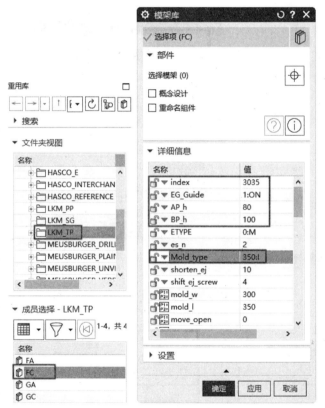

图 11-154　模架参数设置　　　　　　　　图 11-155　加载模架

11.4.2 B板开框

01 在"装配导航器"中选中"proj_b_plate"，右击，在弹出的快捷菜单中选择"在窗口中打开"命令，打开B板。

02 单击"主页"选项卡"构造"面板上的"草图"按钮，弹出"创建草图"对话框，如图11-156所示。绘图区选择YC-ZC平面作为草图绘制面。单击"确定"按钮，进入草图绘制界面，绘制如图 11-157 所示的草图。

图 11-156　"创建草图"对话框

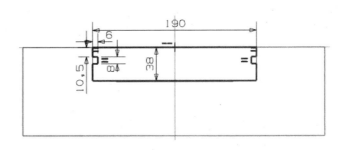

图 11-157　绘制草图

03 单击"主页"选项卡"基本"面板上的"拉伸"按钮，弹出"拉伸"对话框，如图 11-158 所示。指定矢量设置为"XC 轴"，在"限制"选项组中的"起始"和"终止"下拉列表中选择"贯通"，在"布尔"下拉列表中选择"减去"选项，单击"确定"按钮，完成草图的拉伸操作，结果如图 11-159 所示。

图 11-158　"拉伸"对话框

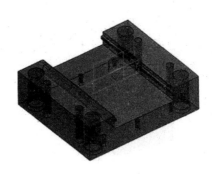

图 11-159　拉伸草图

04 选择屏幕上的草图截面，在弹出的快捷菜单中选择"隐藏"按钮 ，隐藏选中的图素。

05 选择"fdjhs.prt"文件，进入总模型界面。

06 只显示 B 板，隐藏其余部件。单击"视图"选项卡"层"面板上的"图层设置"按钮 ，弹出"图层设置"对话框，在"图层"列表中选择图层"2"，接着单击"设为不可见"按钮 和"关闭"按钮，隐藏图层"2"。再打开"部件导航器"，显示动模镶件和锁紧楔，结果如图 11-160 所示。

07 选中 B 板并右击，在弹出的快捷菜单中选择"设为工作部件"命令，将 B 板设置为当前工作部件。

08 单击"主页"选项卡"基本"面板上的"减去"按钮 ，弹出如图 11-161 所示的"减去"对话框。

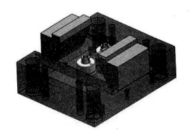

图 11-160　显示 B 板、动模镶件和锁紧楔　　　　图 11-161　"减去"对话框

09 选择 B 板作为目标体，选择动模镶件和锁紧楔作为工具体，如图 11-162 所示。单击"减去"对话框中的"确定"按钮。

10 选择"菜单"→"编辑"→"显示和隐藏"→"隐藏"命令，弹出"类选择"对话框。选择锁紧楔和动模镶件，单击"确定"按钮，隐藏选中的部件，结果如图 11-163 所示。

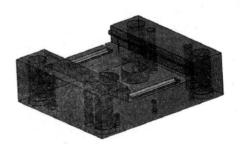

图 11-162　选择目标体和工具体　　　　　　　图 11-163　隐藏锁紧楔和动模镶件

11.4.3 A 板开框

01 在"装配导航器"中选中 A 板并右击，在弹出的快捷菜单中选择"在窗口中打开"命令，打开 A 板文件，如图 11-164 所示。

02 单击"主页"选项卡"构造"面板上的"草图"按钮 ，弹出"创建草图"对话框，绘图区选择 XC-YC 平面作为草图绘制面，单击"确定"按钮，进入草图绘制界面，绘制如图 11-165 所示的矩形草图。

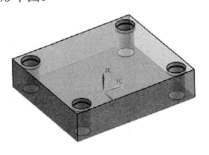

图 11-164　打开 A 板

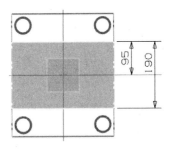

图 11-165　绘制矩形草图

03 单击"主页"选项卡"基本"面板上的"拉伸"按钮 ，弹出"拉伸"对话框，如图 11-166 所示。在"限制"选项组中设置"起始"的"距离"为 0、"终止"的"距离"为 38.5，在"布尔"下拉列表中选择" 减去"选项，选择如图 11-167 所示的求差体，单击"确定"按钮，完成拉伸操作。

图 11-166　"拉伸"对话框

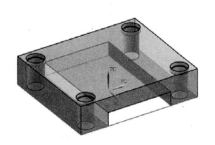

图 11-167　选择求差体

04 选择屏幕上的草图，在弹出的快捷菜单中单击"隐藏"按钮 ⊘，隐藏选中的图素。

05 选择"fdjhs.prt"文件，进入总模型界面。打开"装配导航器"，在总装配组件上右击，在弹出的快捷菜单中选择"设为工作部件"命令，将总装配组件设置为当前工作部件，然后只显示A板，隐藏其余部件。单击"视图"选项卡"层"面板上的"图层设置"按钮 ⚙，弹出"图层设置"对话框，在"图层"列表中选择图层"2"，单击"关闭"按钮，显示图层"2"，显示定模镶件。再打开"部件导航器"，显示斜导柱和锁紧楔，结果如图11-168所示。

06 选中A板并右击，在弹出的快捷菜单中选择"设为工作部件"命令，将A板设置为当前工作部件。

07 单击"主页"选项卡"基本"面板上的"减去"按钮 🗇，弹出如图11-169所示的"减去"对话框。选择A板作为目标体，选取动模镶件、斜导柱和锁紧楔作为工具体，单击"确定"按钮，完成求差操作。

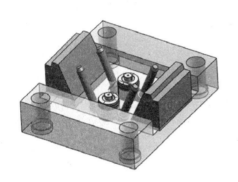

图11-168　显示A板、动模镶件、斜导柱和锁紧楔　　　　图11-169　"减去"对话框

08 打开"装配导航器"，在总装配组件上右击，在弹出的快捷菜单中选择"设为工作部件"命令，将总装配组件设置为当前工作部件。选择"菜单"→"编辑"→"显示和隐藏"→"隐藏"命令，弹出"类选择"对话框。选择锁紧楔、斜导柱和动模镶件，单击"确定"按钮，隐藏选中的部件，结果如图11-170所示。

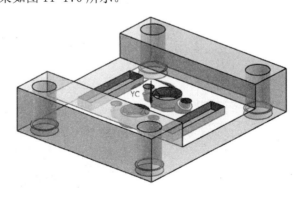

图11-170　隐藏锁紧楔、斜导柱和动模镶件

11.4.4　创建流道板和浇注系统设计

01　单击"视图"选项卡"层"面板上的"图层设置"按钮🗂，弹出"图层设置"对话框，在"工作"文本框中输入 6，按 Enter 键。单击"关闭"按钮，将图层"6"设置为当前工作图层。

02　单击"主页"选项卡"构造"面板上的"基准平面"按钮◆，弹出"基准平面"对话框，在"类型"下拉列表中选择"XC-YC 平面"，然后在"距离"文本框中输入 80，如图 11-171 所示，单击"确定"按钮，完成基准平面的创建。单击"主页"选项卡"构造"面板上的"草图"按钮✐，弹出"创建草图"对话框，选择刚创建的基准平面，单击"确定"按钮，进入草图绘制界面，绘制如图 11-172 所示的草图。

03　单击"主页"选项卡"基本"面板上的"拉伸"按钮🗔，弹出"拉伸"对话框，在"限制"选项组中设置"起始"的"距离"为 0、"终止"的"距离"为 -16.002，设置"布尔"为"无"，单击"确定"按钮，完成草图的拉伸操作，结果如图 11-173 所示。

图 11-171　"基准平面"对话框

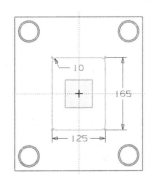

图 11-172　绘制草图

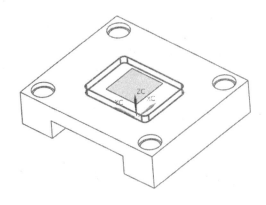

图 11-173　拉伸草图

04　选择屏幕上的草图截面，在弹出的快捷菜单中单击"隐藏"按钮⌀，隐藏选中的图素。

05 单击"主页"选项卡"构造"面板上的"草图"按钮✐，弹出"创建草图"对话框，在下拉列表中选择"基于平面"选项，选择第 **02** 步创建的基准平面作为草图绘制面，单击"确定"按钮，进入草图绘制界面，绘制如图 11-174 所示的草图。

06 单击"主页"选项卡"基本"面板上的"旋转"按钮📦，弹出"旋转"对话框。单击"轴"选项组中的"指定矢量"下拉列表中的"YC轴^{YC}"选项，再选择与 YC 轴重合的直线作为旋转轴，选取该直线的端点为基点。然后将"限制"选项组中的"起始"和"终止"的角度分别设置为 0 和 360，设置"布尔"为"无"。单击"确定"按钮，完成草图的旋转操作，如图 11-175 所示，创建完成主流道。

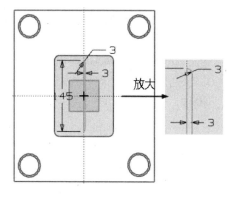

图 11-174　绘制草图

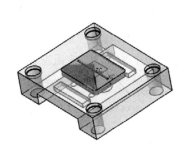

图 11-175　旋转草图

07 选择屏幕上的草图绘制截面，在弹出的快捷菜单中单击"隐藏"按钮∅，隐藏选中的图素。

08 单击"主页"选项卡"构造"面板上的"草图"按钮✐，弹出"创建草图"对话框，在"类型"下拉列表中选择"基于平面"选项，在绘图区选择"YC-ZC 平面"。单击"确定"按钮，进入草图绘制界面，绘制如图 11-176 所示的草图。

09 单击"主页"选项卡"基本"面板上的"旋转"按钮📦，弹出"旋转"对话框。在该对话框中选择"轴"选项组中的"指定矢量"下拉列表中的"自动判断的矢量"选项↖，再选择竖直线段作为旋转轴。然后将"限制"选项组中的"起始"和"结束"角度分别设置为 0 和 360，单击"确定"按钮，完成草图旋转操作，如图 11-177 所示，创建完成分流道。

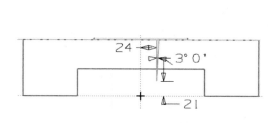

图 11-176　绘制草图

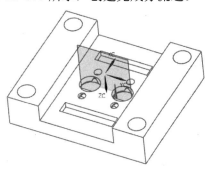

图 11-177　旋转草图

10 选择屏幕上的草图截面，在弹出的快捷菜单中单击"隐藏"按钮 ⌀ ，隐藏选中的图素。

11 选择"菜单"→"编辑"→"移动对象"命令，弹出"移动对象"对话框。选择刚创建的分流道，在"运动"下拉列表中选择"点到点"，设置"指定出发点"为坐标原点、指定"指定目标点"为点（0，36，0）。选择"复制原先的"选项，输入"非关联副本数"为 1，如图 11-178 所示。单击"确定"按钮，完成分流道的平移，结果如图 11-179 所示。

图 11-178　"移动对象"对话框

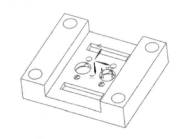

图 11-179　平移分流道

12 选择"菜单"→"编辑"→"变换"命令，弹出"变换"对话框 1，选择如图 11-179中的两个分流道，单击"确定"按钮，此时"变换"对话框如图 11-180 所示。单击"通过一平面镜像"按钮，弹出"平面"对话框，在"类型"下拉列表中选择"XC-ZC 平面"选项，如图 11-181 所示。在"平面"对话框中单击"确定"按钮，返回"变换"对话框，单击"复制"按钮，完成分流道的镜像操作，结果如图 11-182 所示。单击"取消"按钮，退出"变换"对话框。

图 11-180　"变换"对话框

13 单击"主页"选项卡"基本"面板上的"合并"按钮，弹出"合并"对话框。选择刚创建的主流道为目标体，选择 4 个分流道为工具体，单击"确定"按钮，完成主流道和分流道的求和操作。

图 11-181 "平面"对话框

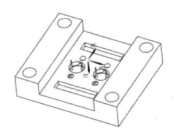

11-182 镜像分流道

11.4.5 创建唧嘴

01 单击"主页"选项卡"构造"面板上的"草图"按钮，弹出"创建草图"对话框，在"类型"下拉列表中选择"基于平面"选项，在"指定平面"下拉列表中选择"YC-ZC 平面"选项。单击"确定"按钮，进入草图绘制界面，绘制如图 11-183 所示的草图。

02 单击"主页"选项卡"基本"面板上的"旋转"按钮，弹出"旋转"对话框。在该对话框中选择"轴"选项组中的"指定矢量"下拉列表中的"ZC 轴"选项，指定基点为点（0,0,0），将"限制"选项组中的"起始"和"结束"角度分别设置为 0 和 360，设置"布尔"为"无"。单击"确定"按钮，完成草图的旋转操作，结果如图 11-184 所示。

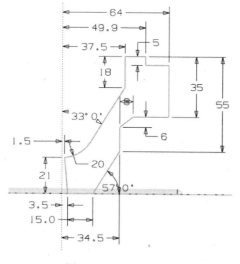

图 11-183 绘制草图

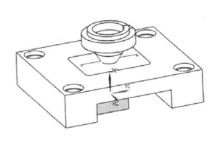

图 11-184 旋转草图

03 选择屏幕上的草图截面，在弹出的快捷菜单中单击"隐藏"按钮⌀，隐藏选中的图素。

04 选中 A 板并右击，在弹出的快捷菜单中选择"设为工作部件"命令，将 A 板设置为当前工作部件。

05 单击"主页"选项卡"基本"面板上的"减去"按钮🗊，弹出图 11-185 所示的"减去"对话框。勾选"保存工具"复选框，选择 A 板作为目标体，选择流道板作为工具体，如图 11-186 所示。单击"确定"按钮，完成 A 板与流道板的求差操作。

06 打开"装配导航器"，在总装配组件上右击，在弹出的快捷菜单中选择"设为工作部件"命令，将总装配组件设置为当前工作部件。然后选中 A 板，在弹出的快捷菜单中单击"隐藏"按钮⌀，隐藏 A 板，如图 11-187 所示。

07 单击"主页"选项卡"基本"面板上的"减去"按钮🗊，弹出"减去"对话框，勾选"保存工具"复选框，选择唧嘴作为目标体，选择主流道作为工具体，如图 11-188 所示。单击"确定"按钮，完成唧嘴与主流道的求差操作。

图 11-185　"减去"对话框

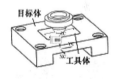

图 11-186　选择目标体和工具体

图 11-187　隐藏 A 板

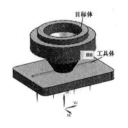

图 11-188　选择目标体和工具体

08 单击"主页"选项卡"基本"面板上的"减去"按钮🗊，弹出"减去"对话框，选择"保存工具"复选框，选择流道板作为目标体，选择主流道作为工具体，如图 11-189 所示。

单击"确定"按钮，完成流道板与主流道的求差操作。

09 利用"装配导航器"和"部件导航器"隐藏定模镶件、唧嘴和流道板，显示主流道和浇口板，结果如图 11-190 所示。

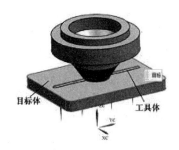

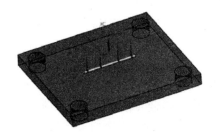

图 11-189 选择目标体和工具体   图 11-190 显示主流道和浇口板

10 选中浇口板并右击，在弹出的快捷菜单中选择"设为工作部件"命令，将浇口板设置为当前工作部件。

11 单击"主页"选项卡"基本"面板上的"减去"按钮，弹出"减去"对话框，取消"保存工具"复选框的勾选，选择浇口板作为目标体，选择主流道作为工具体，如图 11-191 所示。单击"确定"按钮，完成浇口板与主流道的求差操作。

12 打开"装配导航器"，在总装配组件上右击，在弹出的快捷菜单中选择"设为工作部件"命令，将总装配组件设置为当前工作部件。

13 将"fdjhs"文件设为工作部件。利用"装配导航器"和"部件导航器"隐藏主流道，并显示浇口板和唧嘴的草图，结果如图 11-192 所示。

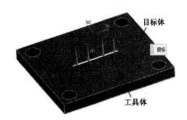

图 11-191 选择目标体和工具体   图 11-192 显示浇口板和唧嘴草图

14 单击"主页"选项卡"构造"面板上的"草图"按钮，弹出"创建草图"对话框。在"类型"下拉列表中选择"基于平面"选项，在绘图区选择"YC-ZC 平面"，单击"确定"按钮，进入草图绘制界面，绘制如图 11-193 所示的草图。

15 单击"主页"选项卡"基本"面板上的"旋转"按钮，弹出"旋转"对话框。选择"轴"选项组中的"指定矢量"下拉列表中的"ZC 轴"选项，选择竖直线的端点为基点，将"限制"选项组中的"起始"和"终止"的角度分别设置为 0 和 360，其他参数采用默认。单击"确定"按钮，完成草图的旋转操作，结果如图 11-194 所示。

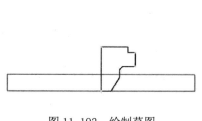

图 11-193 绘制草图

图 11-194 旋转草图

16 选择屏幕上的草图截面，在弹出的快捷菜单中单击"隐藏"按钮 $\varnothing$，隐藏选中的图素。

17 选中浇口板并右击，在弹出的快捷菜单中选择"设为工作部件"命令，将浇口板设置为当前工作部件。

18 单击"主页"选项卡"基本"面板上的"减去"按钮 ，弹出"减去"对话框，取消 "保存工具"复选框的勾选，选择浇口板作为目标体，选择刚创建的旋转体作为工具体，如图 11-195 所示。单击"确定"按钮，完成浇口板与旋转体的求差操作。

19 打开"装配导航器"，显示面板如图 11-196 所示。选中面板并右击，在弹出的快捷菜单中选择"设为工作部件"命令，将面板设置为当前工作部件。

20 单击"主页"选项卡"基本"面板上的"减去"按钮 ，弹出"减去"对话框，取消 "保存工具"复选框的勾选，选择面板作为目标体，选择刚创建的旋转体作为工具体。单击"确定"按钮，完成面板与旋转体的求差操作。

21 将"fdjhs"文件设为工作部件。选择"菜单"→"编辑"→"显示和隐藏"→"隐藏"命令，弹出"类选择"对话框。选择旋转体，单击"确定"按钮，隐藏旋转体。余下的面板和浇口板显示结果如图 11-197 所示。

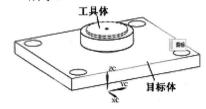

图 11-195 选择目标体和工具体

图 11-196 显示面板

图 11-197 显示面板和浇口板

G NX中文版模具设计从入门到精通

11.4.6　冷却系统设计

01 打开"装配导航器"，在总装配组件上右击，在弹出的快捷菜单中选择"设为工作部件"命令，将总装配组件设置为当前工作部件。

02 利用"装配导航器"和"部件导航器"隐藏面板和浇口板，显示右侧滑块，如图 11-198 所示。

03 单击"主页"选项"基本"面板上的"孔"按钮，弹出"孔"对话框，在该对话框中设置孔的类型为"简单"、"孔径"为 6、"孔深"为 180、"顶锥角"为 118，如图 11-199 所示。单击"绘制截面"按钮，弹出"创建草图"对话框。选择放置孔的面，如图 11-200 所示。单击"确定"按钮，进入草图绘制环境，绘制如图 11-201 所示的草图，单击"完成"按钮，返回到"孔"对话框，单击"应用"按钮，完成孔的创建，结果如图 11-202 所示。

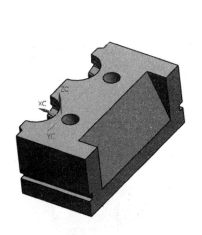

图 11-198　显示右侧滑块

图 11-199　"孔"对话框

04 重复上述操作，在如图 11-203 所示的位置创建相同参数的孔。

图 11-200　选择面

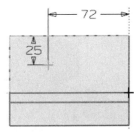

图 11-201　绘制草图

图 11-202　创建孔

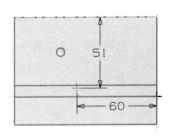

图 11-203　绘制草图

05 按照相同的方法创建其他的冷却孔，位置如图 11-204 所示，设置孔类型为"沉孔"、"沉头直径"为 10、"沉头深度"为 20、"孔径"为 6、"孔深"为 70、"顶锥角"为 118，创建右侧滑块的冷却孔，结果如图 11-205 所示。

06 使用"部件导航器"隐藏右侧的滑块，显示左侧的滑块，创建左侧滑块的冷却孔，结果如图 11-206 所示。

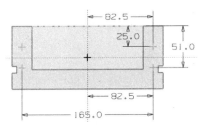

图 11-204　冷却孔的位置

图 11-205　创建右侧滑块冷却孔

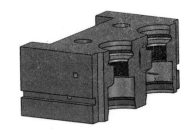

图 11-206　创建左侧滑块冷却孔

07 利用"装配导航器"和"部件导航器"显示如图 11-207 所示的部件。整套模具设计结果如图 11-208 所示。

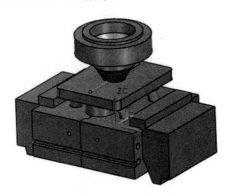

图 11-207　显示部件

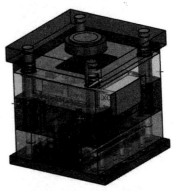

图 11-208　整套模具设计结果

第 12 章

手机中体模具设计

本实例中的塑件是手机中体,其成型模具分型的难度适中,适合入门练习。该塑件上的通孔和缺口都比较规则,可用一般的修补方法进行修补。模具的分型面是曲面, 在分型面上有凸起, 当用 MoldWizard 创建分型线时应放置过渡点。

学 习 要 点

- ◎ 初始设置
- ◎ 分型设计
- ◎ 辅助设计

12.1 初始设置

在开始手机中体模具设计前，首先要进行一些初始设置，包括装载产品、设置模具坐标系、设置成型工件及定义布局等。

📖12.1.1 装载产品

01 单击"注塑模向导"选项卡中的"初始化项目"按钮 🔚，弹出"部件名"对话框，如图 12-1 所示。选择手机中体产品文件"yuanshiwenjian\12\sjzt.prt"，单击"确定"按钮。加载手机中体如图 12-2 所示。

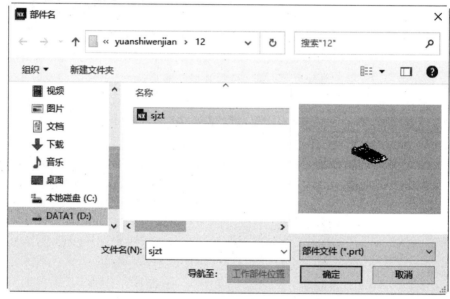

图 12-1 "部件名"对话框

图 12-2 手机中体

02 在弹出的"初始化项目"对话框中，设置"项目单位"为"毫米"，改变项目路径，在"名称"文本框中输入"sjzt"、设置"材料"为"PC+10%GF"，"收缩"为 1.0035，如图 12-3

所示。

03 单击"确定"按钮，完成产品装载。此时，在"装配导航器"中显示出系统自动生成的模具装配结构，如图 12-4 所示。

图 12-3 "初始化项目"对话框

图 12-4 模具装配结构

12.1.2 设置模具坐标系

01 选择"菜单"→"格式"→"WCS"→"原点"命令，弹出"点"对话框，如图 12-5 所示。选择如图 12-6 所示的端点，将坐标原点移动至该点，结果如图 12-7 所示，单击"确定"按钮。

02 选择"菜单"→"格式"→"WCS"→"旋转"命令，系统弹出"旋转 WCS 绕"对话框，选择"+ZC 轴：XC→YC"选项，设置"角度"为 90°，如图 12-8 所示。单击"应用"按钮，再单击"确定"按钮，完成坐标系的旋转，结果如图 12-9 所示。

03 单击"注塑模向导"选项卡"主要"面板上的"模具坐标系"按钮，弹出"模具坐标系"对话框，如图 12-10 所示。在"模具坐标系"对话框中，选中"当前 WCS"选项，单击"确定"按钮，系统会自动把模具坐标系放在坐标系原点上，从而完成模具坐标系的设置，

如图 12-11 所示。

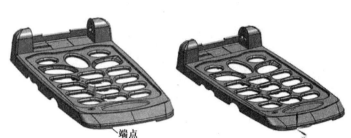

图 12-5 "点"对话框　　图 12-6 选择端点　　图 12-7 移动坐标原点

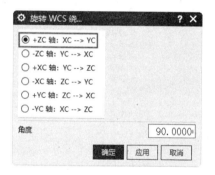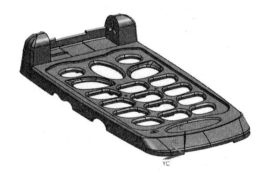

图 12-8 "旋转WCS绕"对话框　　图 12-9 旋转坐标系

图 12-10 "模具坐标系"对话框　　图 12-11 设置模具坐标系

12.1.3 设置成型工件

01 单击"注塑模向导"选项卡"主要"面板上的"工件"按钮，系统弹出"工件"

对话框如图 12-12 所示。在"工件方法"下拉列表中选择"用户定义的块"。

图 12-12　"工件"对话框

02 在"定义类型"下拉列表中选择"参考点"，设置 X、Y、Z 轴的参数如图 12-12 所示，单击"确定"按钮，完成成形工件的数字，结果如图 12-13 所示。

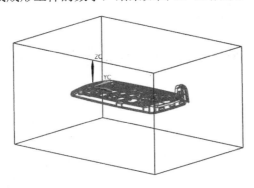

图 12-13　设置成形工件

12.1.4　定义布局

01 单击"注塑模向导"选项卡"主要"面板上的"型腔布局"按钮，打开如图 12-14

所示的"型腔布局"对话框。在"布局类型"选项组中选择"矩形"和"平衡",设置"型腔数"为2、"间隙距离"为0。

02 单击"自动对准中心"按钮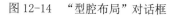,然后单击"关闭"按钮,退出对话框,结果如图 12-15 所示。

图 12-14　"型腔布局"对话框

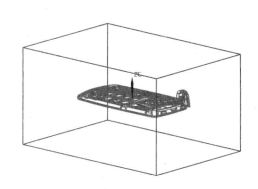

图 12-15　自动对准中心

12.2　分型设计

在分型设计时首先要完成实体的修补,然后创建分型线和分型面,最后生成型芯和型腔。

12.2.1　实体修补

01 单击"注塑模向导"选项卡"分型"面板上的"曲面补片"按钮,打开"曲面补片"对话框,进入零件编辑状态,然后关闭对话框。单击"注塑模向导"选项卡"注塑模工具"面板上的"包容体"按钮,弹出"包容体"对话框,如图 12-16 所示。

02 选择"块"类型,设置"偏置"为 0.5,依次选择如图 12-17 所示的面,单击"确定"按钮,创建如图 12-18 所示的实体。

图 12-16　"包容体"对话框

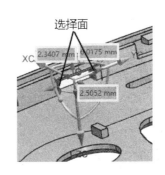

图 12-17　选择面

03 单击"注塑模向导"选项卡"注塑模工具"面板上的"分割实体"按钮，弹出"分割实体"对话框，如图 12-19 所示。

图 12-18　创建实体

图 12-19　"分割实体"对话框

04 选取刚创建的实体为目标体，选择如图 12-20 所示的曲面为修剪工具，设置修剪方向如图 12-20 所示。勾选"扩大面"复选框，单击"应用"按钮，完成内侧的剪切。采用相同的方法，选择其他曲面进行修剪，结果如图 12-21 所示。

05 单击"主页"选项卡"构造"面板上的"草图"按钮，系统弹出"创建草图"对话框。在绘图区选择如图 12-22 所示的平面作为草图绘制面，单击鼠标中键进入草图绘制界面，

绘制如图 12-23 所示的草图。按 Ctrl+Q 组合键，退出草图绘制界面。

图 12-20　选择曲面及修剪方向

图 12-21　修剪曲面

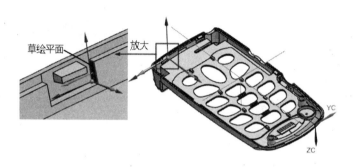

图 12-22　选择草图绘制面

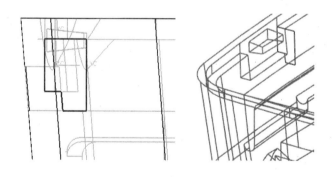

图 12-23　绘制草图

06 单击"主页"选项卡"基本"面板上的"拉伸"按钮，系统弹出"拉伸"对话框，在绘图区选择刚创建的草图，然后如图 12-24 所示设置参数，再选择如图 12-25 所示的面作为拉伸终止截面。单击"确定"按钮，完成草图的拉伸操作，结果如图 12-26 所示。

07 单击"主页"选项卡"同步建模"面板上的"替换"按钮，系统弹出"替换面"对话框，如图 12-27 所示。在绘图区选择如图 12-28 所示的要替换面（原始面），单击中键确定，在绘图区选择替换面，然后在对话框中单击"应用"按钮，完成面替换操作，结果如图 12-29 所示。

08 采用步骤 **07** 同样的方法，选择如图 12-30 所示的要替换面（原始面）和替换面，进行面替换，结果如图 12-31 所示。

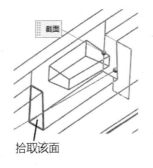

图 12-24　"拉伸"对话框　　　图 12-25　选择拉伸终止截面　　　图 12-26　拉伸草图

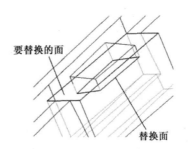

图 12-27　"替换面"对话框　　　　　图 12-28　选择要替换面和替换面

09 采用步骤 **07** 同样的方法，选择如图 12-32 所示的要替换面（原始面）和替换面，进行面替换，结果如图 12-33 所示。

10 修剪创建的实体，结果如图 12-34 所示即可。

11 单击"主页"选项卡"构造"面板上的"草图"按钮，系统弹出"创建草图"对话框，在绘图区选择如图 12-35 所示的平面作为草图绘制面，进入草图绘制界面，绘制如图 12-36 所示的草图。单击"完成"按钮，退出草图绘制界面。

图 12-29 完成面替换

图 12-30 选择要替换面和替换面

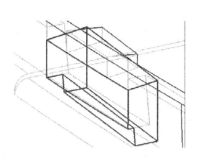

图 12-31 完成面替换

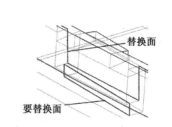

图 12-32 选择要替换面和替换面

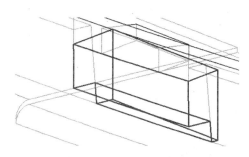

图 12-33 完成面替换

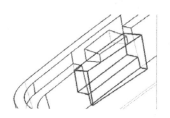

图 12-34 修剪实体

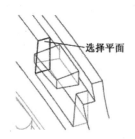

图 12-35 选择草图绘制面

图 12-36 绘制草图

12 单击"主页"选项卡"基本"面板上的"拉伸"按钮，系统弹出"拉伸"对话框。在绘图区选择刚创建的草图，然后如图 12-37 所示设置参数，选择如图 12-38 所示的面作为拉伸的终止截面。单击"确定"按钮，完成草图的拉伸操作，结果如图 12-39 所示。

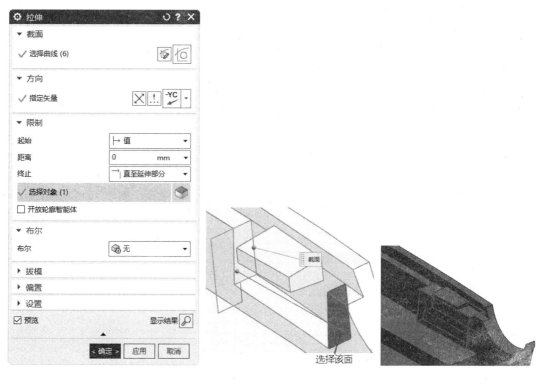

图 12-37 "拉伸"对话框 　　图 12-38 选择拉伸终止截面 　　图 12-39 拉伸草图

13 单击"主页"选项卡"同步建模"面板上的"替换"按钮，系统弹出"替换面"对话框，在绘图区选择如图 12-40 所示的要替换的面，单击中键确定，并在绘图区选择替换面，单击"应用"按钮，完成面替换操作，结果如图 12-41 所示。

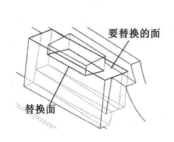

图 12-40 选择要替换面和替换面

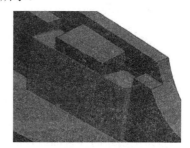

图 12-41 完成面替换

14 采用步骤 **13** 同样的方法，修剪创建的实体，结果如图 12-42 所示。

15 单击"主页"选项卡"构造"面板上的"草图"按钮，系统弹出"创建草图"对话框。在绘图区选择如图 12-43 所示的平面作为草图绘制面，进入草图绘制界面，绘制如图 12-44 所示的草图。

16 单击"主页"选项卡"包含"面板上的"投影曲线"按钮，弹出"投影曲线"对话框，选取槽边线进行投影。

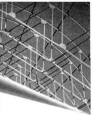

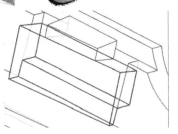

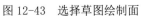

图 12-42　修剪实体　　　　　图 12-43　选择草图绘制面　　　　　图 12-44　绘制草图

17 单击"主页"选项卡"直接草图"面板上的"偏置曲线"按钮，弹出"偏置曲线"对话框，输入偏置距离为 0.5，勾选"输入曲线转换为参考"复选框，如图 12-45 所示。单击"确定"按钮，将投影曲线向外偏置，如图 12-46 所示。单击"完成"按钮，退出草图绘制界面。

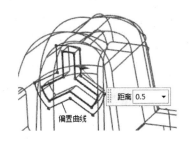

图 12-45　"偏置曲线"对话框　　　　　图 12-46　偏置投影曲线

18 单击"主页"选项卡"基本"面板上的"拉伸"按钮，系统弹出"拉伸"对话框，在绘图区选择刚创建的偏置曲线，然后如图 12-47 所示设置参数，单击"确定"按钮，完成拉伸实体的操作，结果如图 12-48 所示。

19 单击"主页"选项卡"同步建模"面板上的"替换"按钮，系统弹出"替换面"对话框。在绘图区选择如图 12-49 所示的要替换面，单击中键确定，在绘图区选择替换面。单击"应用"按钮，完成面替换操作，结果如图 12-50 所示。

20 采用步骤 **19** 同样的方法，对刚创建的实体进行面替换操作，结果如图 12-51 所示。

图 12-47 "拉伸"对话框

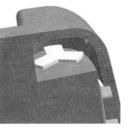

图 12-48 拉伸实体

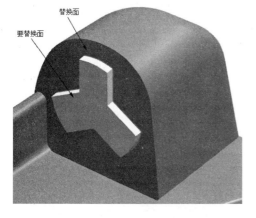

图 12-49 选择要替换面和替换面

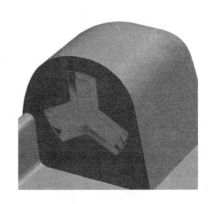

图 12-50 完成面替换

图 12-51 替换实体面

㉑ 单击"主页"选项卡"构造"面板上的"草图"按钮 ✐，系统弹出"创建草图"对

U G N X 2022

话框。在绘图区选择如图 12-52 所示的平面作为草图绘制面，单击鼠标中键，进入草图绘制界面，绘制如图 12-53 所示的草图。按 Ctrl+Q 组合键，退出草图绘制界面。

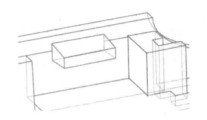

图 12-52　选择草图绘制面　　　　　　　　　图 12-53　绘制草图

22 单击"主页"选项卡"基本"面板上的"拉伸"按钮，系统弹出"拉伸"对话框，在绘图区选择刚创建的草图，然后如图 12-54 所示设置参数，再在绘图区选择如图 12-55 所示的对象作为延伸对象。单击"确定"按钮，完成草图的拉伸操作，结果如图 12-56 所示。

图 12-54　"拉伸"对话框　　　　　　　　　图 12-55　选择延伸对象

23 单击"主页"选项卡"同步建模"面板上的"替换"按钮 ，系统弹出"替换面"对话框。在绘图区选择如图 12-57 所示的替换面，单击鼠标中键确定，再在绘图区选择要替换的面，然后在对话框中单击"应用"按钮，完成面替换操作，结果如图 12-58 所示。

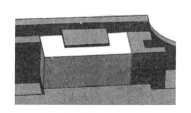

图 12-56　拉伸草图

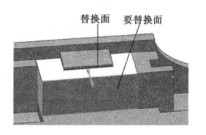

图 12-57　选择替换面和要替换面

24 采用步骤 **23** 同样的方法对其他面进行面替换操作，结果如图 12-59 所示。

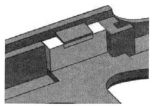

图 12-58　完成面替换

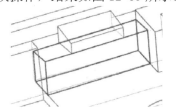

图 12-59　替换其他面

25 单击"注塑模向导"选项卡"注塑模工具"面板上的"实体补片"按钮 ，系统弹出"实体补片"对话框，如图 12-60 所示，在绘图区选择手机中体参考模型作为目标体，单击鼠标中键确定，然后再选择前面创建的所有实体作为工具体，进行实体补片，结果如图 12-61 所示。

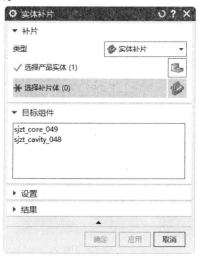

图 12-60　"实体补片"对话框

图 12-61　修补实体

12.2.2 曲面补片

01 单击"曲线"选项卡"基本"面板中的"直线"按钮 ╱，弹出"直线"对话框，设置起点选项和终点选项为点，如图12-62所示，绘制如图12-63所示的直线。

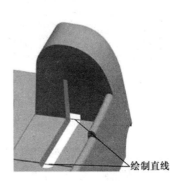

图12-62 "直线"对话框   图12-63 绘制直线

02 单击"曲面"选项卡"曲面"面板中的"N边曲面"按钮，系统弹出"N边曲面"对话框。如图12-64所示设置参数，然后选择如图12-65所示的边。单击"确定"按钮，完成N边曲面的创建，如图12-66所示。

图12-64 "N边曲面"对话框   图12-65 选择边   图12-66 创建N边曲面

03 单击"曲面"选项卡"曲面"面板上的"扫掠"按钮 ，系统弹出"扫掠"对话框，如图 12-67 所示。在绘图区选择第一截面线串，单击鼠标中键确定，接着选择第二截面线串并单击鼠标中键。单击"引导线"选项组中的"选择曲线"，选择第一引导线串，单击鼠标中键，再选择第二引导线串，单击鼠标中键，接着选择第三引导线并单击中键确定（在选择截面线串和引导线的时候要注意各自方向的一致性），如图 12-68 所示。单击"确定"按钮，生成扫掠曲面，结果如图 12-69 所示。

图 12-67　"扫掠"对话框　　　图 12-68　选择截面与引导线　　　图 12-69　生成扫掠曲面

04 单击"曲面"选项卡"曲面操作"面板上的"缝合"按钮 ，系统弹出"缝合"对话框，如图 12-70 所示。在绘图区选择刚创建的 N 边曲面和扫掠曲面，然后单击"确定"按钮，完成曲面的缝合，结果如图 12-71 所示。

图 12-70　"缝合"对话框　　　　　　图 12-71　缝合曲面

05 单击"注塑模向导"选项卡"分型"面板上的"编辑分型面和曲面补片"按钮 🖾，
系统弹出如图 12-72 所示的"编辑分型面和曲面补片"对话框，选择"曲面补片"类型，在绘
图区选择刚缝合的曲面，单击"确定"按钮，创建修补曲面，结果如图 12-73 所示。

图 12-72　"编辑分型面和曲面补片"对话框　　　图 12-73　创建修补曲面

12.2.3　修补片体

01 单击"注塑模向导"选项卡"分型"面板上的"曲面补片"按钮 🖾，系统弹出如
图 12-74 所示的"曲面补片"对话框，在"类型"下拉列表中选择"面"。

02 选择如图 12-75 所示的面 1，系统自动选择环并添加到环列表中，然后单击"确定"
按钮。修补后的片体如图 12-76 所示。

采用相同的方法，选择如图 12-75 所示的面 2，进行曲面修补。

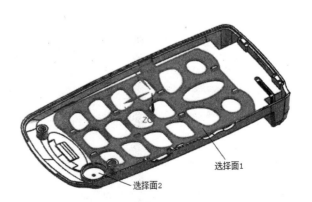

图 12-74　"曲面补片"对话框　　　　　　　图 12-75　选择面

图 12-76 修补片体

📖 12.2.4 创建分型线

01 单击"注塑模向导"选项卡"分型"面板上"分型面"下拉菜单中"设计分型面"按钮🐟，弹出如图 12-77 所示的"设计分型面"对话框，单击"编辑分型线"选项组中的"选择分型线"，在视图上选择实体的底面边线，如图 12-78 所示。此时系统会发出警告，提示分型线环没有封闭。

图 12-77 "设计分型面"对话框

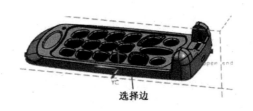

选择边

图 12-78 选择边

02 继续选择如图 12-79 所示的其他底面边线。单击"确定"按钮，系统自动生成如图 12-80 所示的分型线。

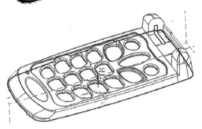

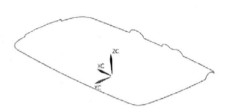

图 12-79　选择其他底面边线　　　　　　　　图 12-80　生成分型线

03 单击"注塑模向导"选项卡"分型"面板上"分型面"下拉菜单中的"设计分型面"按钮，弹出如图 12-81 所示的"设计分型面"对话框。在"编辑分型段"中"选择分型或引导线"，再选择如图 12-82 所示的 4 个点，将分型线分为 4 个段，单击"确定"按钮，完成引导线的创建，结果如图 12-83 所示。

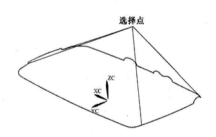

图 12-81　"设计分型面"对话框　　　　　　图 12-82　选择点

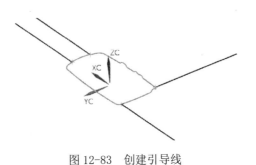

图 12-83　创建引导线

📖12.2.5　创建分型面

01 单击"注塑模向导"选项卡"分型"面板上"分型面"下拉菜单中的"设计分型面"按钮，在弹出的如图 12-84 所示"设计分型面"对话框"分型段"列表中选择"段 3"。在"创建分型面"选项组中选中"拉伸"选项，采用默认"拉伸方向"，用鼠标拖动"延伸距离"标志，调节曲面延伸距离，使分型面的拉伸长度大于工件的长度，然后单击"应用"按钮。

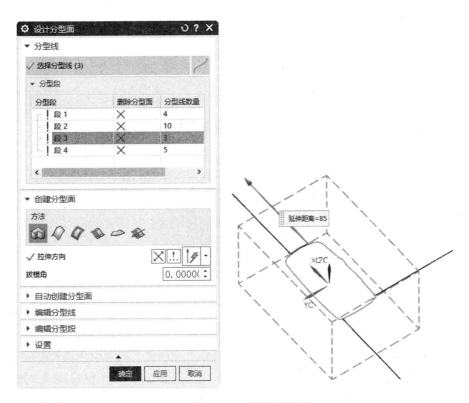

图 12-84　选择"段 3"

02 在如图 12-85 所示的"设计分型面"对话框"分型段"列表中选择"段 2"，在"创

建分型面"选项组中选中"拉伸"选项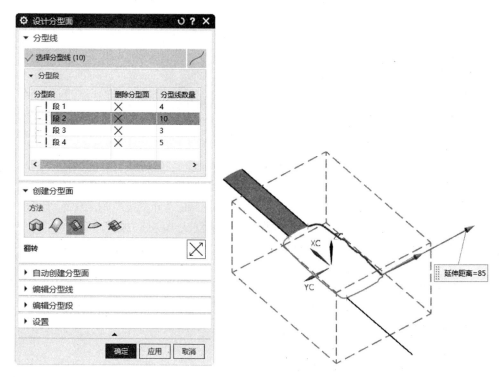，采用默认"拉伸方向"，用鼠标拖动"延伸距离"
标志，调节曲面延伸距离，使分型面的拉伸长度大于工件的长度。然后单击"应用"按钮，分
型面的拉伸，结果如图 12-86 所示。

图 12-85　选择"段 2"

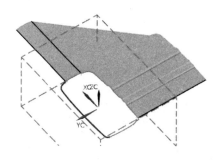

图 12-86　拉伸分型面

03 在如图 12-87 所示的"设计分型面"对话框"分型段"列表中选择"段 1"，。在"创
建分型面"选项组中选中"拉伸"选项，采用默认"拉伸方向"，用鼠标拖动"延伸距离"
标志，调节曲面延伸距离，使分型面的拉伸长度大于工件的长度。然后单击"应用"按钮，完
成分型面的拉伸，结果如图 12-88 所示。

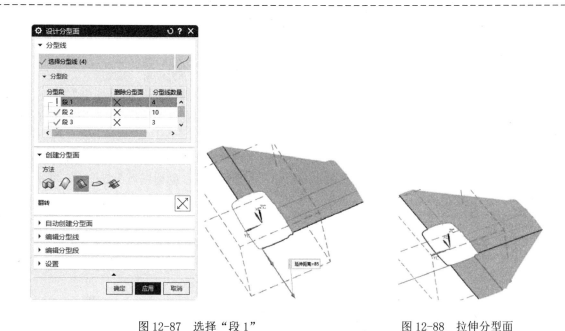

图 12-87 选择"段 1"　　　　　　　　　　　　　图 12-88 拉伸分型面

04 在如图 12-89 所示的"设计分型面"对话框"分型段"列表中选择"段 4",在"创建分型面"选项组中选中"有界平面"选项 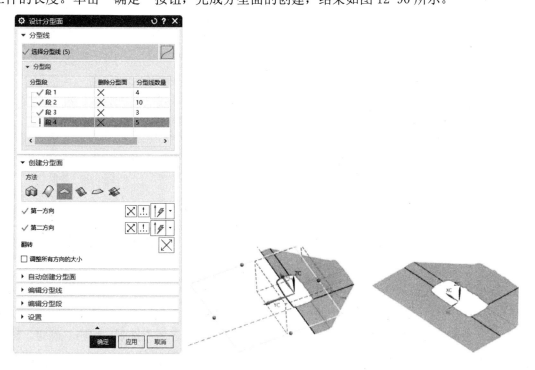,用鼠标拖动滑块,使分型面的拉伸长度大于工件的长度。单击"确定"按钮,完成分型面的创建,结果如图 12-90 所示。

图 12-89 选择"段 4"　　　　　　　　　　　　　图 12-90 创建分型面

12.2.6　创建型芯和型腔

01 单击"注塑模向导"选项卡"分型"面板上的"检查区域"按钮 ，在弹出如图 12-91 所示的"检查区域"对话框中选择"保留现有的"选项，选择"指定"脱模方向为"ZC 轴"，单击"计算"按钮 。选择"区域"选项卡，如图 12-92 所示。选取如图 12-93 所示的面定义为型芯区域，其他 99 个面定义为型腔区域。

02 单击"注塑模向导"选项卡"分型"面板上的"定义区域"按钮 ，系统弹出"定义区域"对话框，如图 12-94 所示。选择"所有面"选项，勾选"创建区域"复选框，单击"确定"按钮，定义型芯和型腔区域。

图 12-91　"检查区域"对话框

图 12-92　"区域"选项卡

03 单击"注塑模向导"选项卡"分型"面板上的"定义型腔和型芯"按钮 ，系统弹出"定义型腔和型芯"对话框，如图 12-95 所示。选择"所有区域"选项，单击"确定"按钮，系统弹出"查看分型结果"对话框，同时生成如图 12-96 所示的型腔和如图 12-97 所示的型芯。

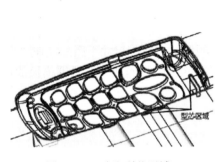

图 12-93 选取型芯区域

图 12-94 "定义区域"对话框

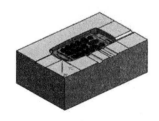

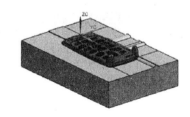

图 12-95 "定义型腔和型芯"对话框　　图 12-96 生成型腔　　图 12-97 生成型芯

12.3 辅助设计

在完成分型设计后，还需要设计一些辅助系统，包括添加模架、添加标准件、顶杆后处理、添加流道和浇口、建立腔体等。

12.3.1 添加模架

01 单击"注塑模向导"选项卡"主要"面板上的"模架库"按钮，弹出"重用库"对话框和"模架库"对话框，在"名称"列表中选择"HASCO_E"模架，在"成员选择"列表中选择"Type1（F2M2）"，在"详细信息"中设置"index"为"196×296"，如图12-98所示。单击"应用"按钮。

02 改变视图方向，可以看到模架上、下板的厚度与型芯尺寸不匹配。在"详细信息"中的"AP_h"下拉列表中设置模板的厚度为46，在"BP_h"下拉列表中设置模板的厚度为27，如图12-99所示。

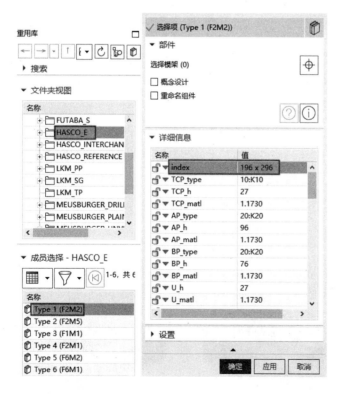

图 12-98　设置模架参数

图 12-99　上、下模板参数设置

03 单击"旋转模架"按钮，旋转模架。单击"确定"按钮，完成模架的添加，结果如图12-100所示。

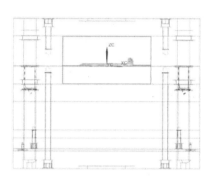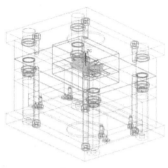

图 12-100　添加模架

📖 12.3.2　添加标准件

01 单击"注塑模向导"选项卡"主要"面板上的"标准件库"按钮📦，弹出"重用库"对话框和"标准件管理"对话框。在"名称"中选择"HASCO_MM"→"Locating Ring"，在"成员选择"中选择"K100C"，在"详细信息"中设置"DIAMETER"为 100、"THICKNESS"为 8，如图 12-101 所示。单击"确定"按钮，加入定位环，结果如图 12-102 所示。

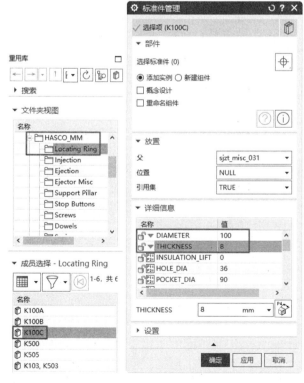

图 12-101　设置定位环参数　　　　　　　图 12-102　加入定位环

02 单击"注塑模向导"选项卡"主要"面板上的"标准件库"按钮📦，弹出"重用库"

对话框和"标准件管理"对话框。在"名称"中选择"HASCO_MM"→"Injection"，在"成员选择"中选择"Sprue Bushing［Z50,Z51,Z511,Z512］"，在"详细信息"中设置"CATALOG"为"Z50"、"CATALOG_DIA"为 18、"CATALOG_LENGTH"为 40，如图 12-103 所示。单击"确定"按钮，加入主流道，结果如图 12-104 所示。

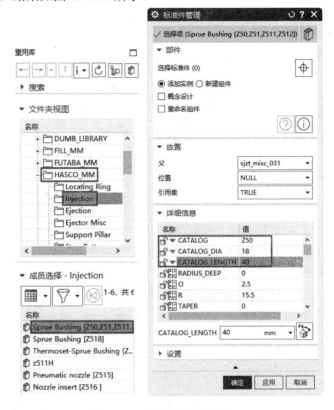

图 12-103　设置主流道参数

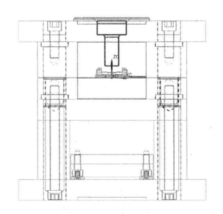

图 12-104　加入主流道

03 单击"注塑模向导"选项卡"主要"面板上的"标准件库"按钮，弹出"重用库"

对话框和"标准件管理"对话框。在"名称"中选择"DME_MM"→"Ejection"，在"成员选择"中选择"Ejector Pin [Straight]"，在"详细信息"中设置"CATALOG_DIA"为 2、"CATALOG_LENGTH"为 125，如图 12-105 所示。单击"确定"按钮，弹出如图 12-106 所示"点"对话框，依次设置基点坐标为（16，32，0）、（-16，32，0）、（0，9，0）、（8，-36，0）、（-8，-36，0），单击"确定"按钮，完成点的设置。单击"取消"按钮，退出"点"对话框。添加顶杆的结果如图 12-107 所示。

图 12-105 设置顶杆参数　　　　　　　　图 12-106 "点"对话框

12.3.3 顶杆后处理

01 单击"注塑模向导"选项卡"主要"面板上的"顶杆后处理"按钮，弹出"顶杆后处理"对话框，如图 12-108 所示，选择"调整长度"类型，在"目标"列表中选择已经创建的待处理的顶杆。

02 在"工具"选项组中接受默认的修边曲面，即型芯修剪片体（CORE_TRIM_SHEET），然后单击"确定"按钮，完成顶杆的修剪，结果如图 12-109 所示。

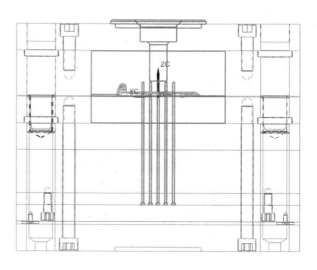

图 12-107　添加顶杆

图 12-108　"顶杆后处理"对话框

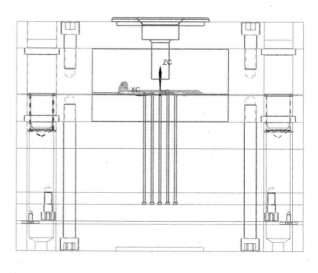

图 12-109　修剪顶杆

12.3.4　添加流道和浇口

01 单击"注塑模向导"选项卡"主要"面板上的"设计填充"按钮，弹出"重用库"对话框和"设计填充"对话框，如图 12-110 所示。

02 在"重用库"对话框的"成员选择"中选择"Gate[Subarine]"，在"设计填充"对话框的"详细信息"中设置"D"为 6、"L"为 30、"L1"为 15、"D1"为 1.5，其他采用默认设置。

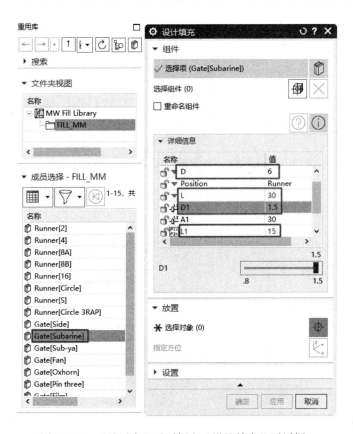

图 12-110　"重用库"对话框和"设计填充"对话框

03 单击"选择对象"按钮 ⊕，捕捉主流道的最下端圆心，放置流道和浇口，结果如图 12-111 所示。

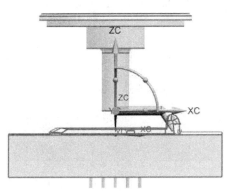

图 12-111　放置流道和浇口

04 选取动态坐标系上的 ZC 轴，在文本框中输入"距离"为 3，按 Enter 键确认，调整流道和浇口的位置，如图 12-112 所示。单击"确定"按钮，完成一侧流道和浇口的创建。

05 重复设计填充命令，捕捉主流道的最下端圆心，放置流道和浇口，单击动态坐标系上的 Z 轴，在文本框中输入"角度"为 180，如图 12-113 所示，按 Enter 键，旋转流道和浇口，然后选取动态坐标系上的 ZC 轴，输入"距离"为 3，单击"确定"按钮，完成流道和浇口的添

加，结果如图 12-114 所示。

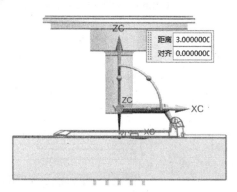

图 12-112　调整流道和浇口位置

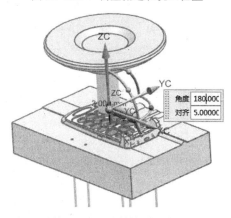

图 12-113　旋转流道和浇口

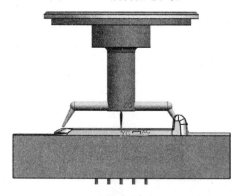

图 12-114　完成流道和浇口的添加

📖 12.3.5　建立腔体

单击"注塑模向导"选项卡"主要"面板上的"腔"按钮 🎲，系统弹出"开腔"对话框，如图 12-115 所示。选择模具的模板、型腔和型芯为目标体，选择定位环、主流道、浇口、顶杆等为工具体，然后在对话框中单击"确定"按钮，建立腔体，隐藏部分实体后的结果如图 12-116 所示。此时模具整体如图 12-117 所示。

图 12-115　"开腔"对话框

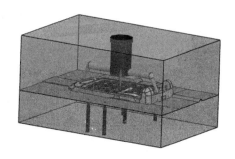

图 12-116　建立腔体

图 12-117　模具整体

第 **13** 章

手机上盖模具设计

本实例中的塑件是手机上盖，其成型模具分型的难度较大。该塑件上的通孔和缺口比较多，还有凹槽的修补需要一定的顺序和技巧。并且在分型的时候还要考虑转轴滑块的抽取方向。

◎ 初始设置

◎ 分型设计

◎ 辅助设计

13.1　初始设置

在开始手机上盖模具设计时，首先要进行一些初始的设置，包括装载产品、设置模具坐标系、设置成型工件、型腔布局等。

13.1.1　装载产品

01 单击"注塑模向导"选项卡中的"初始化项目"按钮，弹出"部件名"对话框，选择手机上盖产品文件"yuanshiwenjian\13\sjsg.prt"，单击"确定"按钮。

02 在弹出的"初始化项目"对话框中，设置"项目单位"为"毫米"，改变项目路径，在"名称"文本框中输入"sjsg"。设置"材料"为PC+%10GF、"收缩"为1.0035，如图13-1所示。

03 单击"确定"按钮，完成产品装载。此时，在"装配导航器"中显示出系统自动生成的模具装配结构。

加载的手机上盖如图13-2所示。

图 13-1　"初始化项目"对话框

图 13-2　手机上盖

13.1.2 设置模具坐标系

01 选择"菜单"→"格式"→"WCS"→"原点"命令,弹出"点"对话框,输入点坐标为(0,0,11.8),如图13-3所示。然后单击"确定"按钮,完成坐标系设置,结果如图13-4所示。

02 单击"注塑模向导"选项卡"主要"面板上的"模具坐标系"按钮,弹出"模具坐标系"对话框,选中"当前WCS"选项,单击"确定"按钮,系统会自动把模具坐标系放在坐标系原点上,从而完成模具坐标系的设置,如图13-5所示。

图 13-3　"点"对话框　　　　　　　图 13-4　设置坐标系

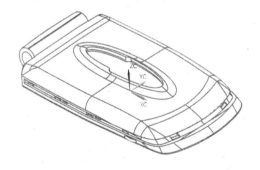

图 13-5　设置模具坐标系

13.1.3 设置成型工件

01 单击"注塑模向导"选项卡"主要"面板上的"工件"按钮,系统弹出"工件"对话框如图13-6所示。在"工件方法"下拉列表中选择"用户定义的块"。

02 在"定义类型"下拉列表中选择"参考点",设置 X、Y、Z 轴的参数如图 13-6 所示,单击"确定"按钮,完成成型工件的设置,结果如图 13-7 所示。

图 13-6 "工件"对话框

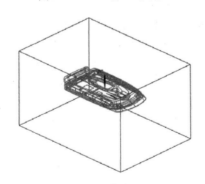

图 13-7 设置成型工件

13.1.4 型腔布局

01 单击"注塑模向导"选项卡"主要"面板上的"型腔布局"按钮,打开如图 13-8 所示的"型腔布局"对话框。在"布局类型"选项组中选择"矩形"和"平衡",在"平衡布局设置"信息组中设置"型腔数"为 2。

02 在"型腔布局"对话框中单击"自动对准中心"按钮,然后单击"关闭"按钮,退出对话框,结果如图 13-9 所示。

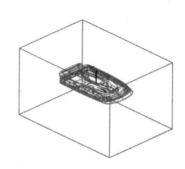

图 13-8　"型腔布局"对话框　　　　图 13-9　自动对准中心

13.2　分型设计

在分型设计时首先要完成实体的修补，然后创建分型线和分型面，最后生成型芯和型腔。

📖13.2.1　修补实体

01 单击"注塑模向导"选项卡"分型"面板上的"曲面补片"按钮，打开"曲面补片"对话框，进入零件编辑状态，然后关闭对话框。单击"注塑模向导"选项卡"注塑模工具"面板上的"包容体"按钮，弹出"包容体"对话框，如图 13-10 所示。设置"偏置"为 0，依次选择如图 13-11 所示的不规则孔的两个平面，单击"确定"按钮，创建如图 13-12 所示的实体。

02 单击"主页"选项卡"同步建模"面板上的"替换"按钮，系统弹出"替换面"对话框，如图 13-13 所示。在绘图区选择如图 13-14 所示的替换面，单击鼠标中键确定，再在绘图区选择要替换的面，在对话框中单击"应用"按钮，完成面替换操作，结果如图 13-15 所示。

03 采用步骤 **02** 同样的方法，选择如图 13-16 所示的要替换面和替换面，进行面替换，结果如图 13-17 所示。

图 13-10　"包容体"对话框

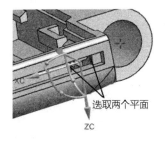

图 13-11　选择平面

图 13-12　创建实体

图 13-13　"替换面"对话框

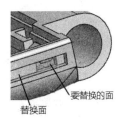

图 13-14　选择要替换的面和替换面

图 13-15　完成面替换

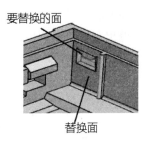

图 13-16　选择要替换的面和替换面

图 13-17　完成面替换

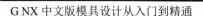
04 单击"主页"选项卡"基本"面板上的"减去"按钮，系统弹出"减去"对话框，设置参数如图 13-18 所示，然后在绘图区选择刚创建的实体为目标体，以手机上盖为工具体，如图 13-19 所示。单击"确定"按钮，完成求差操作，结果如图 13-20 所示。

图 13-18 　"减去"对话框　　　图 13-19 　选择目标体和工具体　　　图 13-20 　求差结果

05 采用步骤 **02** ~ **04** 相同的方法，修补同一侧的其他缺口，结果如图 13-21 所示。

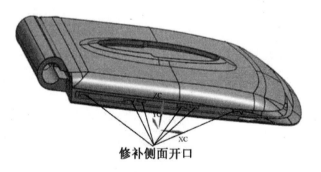

图 13-21 　修补一侧缺口

06 单击"主页"选项卡"构造"面板上的"草图"按钮，系统弹出"创建草图"对话框，在绘图区选择如图 13-22 所示的平面作为草图绘制面，单击鼠标中键进入草图绘制界面，绘制如图 13-23 所示的草图。单击"完成"按钮，退出草图绘制界面。

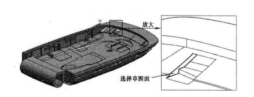

图 13-22 　选择绘制草图面　　　　　　　　　　图 13-23 　绘制草图

07 单击"主页"选项卡"基本"面板上的"拉伸"按钮 🔾，系统弹出"拉伸"对话框。在绘图区选择刚创建的草图，然后如图 13-24 所示设置参数，最后单击"确定"按钮，完成草图的拉伸操作，结果如图 13-25 所示。

图 13-24　"拉伸"对话框

图 13-25　拉伸草图

08 单击"主页"选项卡"同步建模"面板上的"替换"按钮 ⬡，系统弹出"替换面"对话框，在绘图区选择如图 13-26 所示的要替换的面，单击鼠标中键确定，再在绘图区选择替换面，然后在对话框中单击"应用"按钮，完成面替换操作，结果如图 13-27 所示。

09 采用步骤 **07**、**08** 同样的方法，修剪创建的实体，结果图 13-28 所示。

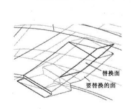

图 13-26　选择要替换的面和替换面

图 13-27　完成面替换

图 13-28　修剪实体

10 单击"主页"选项卡"构造"面板上的"草图"按钮 ✎，系统弹出"创建草图"对话框。在绘图区选择如图 13-29 所示的平面作为草图绘制面，单击中键进入草图绘制界面，应用"投影曲线"功能绘制图 13-30 所示的草图。单击"完成"按钮 🏁，退出草图绘制界面。

11 单击"主页"选项卡"基本"面板上的"拉伸"按钮 🔾，系统弹出"拉伸"对话框，在绘图区选择刚创建的偏置曲线草图，然后如图 13-31 所示设置参数，单击"确定"按钮，完成拉伸操作，结果如图 13-32 所示。

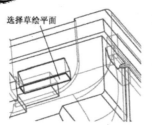

图 13-29　选择草图绘制面

图 13-30　绘制草图

图 13-31　"拉伸"对话框

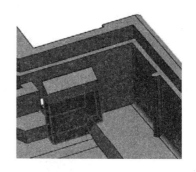

图 13-32　拉伸实体

(12) 采用步骤 **(10)**、**(11)** 同样的方法，在其他区域修补实体，结果如图 13-33 所示。

(13) 单击"主页"选项卡"基本"面板上"更多"库中的"镜像几何体"按钮，系统弹出"镜像几何体"对话框，如图 13-34 所示，在绘图区选择手机上盖一侧修补的实体为要镜像的体，然后再选择 XC-ZC 平面为镜像平面，如图 13-35 所示。单击"确定"按钮，完成镜像操作，结果如图 13-36 所示。

(14) 通过"部件导航器"隐藏前面创建的修补实体。

(15) 应用"包容体""拉伸"以及"替换面"命令创建如图 13-37、13-38 所示的实体补块，完成转轴端实体修补。

(16) 通过"部件导航器"显示所有隐藏的实体块。单击"注塑模向导"选项卡"注塑模工具"面板上的"实体补片"按钮，系统弹出"实体补片"对话框，如图 13-39 所示。在绘图区选择手机上盖参考模型为目标体，单击鼠标中键确定，然后再选择前面创建的所有实体为修补体，如图 13-40 所示。单击"确定"按钮，完成实体补片，结果如图 13-41 所示。

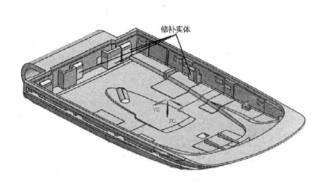

图 13-33 修补实体

图 13-34 "镜像几何体"对话框

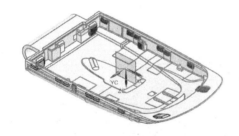

图 13-35 选择要镜像的体和镜像平面

图 13-36 镜像实体

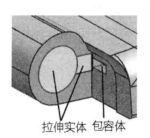

图 13-37 创建实体补块一

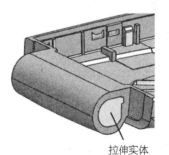

图 13-38 创建实体补块二

17 单击"主页"选项卡"构造"面板上的"草图"按钮🖉，系统弹出"创建草图"对话框。在绘图区选择如图 13-42 所示的平面为草图绘制面，单击鼠标中键进入草图绘制界面，应用"投影曲线"功能绘制如图 13-43 所示的草图。单击"完成"按钮🏁，退出草图绘制界面。

18 单击"主页"选项卡"基本"面板上的"拉伸"按钮🐚，系统弹出"拉伸"对话框，在绘图区选择刚创建的草图，然后如图 13-44 所示设置参数，再在绘图区选择如图 13-45 所示的曲面为指定对象。单击"确定"按钮，完成拉伸操作，结果如图 13-46 所示。

图 13-39 "实体补片"对话框

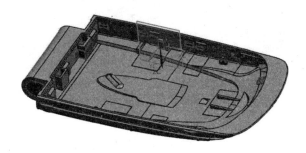

图 13-40 选择目标体和修补体

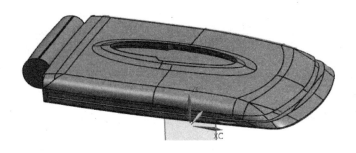

图 13-41 完成实体补片

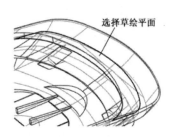

图 13-42 选择草图绘制面

图 13-43 绘制草图

19 凹槽修补块。单击"主页"选项卡"构造"面板上的"草图"按钮 ⬚，系统弹出"创建草图"对话框，在绘图区选择如图 13-47 所示的平面为草图绘制面，单击鼠标中键进入草图绘制界面，应用"投影曲线"功能绘制如图 13-48 所示的草图。单击"完成"按钮 ⬚，退出草图绘制界面。

图 13-44　"拉伸"对话框

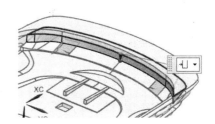

图 13-45　选择曲面

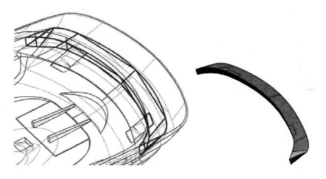

图 13-46　拉伸实体

图 13-47　选择草图绘制面

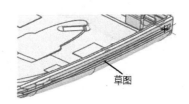

图 13-48　绘制草图

20 单击"主页"选项卡"基本"面板上的"拉伸"按钮🔵，系统弹出"拉伸"对话框，在绘图区选择刚创建的草图，然后如图 13-49 所示设置参数，再在绘图区选择如图 13-50 所示的延伸对象。单击"确定"按钮，完成拉伸操作，结果如图 13-51 所示。

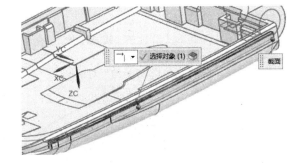

图 13-49　"拉伸"对话框　　　　　　图 13-50　选择拉伸对象

21 单击"主页"选项卡"同步建模"面板上的"替换"按钮 ，系统弹出"替换面"对话框。在绘图区选择刚创建的修补实体的外侧表面作为目标面，单击鼠标中键确定，再在绘图区选择相邻手机上盖表面作为工具面，然后在对话框中单击"应用"按钮，完成面替换操作，结果如图 13-52 所示。

图 13-51　创建修补实体　　　　　　图 13-52　完成面替换

22 单击"主页"选项卡"构造"面板上的"草图"按钮 ，系统弹出"创建草图"对话框，在绘图区选择与步骤 **19** 相同的平面作为草图绘制平面，单击鼠标中键进入草图绘制界面，应用"投影曲线"功能绘制如图 13-53 所示的草图。单击"完成"按钮 ，退出草图绘制界面。

23 单击"主页"选项卡"基本"面板上的"拉伸"按钮 ，系统弹出"拉伸"对话框，在绘图区选择刚创建的草图，然后如图 13-54 所示设置参数，再在绘图区选择如图 13-55 所示的延伸对象和延伸终止面。单击"确定"按钮，完成拉伸操作，结果如图 13-56 所示。

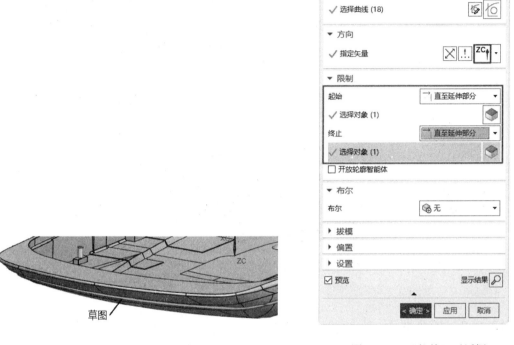

图 13-53 绘制草图　　　　　　　　图 13-54 "拉伸"对话框

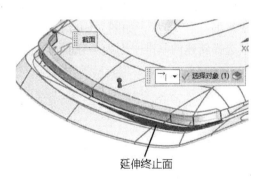

图 13-55 选择延伸对象和延伸终止面

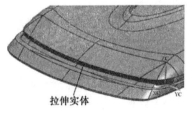

图 13-56 拉伸实体

24 单击"主页"选项卡"基本"面板上"更多"库下的"镜像几何体"按钮，系统弹出"镜像几何体"对话框，在绘图区选择手机上盖一侧凹槽修补的实体为要镜像的体，然后再选择 XC-ZC 平面为镜像平面，如图 13-57 所示，单击"确定"按钮，完成镜像操作，结果如图 13-58 所示。

25 单击"注塑模向导"选项卡"注塑模工具"面板上的"实体补片"按钮，系统弹

出"实体补片"对话框，在绘图区选择手机中体参考模型为产品体，单击鼠标中键确定，再选择前面创建的凹槽修补实体为补片体，进行实体补片，结果如图 13-59 所示。

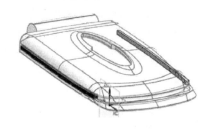

图 13-57　选择要镜像的体和镜像平面

图 13-58　镜像实体

图 13-59　实体补片结果

13.2.2　拆分曲面

01 创建距离 XC-YC 平面为 0 的基准平面。

02 单击"注塑模向导"选项卡"注塑模工具"面板上的"拆分面"按钮，系统弹出"拆分面"对话框，在类型下拉列表中选择"平面/面"类型，如图 13-60 所示。然后在绘图区选择如图 13-61 所示的曲面为要拆分的面，选择新建的基准平面为拆分面。单击"确定"按钮，完成面的拆分。

图 13-60　"拆分面"对话框

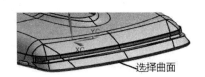

选择曲面

图 13-61　选择要拆分的面

03 选择"菜单"→"插入"→"曲线"→"直线和圆弧"→"直线（点-XYZ）"命令，绘制如图 13-62 所示的直线。

04 单击"注塑模向导"选项卡"注塑模工具"面板上的"拆分面"按钮 🥟，系统弹出"拆分面"对话框，在类型下拉列表中选择"曲线/边"类型，然后在绘图区选择如图 13-63 所示的曲面为要拆分的面，接着在绘图区选择如图 13-64 所示的直线为拆分直线。单击"应用"按钮，完成面拆分，结果如图 13-65 所示。

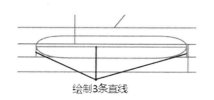

图 13-62 绘制直线

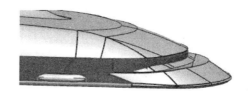

图 13-63 选择要拆分的面

图 13-64 选择拆分直线

图 13-65 完成面拆分

05 在绘图区选择如图 13-66 所示的曲面为要拆分的面，然后在绘图区选择如图 13-67 所示的直线为拆分直线，单击"应用"按钮，完成面拆分，结果如图 13-68 所示。

图 13-66 选择要拆分的面

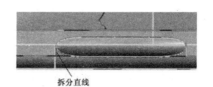

图 13-67 选择拆分直线

06 在类型下拉列表中选择"平面/面"类型，在绘图区选择如图 13-69 所示的曲面为要拆分的面。单击"添加基准平面"按钮 ◇，弹出"基准平面"对话框，设置参数及选取的点如图 13-70 所示。单击"应用"按钮，完成面拆分，结果如图 13-71 所示。

图 13-68 完成面拆分

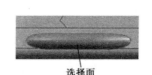

图 13-69 选择要拆分的面

G NX 中文版模具设计从入门到精通

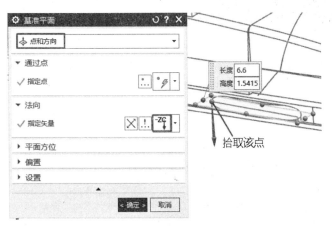

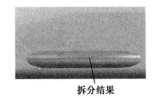

图 13-70 设置创建基准平面参数及选取点

图 13-71 完成面拆分

07 采用步骤 **03** ～ **06** 同样的方法，拆分手机上盖另外一侧的曲面。拆分结果如图 13-72 所示。

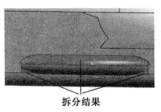

图 13-72 拆分另一侧

注意

在行拆分手机上盖前端圆弧曲面进的时候采用了基准平面，这是考虑到分型线的选择要取截面最大处，而基准平面的设置与项目初始化坐标系设置有关，所以在坐标系设置中应充分考虑后面创建分型线的需要。

13.2.3 创建分型线

01 单击"注塑模向导"选项卡"分型"面板上"分型面"下拉菜单中的"设计分型面"按钮，弹出如图 13-73 所示的"设计分型面"对话框。单击"编辑分型线"选项组中的"选择分型线"，在视图上选择如图 13-74 所示的曲线，系统将自动选择分型线，并提示分型线没有封闭。

02 依次选择零件外沿线作为分型线，直至分型线封闭。单击"确定"按钮，完成分型线的创建，结果如图 13-75 所示。

03 单击"注塑模向导"选项卡"分型"面板上"分型面"下拉菜单中的"设计分型面"

按钮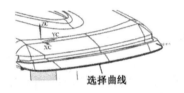，弹出如图 13-76 所示的"设计分型面"对话框。在"编辑分型段"中选择"分型或引导线"，在视图中选择如图 13-77 所示的点，单击"确定"按钮，创建引导线，结果如图 13-78 所示。

图 13-73　"设计分型面"对话框

图 13-74　选择曲线

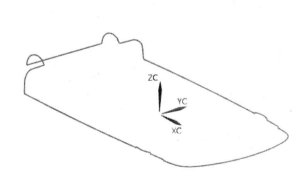

图 13-75　分型线

图 13-76　"设计分型面"对话框

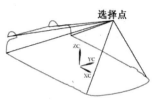

图 13-77　选择点

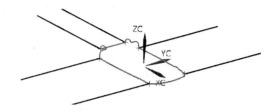

图 13-78　创建引导线

13.2.4　创建分型面

01 单击"注塑模向导"选项卡"分型"面板上"分型面"下拉菜单中的"设计分型面"按钮，在弹出的"设计分型面"对话框的"分型段"列表中选择"段 6"，如图 13-79 所示。在"创建分型面"中选中"拉伸"选项，采用默认拉伸方向，用鼠标拖动"延伸距离"标志，调节曲面延伸距离，使分型面的拉伸长度大于工件的长度。然后单击"应用"按钮，完成分型面的创建，如图 13-80 所示。

02 系统自动选择"段 1"，采用默认拉伸方向，如图 13-81 所示。单击"应用"按钮。

图 13-79　"设计分型面"对话框

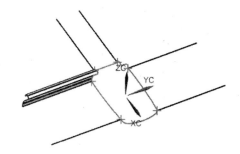

图 13-80　选择分型段

图 13-81 选择"段 1"

03 系统自动选择"段 2",在"拉伸方向"选项组中指定拉伸方向为"YC 轴",如图 13-82 所示。单击"应用"按钮。

04 按照同样的方法创建所有分型面,结果如图 13-83 所示。

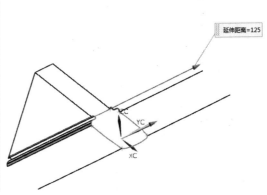

图 13-82 选择"段 2"

图 13-83　创建分型面

13.2.5　设计区域

单击"注塑模向导"选项卡"分型"面板上的"检查区域"按钮，在弹出的"检查区域"对话框中选择"保留现有的"选项，选择"指定脱模方向"为"ZC 轴"，单击"计算"按钮。选择"区域"选项卡，如图 13-84 所示。将未定义的区域定义为型腔区域或型芯区域。

13.2.6　创建型芯和型腔

01 单击"注塑模向导"选项卡"分型"面板上的"定义区域"按钮，系统弹出"定义区域"对话框，如图 13-85 所示。选择"所有面"选项，勾选"创建区域"复选框，单击"确定"按钮，采用系统定义的型芯和型腔区域。

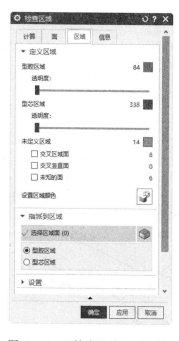

图 13-84　"检查区域"对话框

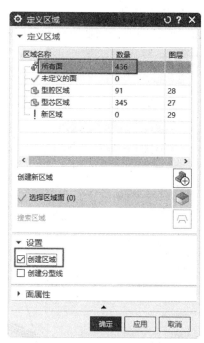

图 13-85　"定义区域"对话框

02 单击"注塑模向导"选项卡"分型"面板上的"定义型腔和型芯"按钮，系统弹出"定义型腔和型芯"对话框，如图13-86所示，在"缝合公差"文本框中输入0.1，然后选择"型腔区域"，同时绘图区抽取结果高亮显示，选择分型面，单击"应用"按钮，系统弹出如图13-87所示的"查看分型结果"对话框，同时生成型腔，如图13-88所示。单击"确定"按钮，返回"定义型腔和型芯"对话框。

03 在"定义型腔和型芯"对话框中选择"型芯区域"，同时绘图区抽取区域结果高亮显示，选择分型面，单击"确定"按钮，系统弹出"查看分型结果"对话框，同时生成型芯，如图13-89所示。

图13-86　"定义型腔和型芯"对话框

图13-87　"查看分型结果"对话框

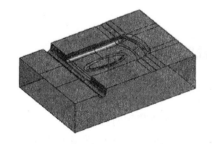

图13-88　生成型腔

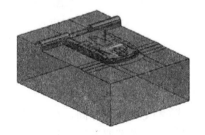

图13-89　生成型芯

13.3　辅助设计

在完成分型设计后，还需要设计一些辅助系统，包括添加模架、添加标准件、顶杆后处理、添加浇口、添加滑块和建立腔体等。

13.3.1 添加模架

01 单击"注塑模向导"选项卡"主要"面板上的"模架库"按钮▤，弹出"重用库"对话框和"模架库"对话框。在"名称"列表中选择"HASCO_E"模架，在"成员选择"列表中选择"Type1（F2M2）"，在"详细信息"中设置"index"为 196×296，如图 13-90 所示。单击"应用"按钮，装入模架。

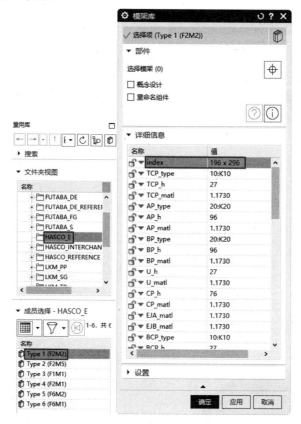

图 13-90　设置模架参数

02 改变视图方向，可以看到模架的上、下板的厚度与型芯尺寸不匹配。

03 在"模架库"对话框"详细信息"的"AP_h"下拉列表中选择模板的厚度为 46，在"BP_h"下拉列表中选择模板的厚度为 36，如图 13-91 所示。

04 单击"旋转模架"按钮🔁，旋转模架。单击"确定"按钮，完成模架的添加，结果如图 13-92 所示。

13.3.2 添加标准件

01 单击"注塑模向导"选项卡"主要"面板上的"标准件库"按钮◻，弹出"重用库"对话框和"标准件管理"对话框。在"名称"列表中选择"HASCO_MM"→"Locating Ring"，在"成员选择"列表中选择"K100C"，在"详细信息"中设置"DIAMETER"为 100、"THICKNESS"为 8，如图 13-93 所示。单击"确定"按钮，加入定位环，结果如图 13-94 所示。

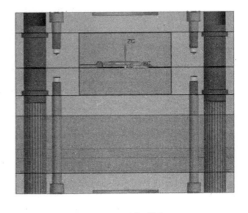

图 13-91　上、下模板参数设置　　　　　　　　　　图 13-92　添加模架

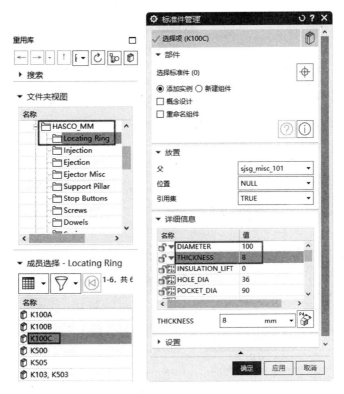

图 13-93　设置定位环参数

GNX 中文版模具设计从入门到精通

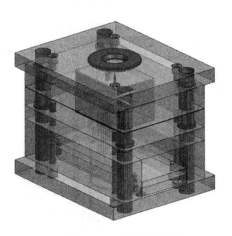

图 13-94　加入定位环

02 单击"注塑模向导"选项卡"主要"面板上的"标准件库"按钮，弹出"重用库"对话框和"标准件管理"对话框。在"名称"列表中选择"HASCO_MM"→"Injection"，在"成员选择"列表中选择"Sprue Bushing [Z50, Z51, Z511, Z512]"，在"详细信息"中设置"CATALOG"为 Z50、"CATALOG_DIA"为 18、"CATALOG_LENGTH"为 40，如图 13-95 所示。单击"确定"按钮，加入主流道，如图 13-96 所示。

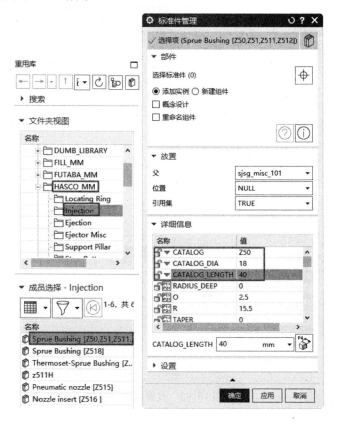

图 13-95　设置主流道参数

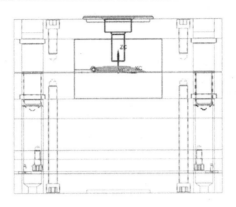

图 13-96　加入主流道

03　单击"注塑模向导"选项卡"主要"面板上的"标准件库"按钮，弹出"重用库"对话框和"标准件管理"对话框。在"名称"列表中选择"HASCO_MM"→"Ejection"，在"成员选择"中选择"Ejector Pin[Straight]"，在"详细信息"中设置"CATALOG_DIA"为 2、"CATALOG_LENGTH"为 160，如图 13-97 所示。

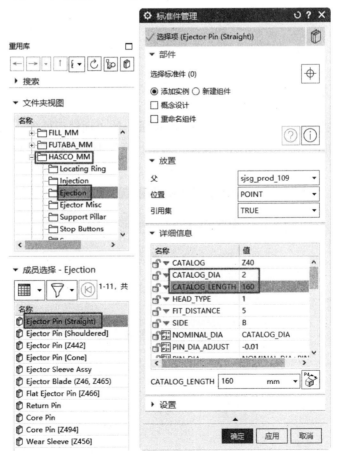

图 13-97　顶杆参数设置

G NX中文版模具设计从入门到精通

单击"确定"按钮,弹出如图 13-98 所示的"点"对话框,依次设置基点坐标为(-20, 17, 0)、(-20, -17, 0)、(9, 16, 0)、(9, -16, 0)、(22, 16, 0)、(22, -16, 0)。单击"确定"按钮完成点的设置。单击"取消"按钮,退出"点"对话框。添加顶杆结果如图 13-99 所示。

图 13-98　"点"对话框

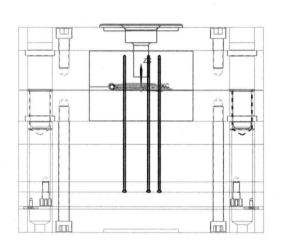

图 13-99　添加顶杆

13.3.3　顶杆后处理

01 单击"注塑模向导"选项卡"主要"面板上的"顶杆后处理"按钮，弹出"顶杆后处理"对话框,如图 13-100 所示,选择"调整长度"类型,在"目标"列表中选择已经创建的待处理的顶杆。

图 13-100　"顶杆后处理"对话框

350

02 在"工具"中采用默认的修边曲面，即型芯修剪片体（CORE_TRIM_SHEET），单击"确定"按钮，完成顶杆的修剪，结果如图 13-101 所示。

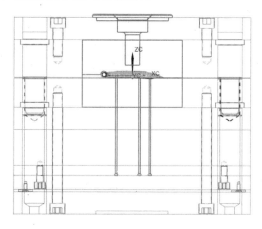

图 13-101　修剪顶杆

13.3.4　添加浇口

01 选择"菜单"→"分析"→"测量"命令，弹出"测量"对话框，测量零件表面到主流道下端面的距离，如图 13-102 所示。

图 13-102　测量距离

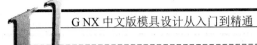

GNX中文版模具设计从入门到精通

02 单击"注塑模向导"选项卡"主要"面板上的"设计填充"按钮，弹出"重用库"对话框和"设计填充"对话框。在 "重用库"对话框的"成员选择"中选择"Gate[Pin three]"，在"设计填充"对话框的"详细信息"中设置"d"为 1.2，其他采用默认设置，如图 13-103 所示。

图 13-103 "重用库"对话框和"设计填充"对话框

03 在"放置"选项组中单击"选择对象"按钮，捕捉主流道下端圆心作为放置浇口位置，如图 13-104 所示。

04 单击动态坐标系上的 ZC 轴，在弹出的文本框中输入"距离"为-18，如图 13-105 所示。按 Enter 键确认。

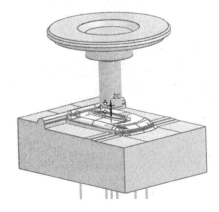

图 13-104 捕捉放置浇口位置

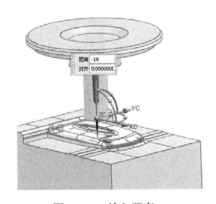

图 13-105 输入距离

05 单击"确定"按钮，完成浇口的创建，结果如图 13-106 所示。

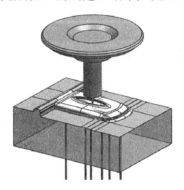

图 13-106　创建浇口

13.3.5　添加滑块

01 通过"装配导航器"显示如图 13-107 所示的部件。

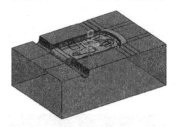

图 13-107　显示部件

02 选择"菜单"→"格式"→"WCS"→"原点"命令，系统弹出"点"对话框，如图 13-108 所示。在绘图区选择如图 13-109 所示的点作为坐标原点，确定新的坐标系。

图 13-108　"点"对话框

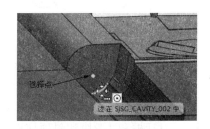

图 13-109　设置坐标原点

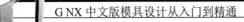

GNX中文版模具设计从入门到精通

03 选择"菜单"→"格式"→"WCS"→"旋转"命令，系统弹出"旋转WCS绕…"对话框，如图13-110所示。选择"-ZC轴：YC→XC"单选按钮，在"角度"文本框中输入90，单击"应用"按钮，然后单击"确定"按钮，完成坐标系的旋转，结果如图13-111所示。

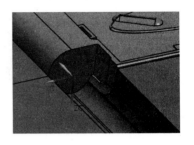

图13-110 "旋转WCS绕…"对话框　　　图13-111 旋转坐标系

04 选择"菜单"→"分析"→"测量"命令，系统弹出如图13-112所示的"测量"对话框，选择"距离"选项，测量当前坐标原点到型芯边缘的距离，测量的距离为31.8543。

05 选择"菜单"→"格式"→"WCS"→"原点"命令，系统弹出"点"对话框，在"YC"文本框中输入-31.8543，如图13-113所示。然后单击"确定"按钮，完成坐标系的平移，结果如图13-114所示。

图13-112 "测量"对话框　　图13-113 "点"对话框　　图13-114 平移坐标系

06 单击"注塑模向导"选项卡"主要"面板上的"滑块和斜顶杆库"按钮，系统弹出"重用库"对话框和"滑块和斜顶杆设计"对话框，在"名称"列表中选择"SLIDER=_LIFT"→"Slide"，在"成员选择"列表中选择"Push-Pull Slide"，在"详细信息"栏=列表中设

354

置"wide"为 20，如图 13-115 所示，然后单击"确定"按钮，完成滑块的放置，结果如图 13-116 所示。

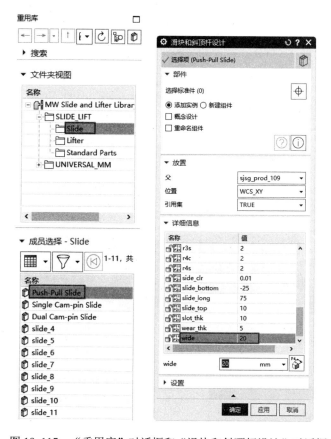

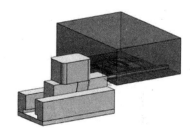

图 13-115　"重用库"对话框和"滑块和斜顶杆设计"对话框　　图 13-116　放置滑块

07 在"装配导航器"中选择"sjsg_core_005"，将其设置为工作部件。

08 单击"装配"选项卡"部件间链接"面板上的"WAVE 几何链接器"按钮 🔗，系统弹出"WAVE 几何链接器"对话框，如图 13-117 所示。在"类型"下拉列表中选择"体"，然后在绘图区选择如图 13-118 所示的滑块体，单击"确定"按钮链接滑块体。

09 在"装配导航器"中选择右击"sjsg_core_005"，在弹出的快捷菜单中选择"仅显示"命令，显示部件，如图 13-119 所示。

10 单击"主页"选项卡"基本"面板上的"拉伸"按钮 🗐，系统弹出"拉伸"对话框，在绘图区选择如图 13-120 所示的滑块端面作为拉伸截面，进入草图绘制环境，然后应用投影功能绘制截面的边。单击"确定"按钮，返回"拉伸"对话框，在"指定矢量"下拉列表中选择"YC 轴"，然后在"终止"的"距离"文本框中输入 24，如图 13-121 所示。单击"确定"按钮，完成滑块的拉伸，结果如图 13-122 所示。

11 单击"主页"选项卡"基本"面板上的"拉伸"按钮 🗐，系统弹出"拉伸"对话框，在绘图区选择如图 13-123 所示的拉伸体端面作为拉伸截面，进入草图绘制环境，然后应用投

影功能绘制草图，如图 13-124 所示。单击"确定"按钮，返回"拉伸"对话框，在"指定矢量"下拉列表中选择"-YC 轴"，然后在"终止"下拉列表中选择"直至选定"，如图 13-125 所示。选择如图 13-126 所示的面作为拉伸参考，单击"确定"按钮，完成草图的拉伸，结果如图 13-127 所示。

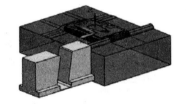

图 13-117　"WAVE 几何链接器"对话框　　图 13-118　选择滑块体　　图 13-119　显示部件

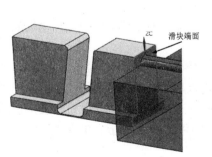

图 13-120　选择拉伸截面　　　　图 13-121　"拉伸"对话框　　　　图 13-122　拉伸滑块

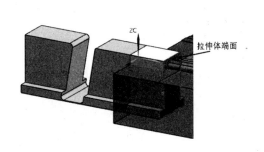

图 13-123　选择拉伸基面

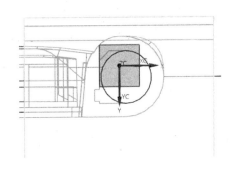

图 13-124　绘制草图

图 13-125　"拉伸"对话框

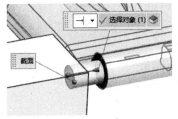

图 13-126　选择面

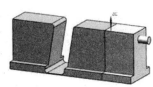

图 13-127　拉伸草图

12 单击"主页"选项卡"基本"面板上的"合并"按钮 🍩，系统弹出如图 13-128 所示的"合并"对话框，选择刚创建的两个拉伸体作为工具体，选择滑块座作为目标体，如图 13-129 所示，然后在对话框中选择"确定"按钮，完成求和操作，结果如图 13-130 所示。

13 单击"主页"选项卡"基本"面板上的"减去"按钮 🍩，系统弹出如图 13-131 所示的"减去"对话框。选择滑块作为工具体，选择型芯作为目标体，如图 13-132 所示。然后在对话框中选择"确定"按钮，完成求差操作，结果如图 13-133 所示。

14 在"装配导航器"中选择"sjsg_cavity_001"，将其作为当前工作部件。

图 13-128　"合并"对话框

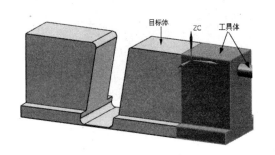

图 13-129　选择目标体和工具体

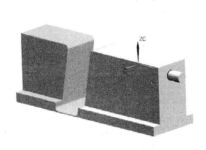

图 13-130　求和结果

图 13-131　"减去"对话框

图 13-132　选择目标体与工具体

图 13-133　求差结果

15 单击"装配"选项卡"部件间链接"面板上的"WAVE 几何链接器"按钮，系统弹出"WAVE 几何链接器"对话框，如图 13-134 所示。在"类型"下拉列表中选择"体"，然后在绘图区选择如图 13-135 所示的链接体。单击"确定"按钮，链接滑块体。

16 单击"主页"选项卡"基本"面板上的"减去"按钮 🗐，系统弹出"减去"对话框。选择滑块作为工具体，选择型腔作为目标体，然后在对话框单击"确定"按钮，完成求差操作，结果如图 13-136 所示。

图 13-134　"WAVE 几何链接器"对话框

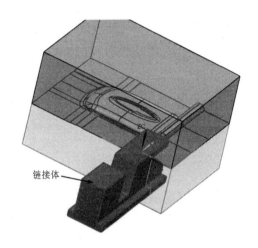

图 13-135　选择链接体

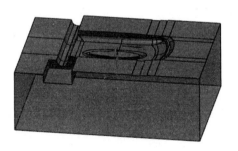

图 13-136　求差结果

📖13.3.6　建立腔体

01 单击"注塑模向导"选项卡"主要"面板上的"腔"按钮 🗐，系统弹出"开腔"对话框，如图 13-137 所示。

02 选择模具的模板、型腔和型芯作为目标体，选择定位环、主流道、浇口、顶杆等作为工具体。

03 在对话框中单击"确定"按钮，建立腔体。创建的模具整体如图 13-138 所示。

图 13-137 "开腔"对话框

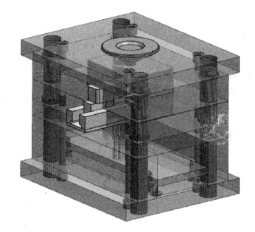

图 13-138 模具整体

第  章

手机电池模具设计

手机电池成型模具的分型比较容易，采用一模一腔的方式进行分模。在设置完工件尺寸后可以直接进行分型。

学 习 要 点

- 初始设置
- 分型设计
- 辅助设计

14.1 初始设置

在开始手机电池模具设计时，首先要进行一些初始的设置，包括装载产品、设置模具坐标系、设置成型工件及型腔布局等。

14.1.1 装载产品

01 单击"注塑模向导"选项卡中的"初始化项目"按钮，弹出"部件名"对话框，选择手机电池产品文件"yuanshiwenjian\14\sjdc.prt"，单击"确定"按钮。

02 在弹出的"初始化项目"对话框中，设置"项目单位"为"毫米"，改变项目路径，在"名称"文本框中输入"sjdc"。设置"材料"为"PC+%10GF"、"收缩"为1.0035，如图14-1所示。

03 单击"确定"按钮，完成产品装载。此时，在"装配导航器"中显示出系统自动生成的模具装配结构。

加载的手机电池如图14-2所示。

图 14-1　"初始化项目"对话框　　　　图 14-2　手机电池

14.1.2　设定模具坐标系

单击"注塑模向导"选项卡"主要"面板上的"模具坐标系"按钮，打开"模具坐标系"对话框，如图 14-3 所示。选中"当前 WCS"，单击"确定"按钮，系统会自动把模具坐标系放在坐标系原点上，并且锁定 Z 轴，完成模具坐标系的设置。

图 14-3　"模具坐标系"对话框

14.1.3　设置成型工件

01 单击"注塑模向导"选项卡"主要"面板上的"工件"按钮，系统弹出"工件"对话框，在"工件方法"下拉列表中选择"用户定义的块"。

02 在"定义类型"下拉列表中选择"参考点"，设置 X、Y、Z 轴的参数，如图 14-4 所示。单击"确定"按钮，完成成型工件的设置，结果如图 14-5 所示。

图 14-4　工件尺寸设置

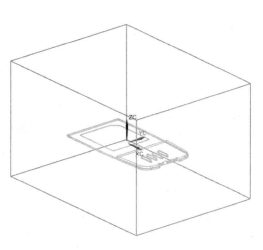

图 14-5　成型工件设置

📖 14.1.4 型腔布局

01 单击"注塑模向导"选项卡"主要"面板上的"型腔布局"按钮，打开如图 14-6 所示的"型腔布局"对话框。在"型腔布局"对话框的"布局类型"选项组中选择"矩形"和"平衡"，设置"型腔数"为 2。

02 在"型腔布局"对话框中单击"自动对准中心"按钮田，然后单击"关闭"按钮，退出对话框，结果如图 14-7 所示。

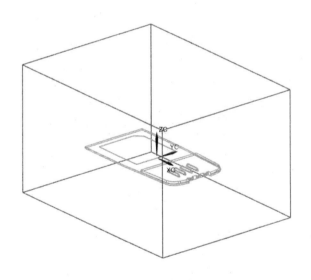

图 14-6　"型腔布局"对话框　　　　　　　图 14-7　自动对准中心

14.2　分型设计

在分型设计时，首先要创建分型线和分型面，然后生成型芯和型腔。

📖 14.2.1 创建分型线

01 单击"注塑模向导"选项卡"分型"面板上"分型面"下拉菜单中的"设计分型面"按钮，弹出"设计分型面"对话框，如图 14-8 所示。单击"编辑分型线"选项组中的"选择分型线”，并在绘图区选择如图 14-9 所示的边。系统提示分型线没有封闭。

02 依次在零件外沿线作为分型线，直至分型线封闭，单击“确定”按钮，完成分型线的创建，结果如图 14-10 所示。

图 14-8　“设计分型面”对话框

图 14-9　选择边

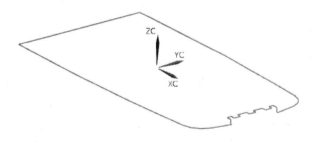

图 14-10　创建分型线

03 单击“注塑模向导”选项卡“分型”面板上“分型面”下拉菜单中的“设计分型面”按钮，系统弹出“设计分型面”对话框。单击“编辑分型段”选项组中的“选择分型或引导线”，如图 14-11 所示。选择如图 14-12 所示的点，单击“确定”按钮，完成引导线的创建，结果如图 14-13 所示。

图 14-11 "设计分型面"对话框

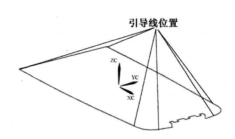

图 14-12 引导线位置

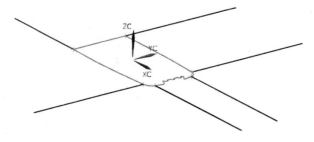

图 14-13 创建引导线

14.2.2 创建分型面

01 单击"注塑模向导"选项卡"分型"面板上"分型面"下拉菜单中的"设计分型面"按钮，在弹出的"设计分型面"对话框"分型段"列表中选择"段 1"，如图 14-14 所示。然后在"创建分型面"选项组中选中"拉伸"选项，采用默认拉伸方向，用鼠标拖动"延伸距离"标志，调节曲面延伸距离，使分型面的拉伸长度大于工件的长度，单击"应用"按钮。

02 在"设计分型面"对话框的"分型段"列表的选择"段 2"，如图 14-15 所示。然后在"创建分型面"选项组中选中"拉伸"选项，采用默认拉伸方向，用鼠标拖动"延伸距离"标志，调节曲面延伸距离，使分型面的拉伸长度大于工件的长度，单击"应用"按钮。

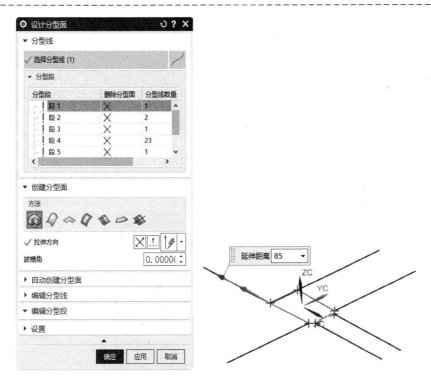

图 14-14 选择"段 1"

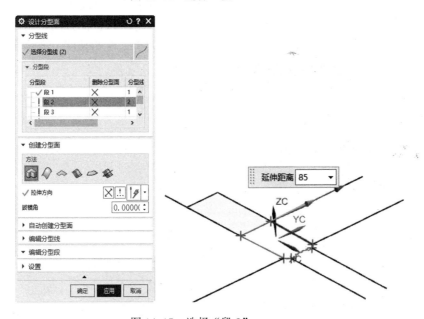

图 14-15 选择"段 2"

03 在"设计分型面"对话框的"分型段"列表中选择"段 3",如图 14-16 所示。然后在"创建分型面"选项组中选中"有界平面"选项，采用默认方向，用鼠标拖动滑块，使分型面的拉伸长度大于工件的长度，单击"应用"按钮。

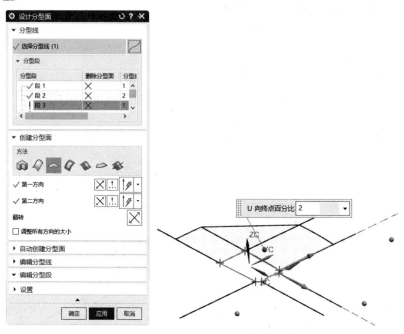

图 14-16　选择"段 3"

04 在"设计分型面"对话框的"分型段"列表中选择"段 4",如图 14-17 所示。然后在"创建分型面"选项组中选中"拉伸"选项⬜,采用默认拉伸方向,用鼠标拖动"延伸距离"标志,调节曲面延伸距离,使分型面的拉伸长度大于工件的长度,然后单击"应用"按钮。

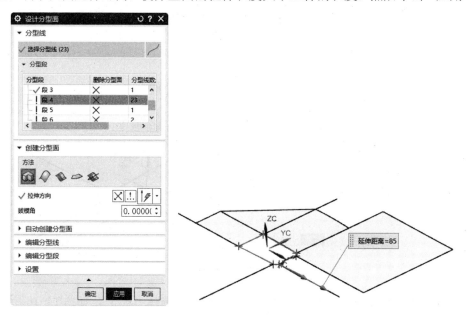

图 14-17　选择"段 4"

05 在"设计分型面"对话框的"分型段"列表中选择"段 5",如图 14-18 所示。然后在"创建分型面"选项组中选中"有界平面"选项 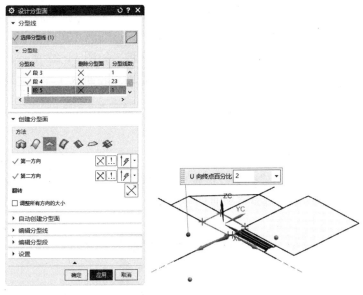,采用默认方向,用鼠标拖动滑块,使分型面的拉伸长度大于工件的长度。单击"应用"按钮。

图 14-18　选择"段 5"

06 在 "设计分型面"对话框的"分型段"列表中选择"段 6",如图 14-19 所示。然后在"创建分型面"选项组中选中"拉伸"选项 ,指定"拉伸方向"为"-YC 轴",用鼠标拖动"延伸距离"标志,调节曲面延伸距离,使分型面的拉伸长度大于工件的长度,单击"确定"按钮,完成分型面的创建,结果如图 14-20 所示。

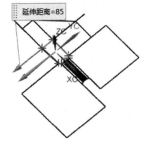

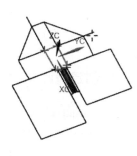

图 14-19　选择"段 6"　　　　　　图 14-20　创建分型面

📖14.2.3 设计区域

01 单击"注塑模向导"选项卡"分型"面板上的"检查区域"按钮⌒，弹出如图14-21所示的"检查区域"对话框。选择"保留现有的"选项，再选择"指定脱模方向"为"ZC轴"，单击"计算"按钮⊞。

02 选择"区域"选项卡，显示有20个未定义区域，如图14-22所示。在视图中将未定义的区域定义为型芯区域，单击"应用"按钮，可以看到型腔面数（39）与型芯面数（37）的和等于总面数（76）。

📖14.2.4 抽取区域

单击"注塑模向导"选项卡"分型"面板上的"定义区域"按钮⌒，系统弹出"定义区域"对话框，如图14-23所示。选择"所有面"选项，勾选"创建区域"复选框，单击"确定"按钮。

图14-21 "检查区域"对话框

图14-22 "区域"选项卡

图14-23 "定义区域"对话框

📖14.2.5 创建型腔和型芯

单击"注塑模向导"选项卡"分型"面板上的"定义型腔和型芯"按钮🖼，弹出图14-24所示的"定义型腔和型芯"对话框。将"缝合公差"设置为0.1，选择"所有区域"选项，单击"确定"按钮。完成型芯和型腔的创建，结果如图14-25和图14-26所示。

图 14-24　"定义型腔和型芯"对话框

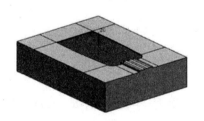

图 14-25　创建型芯

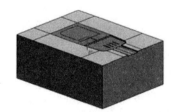

图 14-26　创建型腔

14.3　辅助设计

在完成分型设计后，还需要设计一些辅助系统，包括添加模架、添加标准件、顶杆后处理、添加浇口和建立腔体等。

14.3.1　添加模架

01 单击"注塑模向导"选项卡"主要"面板上的"模架库"按钮▤，弹出"重用库"对话框。在"重用库"对话框的"名称"列表中选择"HASCO_E"模架，在"成员选择"列表中选择"Type1（F2M2）"，在"模架库"对话框的"详细信息"列表中设置"index"为"196×296"，如图 14-27 所示。

图 14-27 "重用库"对话框和"模架库"对话框

02 在"AP_h"下拉列表中选择模板的厚度为 46,在"BP_h"下拉列表中选择模板的厚度为 27,如图 14-28 所示。单击"应用"按钮,完成对模架的添加。

03 单击"旋转模架"按钮 ,旋转模架。单击"确定"按钮,完成模架添加,结果如图 14-29 所示。

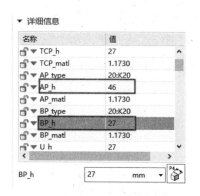

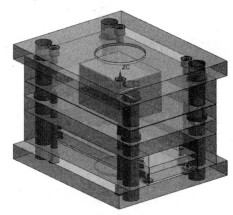

图 14-28 更改上、下模板参数   图 14-29 添加模架

14.3.2　添加标准件

01 单击"注塑模向导"选项卡"主要"面板上的"标准件库"按钮，弹出"重用库"对话框和"标准件管理"对话框。在"名称"中选择"HASCO_MM"→"Locating Ring"，在"成员选择"中选择"K100C"，在"详细信息"中设置"DIAMETER"为 100、"THICKNESS"为 8，如图 14-30 所示。单击"确定"按钮，加入定位环，结果如图 14-31 所示。

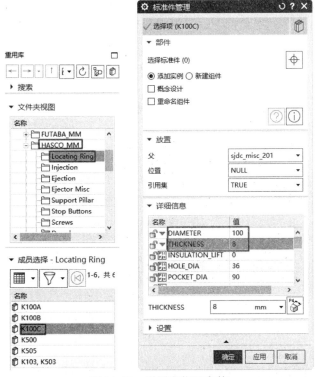

图 14-30　设置定位环参数

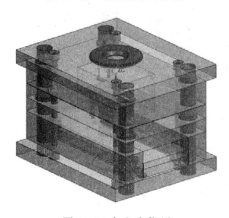

图 14-31　加入定位环

02 单击"注塑模向导"选项卡"主要"面板上的"标准件库"按钮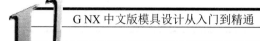，弹出"重用库"对话框和"标准件管理"对话框。在"名称"中选择"HASCO_MM"→"Injection"，在"成员选择"中选择"Sprue Bushing[Z50，Z51,Z511,Z512]"，在"详细信息"中设置"CATALOG"为 Z50、"CATALOG_DIA"为 18、"CATALOG_LENGTH"为 40，如图 14-32 所示。单击"确定"按钮，加入主流道，结果如图 14-33 所示。

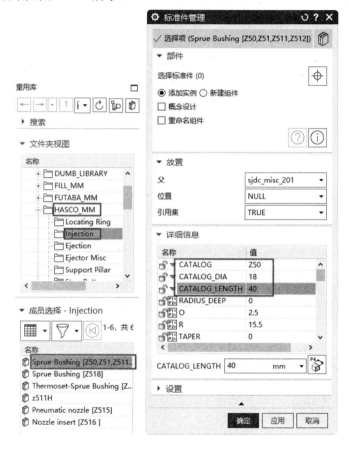

图 14-32　设置主流道参数

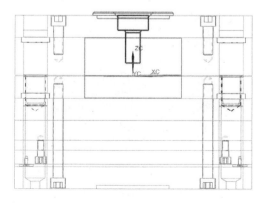

图 14-33　加入主流道

03 单击"注塑模向导"选项卡"主要"面板上"注塑膜库"下拉菜单中的"标准件库"按钮，弹出"重用库"对话框和"标准件管理"对话框。在"名称"中选择"HASCO_MM"→"Ejection"，在"成员选择"中选择"Ejector Pin (Straight)"，在"详细信息"中设置"CATALOG_DIA"为 2、"CATALOG_LENGTH"为 125，如图 14-34 所示。

04 单击"确定"按钮，弹出如图 14-35 所示的"点"对话框，依次设置基点坐标为（-30, 16, 0）、（-30, -16, 0）、（0, 16, 0）、（0, -16, 0）、（26, 16, 0）、（26, -16, 0）。单击"确定"按钮，完成点的设置。单击"取消"按钮，退出"点"对话框。添加顶杆的结果如图 14-36 所示。

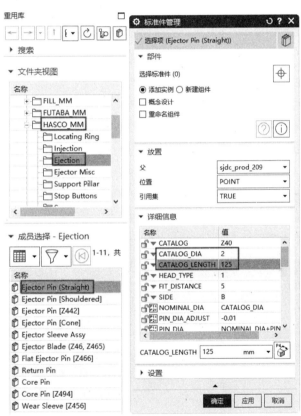

图 14-34　顶杆参数设置

14.3.3　顶杆后处理

01 单击"注塑模向导"选项卡"主要"面板上的"顶杆后处理"按钮，弹出如图 14-37 所示的"顶杆后处理"对话框。选择"调整长度"类型，在"目标"列表中选择已经创建的待处理的顶杆。

02 在"工具"中采用默认的修边部件，然后采用默认的修边曲面，即型芯修剪片体（CORE_TRIM_SHEET）。

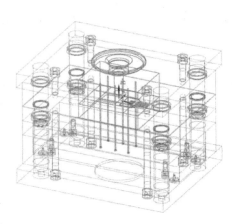

图 14-35 "点"对话框   图 14-36 添加顶杆

03 单击"确定"按钮，完成顶杆的修剪，结果如图 14-38 所示。

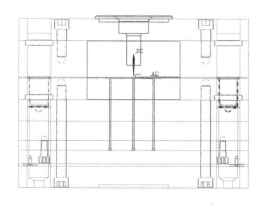

图 14-37 "顶杆后处理"对话框   图 14-38 修剪顶杆

📖 14.3.4 添加浇口

01 单击"注塑模向导"选项卡"主要"面板上的"设计填充"按钮，弹出"重用库"对话框和"标准件管理"对话框。在"重用库"对话框的"成员选择"中选择"Gate[Pin three]"，在"设计填充"对话框的"详细信息"中设置"d"为 1.0、"L1"为 0，如图 14-39 所示。

图 14-39　"重用库"对话框和"设计填充"对话框

02 在"放置"信息组中单击"选择对象"按钮，捕捉零件边线中点作为放置浇口位置，如图 14-40 所示。

03 单击"确定"按钮，完成浇口的创建，结果如图 14-41 所示。

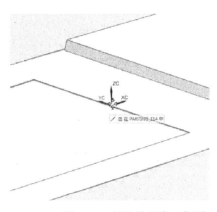

图 14-40　捕捉放置浇口位置

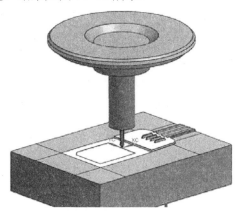

图 14-41　创建浇口

📖 14.3.5　建立腔体

01 单击"注塑模向导"选项卡"主要"面板上的"腔"按钮，系统弹出"开腔"对

GNX中文版模具设计从入门到精通

话框,如图 14-42 所示。

02 选择模具的模板、型腔和型芯为目标体,然后选择定位环、主流道、浇口和顶杆等
为工具体。

03 在对话框中单击"确定"按钮,建立腔体。创建的模具整体如图 14-43 所示。

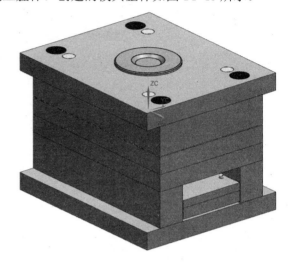

图 14-42 "开腔"对话框   图 14-43 模具整体

第 **15** 章

手机壳体模具设计

手机壳体模具为典型的动、定模模具。手机壳体零件结构比较复杂，其成型模具四周都需要采用侧抽芯结构，因此模具适宜采用一模一腔。该模具的表面要求比较高，而点浇口的位置在动模，采用针点式浇口可使脱模后塑件上的浇口残痕不明显，不需要再修整浇口痕迹。根据该模具的结构及要求，模具设计为三板式注射模，采用顶杆顶出机构。该模具的侧面有孔道，因此需要加一个侧型，以便于零件的成型和出模。

 学 习 要 点

- 初始设置
- 分型设计
- 辅助设计

15.1 初始设置

在开始手机壳体模具设计时，首先要进行一些初始的设置，包括项目初始化、设置模具坐标系及设置成型工件等。

15.1.1 项目初始化

01 单击"注塑模向导"选项卡中的"初始化项目"按钮，弹出"部件名"对话框。选择手机壳体的产品文件"yuanshiwenjian\15\sjkt.prt"，单击"确定"按钮。

02 在弹出的"初始化项目"对话框中，设置"项目单位"为"毫米"，改变项目路径，在"名称"文本框中输入"sjkt"，设置"材料"为"PC+10%GF"、"收缩"为1.0035，如图15-1所示。

03 单击对话框中的"确定"按钮，完成产品装载。此时，在"装配导航器"中显示出系统自动生成的模具装配结构，如图15-2所示。

加载的手机壳体如图15-3所示。

图 15-1 "初始化项目"对话框　　图 15-2 装配导航器　　图 15-3 手机壳体

15.1.2　设置模具坐标系

01 选择"菜单"→"格式"→"WCS"→"原点"命令，系统弹出"点"对话框，如图 15-4 所示。选择如图 15-5 所示的边的端点作为坐标原点。单击"确定"按钮，完成坐标原点的设置，结果如图 15-6 所示。

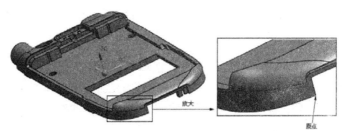

图 15-4　"点"对话框　　　　　　图 15-5　选择点

02 选择"菜单"→"格式"→"WCS"→"原点"命令，系统弹出"点"对话框。设置工作坐标系的原点沿 XC 正方向移动 9，如图 15-7 所示，单击"确定"按钮。完成工作坐标系的移动，结果如图 15-8 所示。

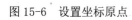
图 15-6　设置坐标原点

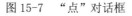
图 15-7　"点"对话框

图 15-8　移动工作坐标系

03 单击"注塑模向导"选项卡"主要"面板上的"模具坐标系"按钮，打开"模具坐标系"对话框，如图15-9所示。选中"当前WCS"选项，单击"确定"按钮，系统会自动把模具坐标系放在坐标系原点上，完成模具坐标系的设置。

图15-9 "模具坐标系"对话框

15.1.3 设置成型工件

01 单击"注塑模向导"选项卡"主要"面板上的"工件"按钮，系统弹出"工件"对话框，如图15-10所示。在"工件方法"下拉列表中选择"用户定义的块"，在"定义类型"下拉列表中选择"参考点"，设置X、Y、Z轴的参数如图15-10所示。单击"确定"按钮，完成成型工件的设置，结果如图15-11所示。

图15-10 "工件"对话框

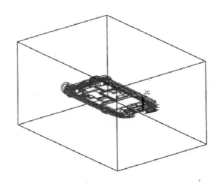

图15-11 设置成型工件

注意

由于本例中模具的四周都有侧抽芯机构，因此在模具设计时采用一模一腔，不必对模具进行布局。

02 单击"注塑模向导"选项卡"主要"面板上的"型腔布局"按钮 ，打开"型腔布局"对话框，如图 15-12 所示。单击"自动对准中心"按钮 ，然后单击对话框中的"关闭"按钮，结果如图 15-13 所示。

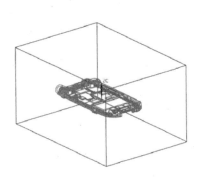

图 15-12　"型腔布局"对话框　　　　图 15-13　自动对准中心

15.2　分型设计

在分型设计时，首先要完成模具和曲面的修补，然后创建分型线和分型面，最后生成型芯和型腔。

15.2.1　模具修补

01 单击"注塑模向导"选项卡"分型"面板上的"曲面补片"按钮 ，打开"曲面补

片"对话框,进入零件编辑状态,然后关闭对话框。单击"注塑模向导"选项卡"注塑模工具"面板上的"包容体"按钮🐾,弹出"包容体"对话框,选择"块"类型,将"偏置"设置为 0.5,如图 15-14 所示。

02 选择如图 15-15 所示的面,单击"确定"按钮,完成包容体的创建,结果如图 15-16 所示。

03 单击"注塑模向导"选项卡"注塑模工具"面板上的"分割实体"按钮🎁,弹出"分割实体"对话框,如图 15-17 所示。

图 15-14　"包容体"对话框

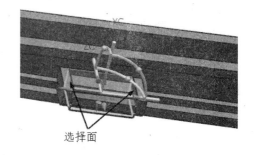

图 15-15　选择面

图 15-16　创建包容体

图 15-17　"分割实体"对话框

04 选择如图 15-18 所示的目标体，再选择如图 15-19 所示的工具体，勾选"扩大面"复选框（调节片体的面积大于要修剪的目标体），在被选择的面上显示修剪方向，观察修剪方向是否正确，若不正确，则单击"反向"按钮⊠。

05 单击"确定"按钮，完成实体的修剪，结果图 15-20 所示。

图 15-18　选择目标体

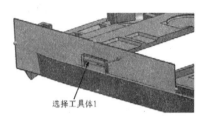

图 15-19　选择工具体 1

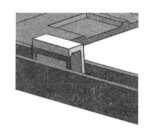

图 15-20　修剪实体 1

06 选择如图 15-18 所示的目标体，再选择如图 15-21 所示的工具体，在被选择的面上显示修剪方向，如图 15-21 所示，单击"应用"按钮，完成实体的修剪，结果如图 15-22 所示。

图 15-21　选择工具体 2

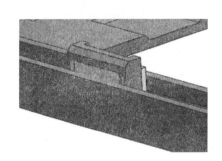

图 15-22　修剪实体 2

07 选择如图 15-18 所示的目标体，再选择如图 15-23 所示的工具体，在被选择的面上显示修剪方向，单击"应用"按钮，完成实体的修剪，结果如图 15-24 所示。

08 选择如图 15-18 所示的目标体，再选择如图 15-25 所示的工具体，在被选择的面上显示修剪方向，单击"应用"按钮，完成实体的修剪，结果如图 15-26 所示。

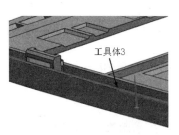

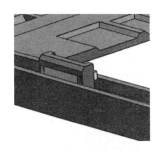

图 15-23　选择工具体 3　　　　　　　　图 15-24　修剪实体 3

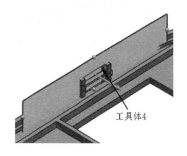

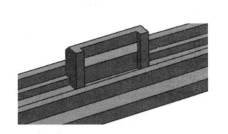

图 15-25　选择工具体 4　　　　　　　　图 15-26　修剪实体 4

09 选择如图 15-18 所示的目标体，再选择如图 15-27 所示的工具体，在被选择的面上显示修剪方向，单击"应用"按钮，完成实体的修剪，结果如图 15-28 所示。

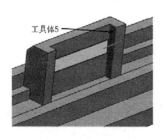

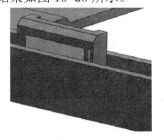

图 15-27　选择工具体 5　　　　　　　　图 15-28　修剪实体 5

10 选择如图 15-18 所示的目标体，再选择如图 15-29 所示的工具体，在被选择的面上显示修剪方向，单击"确定"按钮，完成实体的修剪，结果如图 15-30 所示。至此一个侧孔修补完成。

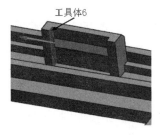

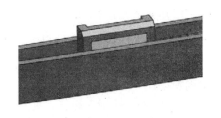

图 15-29　选择工具体 6　　　　　　　　图 15-30　修剪实体 6

11 重复步骤 **01** ～ **10**，在零件上创建实体，结果如图 15-31 所示。

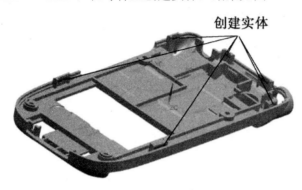

图 15-31　创建实体

12 单击"注塑模向导"选项卡"注塑模工具"面板上的"实体补片"按钮 ，弹出"实体补片"对话框，如图 15-32 所示。选择上面创建的 6 个包容体作为修补实体，单击"确定"按钮，完成实体补片。结果如图 15-33 所示。

图 15-32　"实体补片"对话框

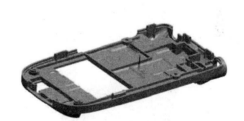

图 15-33　完成实体补片

15.2.2　曲面修补

01 单击"注塑模向导"选项卡"分型"面板上的"曲面补片"按钮 ，弹出如图 15-34 所示的"曲面补片"对话框，在"类型"中选择"移刀"。

02 取消"按面的颜色遍历"复选框的勾选，选择如图 15-35 所示的边界曲线，单击"确定"按钮，生成补片，结果如图 15-36 所示。

03 单击"注塑模向导"选项卡"分型"面板上的"曲面补片"按钮 ，弹出"曲面补片"对话框，在"类型"中选择"遍历"。

04 取消"按面的颜色遍历"复选框的勾选，选择如图 15-37 所示的边界曲线，单击"确

定"按钮,生成补片,结果如图 15-38 所示。

图 15-34 "曲面补片"对话框

选择曲线

图 15-35 选择边界曲线

图 15-36 生成补片

选择边界曲线

图 15-37 选择边界曲线

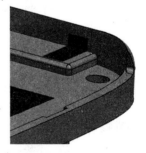

图 15-38 生成补片

05 单击"注塑模向导"选项卡"分型"面板上的"曲面补片"按钮 ✎,弹出"曲面补片"对话框,在"类型"中选择"遍历"。

06 取消"按面的颜色遍历"复选框的勾选,选择如图 15-39 所示的边界曲线,单击"确定"按钮,生成补片,结果如图 15-40 所示。

07 单击"注塑模向导"选项卡"分型"面板上的"曲面补片"按钮 ✎,弹出"曲面补片"对话框，在"类型"中选择"遍历"。

图 15-39　选择边界曲线

图 15-40　生成补片

08 取消"按面的颜色遍历"复选框的勾选，选择如图 15-41 所示的边界曲线，单击"确定"按钮，生成补片，结果如图 15-42 所示。

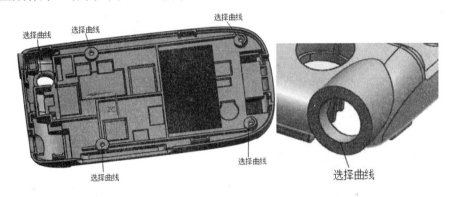
图 15-41　选择边界曲线

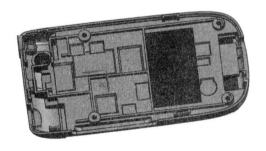
图 15-42　生成补片

15.2.3　创建分型线

01 单击"注塑模向导"选项卡"分型"面板上"分型面"下拉菜单中的"设计分型面"按钮，弹出如图 15-43 所示的"设计分型面"对话框，单击"编辑分型线"中的"选择分型线"，在视图中选择如图 15-44 所示的实体的底面边线，系统自动选择分型线，并提示分型线没有封闭。

02 依次选择零件外沿线作为分型线，直至分型线封闭。单击"确定"按钮，完成分型线的创建，结果如图 15-45 所示。

03 单击"注塑模向导"选项卡"分型"面板上"分型面"下拉菜单中的"设计分型面"按钮，弹出"设计分型面"对话框，如图 15-46 所示。

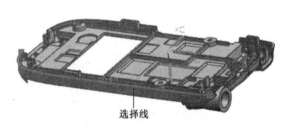

图 15-43 "设计分型面"对话框   图 15-44 选择底面边线

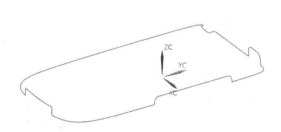

图 15-45 创建分型线   图 15-46 "设计分型面"对话框

04 在"编辑分型段"中单击"选择分型或引导线",依次选择如图 15-47 所示的点,单击"确定"按钮,完成引导线的创建,结果如图 15-48 所示。

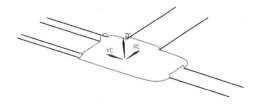

图 15-47 选择点	图 15-48 创建引导线

15.2.4 创建分型面

01 单击"注塑模向导"选项卡"分型"面板上"分型面"下拉菜单中的"设计分型面"按钮，在弹出的"设计分型面"对话框的"分型段"列表中选择"段 1",如图 15-49 所示。然后在"创建分型面"选项组中选中"拉伸"选项，选择"YC 轴"为拉伸方向,用鼠标拖动"延伸距离"标志,调节曲面延伸距离,使分型面的拉伸长度大于工件的长度,单击"应用"按钮。

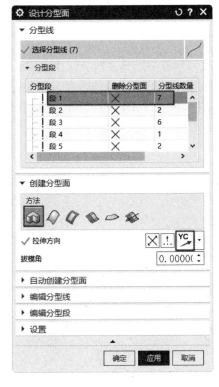

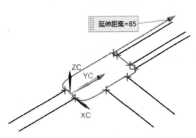

图 15-49 选择"段 1"

02 在"设计分型面"对话框的"分型段"列表中选择"段 2",如图 15-50 所示。然后在"创建分型面"选项组中选中"有界平面"选项，用鼠标拖动滑块,使分型面的长度大

于工件的长度，单击"应用"按钮。

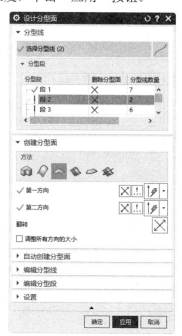
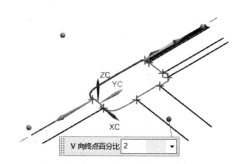

图 15-50 选择"段 2"

03 在"设计分型面"对话框的"分型段"列表中选择"段 3"，如图 15-51 所示。然后在"创建分型面"选项组中选中"拉伸"选项，采用默认拉伸方向，用鼠标拖动"延伸距离"标志，调节曲面延伸距离，使分型面的拉伸长度大于工件的长度，单击"应用"按钮。

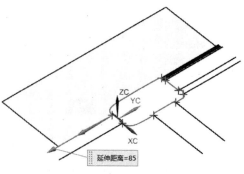

图 15-51 选择"段 3"

04 在"设计分型面"对话框的"分型段"列表中选择"段 4",如图 15-52 所示。然后在"创建分型面"选项组中选中"拉伸"选项 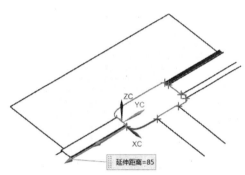,选择 XC 轴为拉伸方向,用鼠标拖动"延伸距离"标志,调节曲面延伸距离,使分型面的拉伸长度大于工件的长度,单击"应用"按钮。

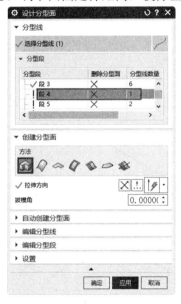

图 15-52　选择"段 4"

05 在"设计分型面"对话框的"分型段"列表中选择"段 5",如图 15-53 所示。然后在"创建分型面"选项组中选中"拉伸"选项 ,采用默认拉伸方向,用鼠标拖动"延伸距离"标志,调节曲面延伸距离,使分型面的拉伸长度大于工件的长度,单击"应用"按钮。

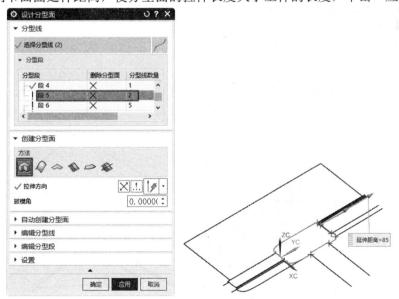

图 15-53　选择"段 5"

06 在"设计分型面"对话框的"分型段"列表中选择"段6",如图 15-54 所示。然后在"创建分型面"选项组中选中"拉伸"选项 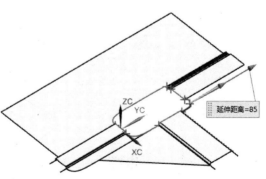,采用默认拉伸方向,用鼠标拖动"延伸距离"标志,调节曲面延伸距离,使分型面的拉伸长度大于工件的长度,单击"应用"按钮。

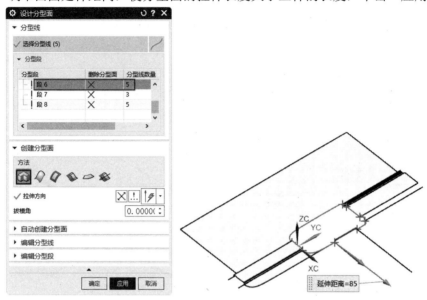

图 15-54 选择"段6"

07 在"设计分型面"对话框的"分型段列表"中选择"段7",如图 15-55 所示。然后在"创建分型面"选项组中选中"拉伸"选项 ,采用默认拉伸方向,用鼠标拖动"延伸距离"标志,调节曲面延伸距离,使分型面的拉伸长度大于工件的长度,单击"应用"按钮。

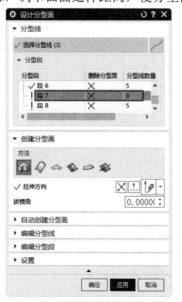

图 15-55 选择"段7"

08 在"设计分型面"对话框的"分型段"列表中选择"段8",如图15-56所示。然后在"创建分型面"选项组中选中"拉伸"选项 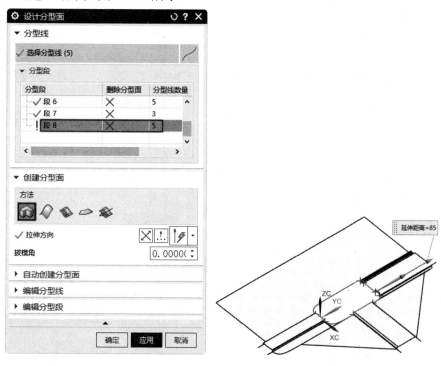，采用默认拉伸方向，用鼠标拖动"延伸距离"标志，调节曲面延伸距离，使分型面的拉伸长度大于工件的长度，单击"确定"按钮，完成分型面的创建，结果如图15-57所示。

图 15-56 选择"段8"

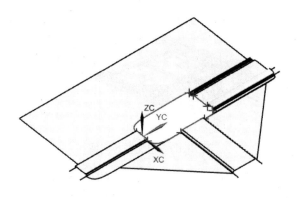

图 15-57 创建分型面

15.2.5 创建型芯和型腔

01 单击"注塑模向导"选项卡"分型"面板上的"检查区域"按钮 ，弹出如图15-58所示的"检查区域"对话框，选"保留现有的"选项，选择"指定脱模方向"为"ZC轴"，单

G NX 中文版模具设计从入门到精通

击"计算"按钮。选择"区域"选项卡，如图 15-59 所示。选择如图 15-60 所示的面定义为型芯区域，然后将其余面定义为型腔区域。

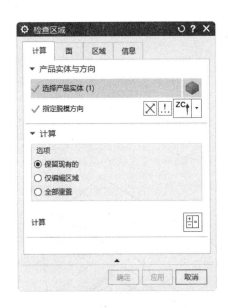

图 15-58 "检查区域"对话框

图 15-59 "区域"选项卡

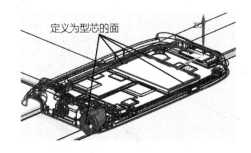

图 15-60 定义型芯区域

02 单击"注塑模向导"选项卡"分型"面板上的"定义区域"按钮，系统弹出"定义区域"对话框，如图 15-61 所示。

03 选择"所有面"选项，勾选"创建区域"复选框，单击"确定"按钮。

04 单击"注塑模向导"选项卡"分型"面板上的"定义型腔和型芯"按钮，系统弹出如图 15-62 所示的"定义型腔和型芯"对话框。选择"区域"类型，选择"所有区域"选项，将"缝合公差"设置为 0.1，单击"确定"按钮，系统自动生成型芯和型腔，分别如图 15-63、图 15-64 所示。

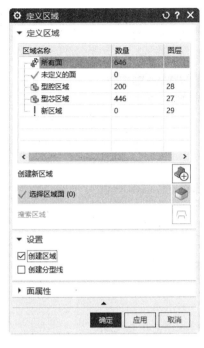

图 15-61　"定义区域"对话框

图 15-62　"定义型腔和型芯"对话框

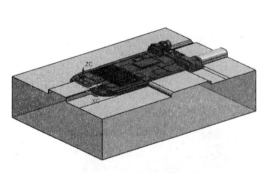

图 15-63　生成型芯

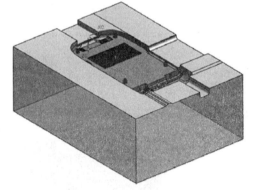

图 15-64　生成型腔

15.3　辅助设计

在完成分型设计后，还需要设计一些辅助系统，包括添加模架、添加标准件、顶杆后处理、添加浇口、添加镶块、添加滑块、冷却系统设计及建立腔体等。

15.3.1　添加模架

01 单击"注塑模向导"选项卡"主要"面板上的"模架库"按钮，弹出"重用库"

对话框和"模架库"对话框，在"名称"列表中选择"HASCO_E"模架，在"成员选择"列表中选择"Type1（F2M2）"，在"详细信息"中设置"index"为"196×296"、"AP_h"为46、"BP_h"为27，如图15-65所示，单击"应用"按钮。

图 15-65　设置模架参数

02 在"模架库"对话框中单击"旋转模架"按钮，旋转模架。单击"确定"按钮，完成模架的添加，效果如图15-66所示。

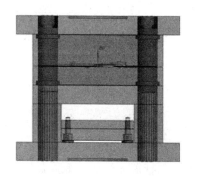
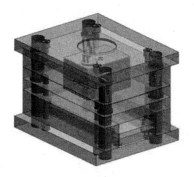

图 15-66　添加模架

15.3.2　添加标准件

01 单击"注塑模向导"选项卡"主要"面板上的"标准件库"按钮，弹出"重用库"对话框和"标准件管理"对话框。在"重用库"对话框的"名称"中选择"HASCO_MM"→"Locating

Ring",在"成员选择"中选择"K100C",在"标准件管理"对话框的"详细信息"中设置
"DIAMETER"为 100、"THICKNESS"为 8,如图 15-67 所示。单击"确定"按钮,加入定位环,
结果如图 15-68 所示。

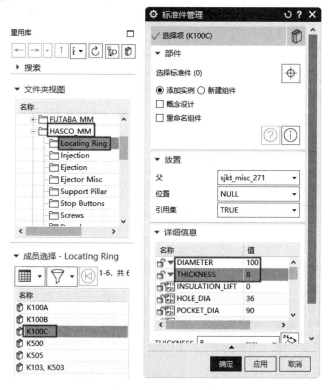

图 15-67 设置定位环参数

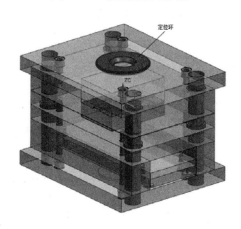

图 15-68 加入定位环

02 单击"注塑模向导"选项卡"主要"面板上的"标准件库"按钮🗂,弹出"重用库"
对话框和"标准件管理"对话框。在"重用库"对话框的"名称"中选择"HASCO_MM"→"Injection",
在"成员选择"中选择"Sprue Bushing [Z50, Z51, Z511, Z512]"。在"标准件管理"对话框的

"详细信息"中设置"CATALOG"为Z50、"CATALOG_DIA"为18、"CATALOG_LENGTH"为40，如图15-69所示，单击"确定"按钮，加入主流道，结果如图15-70所示。

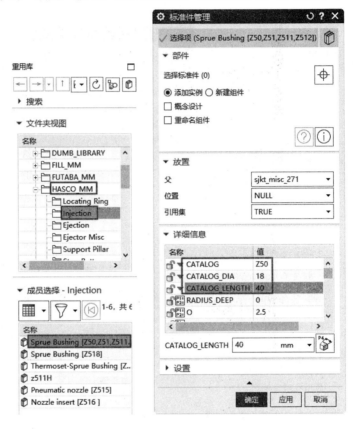

图15-69　设置主流道参数

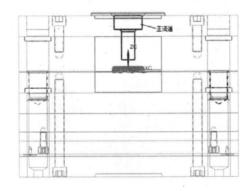

图15-70　加入主流道

03 单击"注塑模向导"选项卡"主要"面板上的"标准件库"按钮，弹出"重用库"对话框和"标准件管理"对话框。在"重用库"对话框的"名称"中选择"DME_MM"→"Ejection"，在"成员选择"中选择"Ejector Pin[Straight]"，在"标准件管理"对话框中设置"CATALOG_DIA"

为 2，"CATALOG_LENGTH"为 125，如图 15-71 所示。单击"确定"按钮，弹出"点"对话框，如图 15-72 所示。依次设置基点坐标为（10，26，0）、（-12，-26，0）、（12，22，0）和（-6，18，0），单击"确定"按钮，完成点的设置。单击"取消"按钮，退出"点"对话框。添加顶杆的结果如图 15-73 所示。

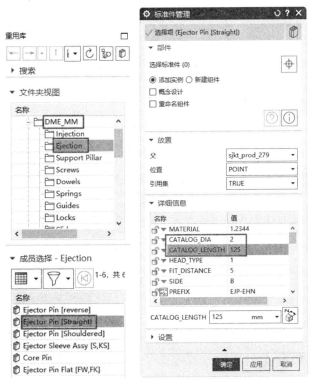

图 15-71　顶杆参数设置

图 15-72　"点"对话框

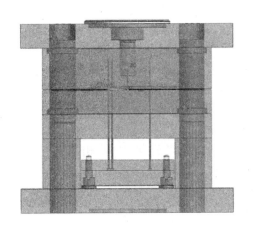

图 15-73　添加顶杆

15.3.3　顶杆后处理

01 单击"注塑模向导"选项卡"主要"面板上的"顶杆后处理"按钮 ，弹出如图 15-74 所示的"顶杆后处理"对话框。选择"调整长度"类型，在"目标"列表中选择已经创建的待处理的顶杆。

02 采用默认的修边曲面，即型芯修剪片体（CORE_TRIM_SHEET）。单击"确定"按钮，完成对顶杆的修剪，结果如图 15-75 所示。

图 15-74　"顶杆后处理"对话框

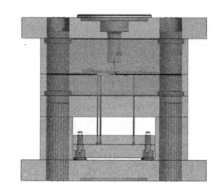

图 15-75　修剪顶杆

15.3.4　添加浇口

01 选择"菜单"→"分析"→"测量"命令，弹出"测量"对话框，测量零件表面到主流道下端面的距离，如图 15-76 所示。

02 单击"注塑模向导"选项卡"主要"面板上的"设计填充"按钮 ，弹出"重用库"对话框和"标准件管理"对话框。在"重用库"对话框的"成员选择"中选择"Gate[Pin three]"，在"设计填充"对话框中设置"d"为 1.2，其他采用默认设置，如图 15-77 所示。

03 在"放置"选项组中单击"选择对象"按钮 ，捕捉主流道下端圆心作为放置浇口位置，如图 15-78 所示。

04 单击动态坐标系上的 ZC 轴，在弹出的文本框中输入"距离"为-23，如图 15-79 所示。按 Enter 键确认。

05 单击"确定"按钮，完成浇口的创建，结果如图 15-80 所示。

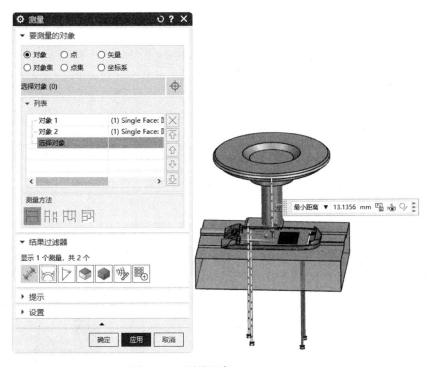

图 15-76 测量距离

图 15-77 "重用库"对话框和"设计填充"对话框

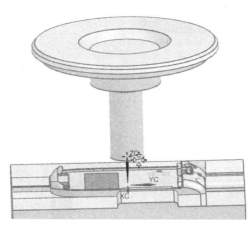

图 15-78　捕捉放置浇口位置

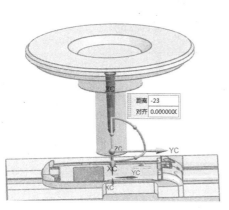

图 15-79　输入距离

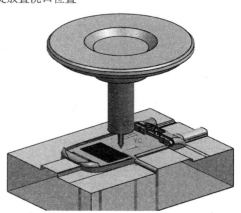

图 15-80　创建浇口

15.3.5　添加镶块

01 单击"注塑模向导"选项卡"主要"面板上的"子镶块库"按钮，弹出"重用库"对话框和"子镶块库"对话框，如图 15-81 所示。

02 在"重用库"对话框的"成员选择"中选择"CAVITY SUB INSERT"，在"子镶块库"对话框"详细信息"设置"SHAPE"为"ROUND"、"FOOT"为"ON"、"FOOT_OFFSET_1"为 3、"MATERIAL"为"P20"、"X_LENGTH"为 3、"Z_LENGTH"为 50。

03 单击"点对话框"按钮，弹出"点"对话框，选择"圆弧中心/椭圆中心/球心"类型，选择如图 15-82 所示的点作为镶块的插入点，单击"确定"按钮，完成镶块的添加，结果如图 15-83 所示。

04 单击"注塑模向导"选项卡"注塑模工具"面板上的"修边模具组件"按钮，弹出"修边模具组件"对话框，如图 15-84 所示。

05 选择如图 15-83 所示的镶块作为目标体，然后选择型腔修剪片体（CAVITY_TRIM_SHEET），单击"反向"按钮，调整修剪方向。

06 单击"确定"按钮，完成镶块的修剪，结果如图 15-85 所示。

图 15-81　"重用库"对话框和"标准件管理"对话框。

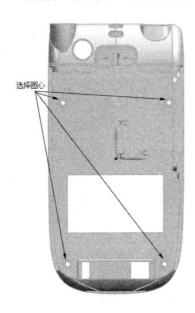

图 15-82　选择镶块插入点

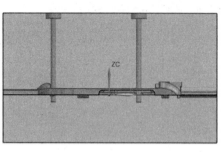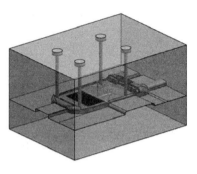

图 15-83　添加镶块

07 单击"注塑模向导"选项卡"主要"面板上的"子镶块库"按钮，弹出"重用库"对话框和"子镶块库"对话框。

08 在"重用库"对话框的"成员选择"中选择"CAVITY SUB INSERT"，在"子镶块库"对话框的"详细信息"中设置"SHAPE"为"RECTANGLE"、"FOOT"为"ON"、"MATERIAL"为"P20"，接着设置"X_LENGTH"的值为5、"Y_LENGTH"的值为1.2、"Z_LENGTH"的值为50、"FOOT_OFFSET_1"的值为2、"FOOT_OFFSET_2"的值为2、"FOOT_OFFSET_3"的值为2、"FOOT_OFFSET_4"的值为2，如图 15-86 所示。

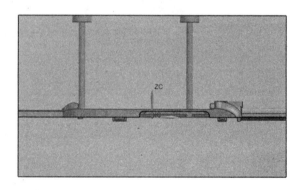

图 15-84　"修边模具组件"对话框　　　　　图 15-85　修剪镶块

图 15-86　设置子镶块参数

09 单击"点对话框"按钮📷，弹出"点"对话框，设置点的坐标为（-0.2，-40.2，0），单击"确定"按钮 确定 ，加入的镶块如图 15-87 所示。单击"确定"按钮 确定 ，退出"镶块设计"对话框。

10 重复 **04** ～ **06** ，修剪刚添加的镶块，结果如图 15-88 所示。

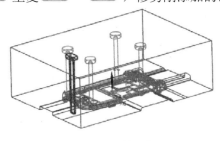
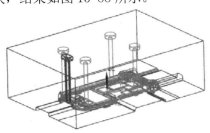

图 15-87　添加镶块　　　　　　　　　图 15-88　修剪镶块

📖15.3.6　添加滑块

01 选择"菜单"→"格式"→"WCS"→"原点"命令，系统弹出"点"对话框，选择"圆弧中心/椭圆中心/球心"类型，再选择如图 15-89 所示的圆弧，单击"确定"按钮，将坐标原点移动到该圆弧中心，移动坐标系的结果如图 15-90 所示。

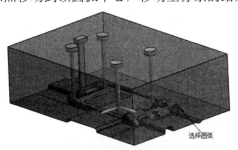
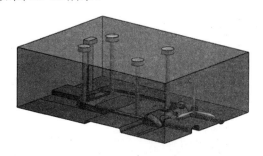

图 15-89　选择圆弧　　　　　　　　　图 15-90　移动坐标系

02 单击"分析"选项卡"测量"面板上的"测量"按钮📏，弹出如图 15-91 所示的"测量"对话框，测量坐标原点到工件边缘的距离。

03 选择坐标原点，然后选择如图 15-92 所示的平面，显示距离为 20.4722。单击"确定"按钮。

04 选择"菜单"→"格式"→"WCS"→"原点"命令，弹出"点"对话框，在"YC"文本框中输入 20.4722，单击"确定"按钮移动坐标系。

05 选择"菜单"→"格式"→"WCS"→"旋转"命令，系统弹出"旋转 WCS 绕"对话框，选择"+ZC 轴：XC→YC"单选按钮，输入"角度"为 90°，单击"应用"按钮，接着单击"确定"按钮，结果如图 15-93 所示。

06 单击"注塑模向导"选项卡"主要"面板上的"滑块和斜顶杆库"按钮🗄，弹出"重用库"对话框和"滑块和斜顶杆设计"对话框。在"重用库"对话框的"名称"中选择"SLIDE_LIFT"→"Slide"，在"成员选择"中选择"Push-Pull Slide"选项，在"滑块和斜顶杆设计"对

话框中设置"gib_long"为108、"slide_top"为20、"wide"为50，如图15-94所示。单击"确定"按钮，完成滑块的添加，结果如图15-95所示。

图15-91　"测量"对话框

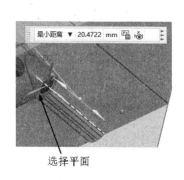

选择平面

图15-92　选择平面

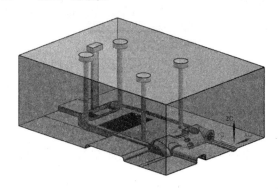

图15-93　移动并旋转坐标系

07 在"装配导航器"中选取"sjkt_prod_279.prt"，右击，在打开的快捷菜单中选择"在窗口中打开"，打开"sjkt_prod_279.prt"文件。在"装配导航器"中右击"sjkt_cavity_288"，在弹出的快捷菜单中选择"设为工作部件"选项，如图15-96所示。

08 单击"装配"选项卡"常规"面板上的"WAVE 几何链接器"按钮，弹出"WAVE 几何链接器"对话框，如图15-97所示。

09 选择"类型"下拉列表中的"体"选项，再选择如图15-98所示的滑块体，单击"确定"按钮，完成型腔和滑块体的链接。

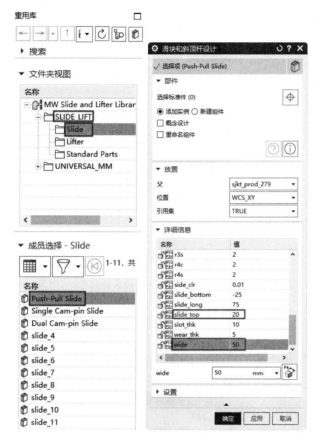

图 15-94 设置滑块参数

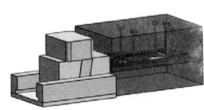

图 15-95 添加滑块

图 15-96 快捷菜单

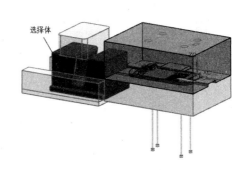

选择体

图 15-97 "WAVE 几何链接器"对话框   图 15-98 选择滑块体

10 在"装配导航器"中右击"sjkt_cavity_288",在弹出的快捷菜单中选择"仅显示"选项,显示部件,如图 15-99 所示。

11 单击"主页"选项卡"基本"面板上的"拉伸"按钮,弹出"拉伸"对话框,如图 15-100 所示。

图 15-99 显示部件   图 15-100 "拉伸"对话框

12 选择如图 15-101 所示的平面，进入草图绘制环境。单击"包含"面板上的"投影曲线"按钮🎴，弹出"投影曲线"对话框，选择如图 15-102 所示的线框，单击"确定"按钮，然后单击"完成"按钮🏁，退出草图绘制环境并返回到建模环境。

13 在"拉伸"对话框中，将"开始距离"设置为 0，将"结束距离"设置为 20。此时界面图形如图 15-103 所示。

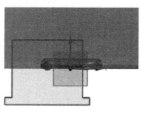

图 15-101　选择平面　　　　　图 15-102　选择线框　　　　　图 15-103　界面图形

14 单击"确定"按钮，完成实体的拉伸，结果如图 15-104 所示。

15 单击"主页"选项卡"基本"面板上的"合并"按钮🔵，弹出如图 15-105 所示的"合并"对话框。选择滑块和拉伸体，单击"确定"按钮，完成求和操作。

图 15-104　拉伸实体　　　　　图 15-105　"合并"对话框

16 在"装配导航器"中右击"sjkt_cavity_288"，在弹出的快捷菜单中选择"在窗口中打开"选项，打开"sjkt_cavity_288"部件。

17 单击"主页"选项卡"基本"面板上的"减去"按钮🔷，弹出如图 15-106 所示的"减去"对话框，勾选"保存工具"复选框。

18 选择型腔作为目标体，再选择滑块作为工具体，如图 15-107 所示。单击"减去"对话框中的"确定"按钮，完成求差，结果如图 15-108 所示。

19 重复步骤**06**～**18**，添加另外两个侧滑块，结果如图 15-109 所示。

图 15-106　"减去"对话框

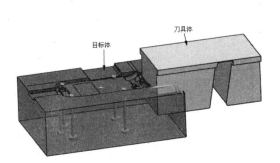

图 15-107　选择目标体和工具体

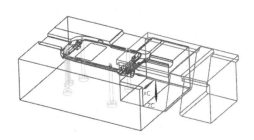

图 15-108　求差结果

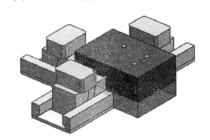

图 15-109　添加侧滑块

 注意

本例中侧滑块的添加是重点和难点，侧面有多处孔道，零件不便于成型，所以应该加侧型，以便于零件的成型和出模。

15.3.7　冷却系统设计

01 切换到"sjkt_prod_279.prt"文件窗口。

02 单击"注塑模向导"选项卡"冷却工具"面板上的"冷却标准件库"按钮，弹出"重用库"对话框和"冷却标准件库"对话框。在"重用库"对话框的"名称"列表中选择"COOLING"→"Water"，在"成员选择"列表中选择"COOLING HOLE"，在"冷却标准件库"对话框的"详细信息"列表中设置"PIPE_THREAD"为"M8"、"HOLE_1_DEPTH"为 115、"HOLE_2_DEPTH"为 120，如图 15-110 所示。

03 单击"选择面或平面"选项，选择如图 15-111 所示的面，单击"确定"按钮，弹出如图 15-112 所示的"标准件位置"对话框。单击"参考点"中的"点对话框"按钮，设置点的坐标为（20,0,0），单击"确定"按钮，返回到"标准件位置"对话框，设置"X 偏置"和"Y 偏置"都为 0，单击"应用"按钮，然后输入"X 偏置"为-40、"Y 偏置"为 0，单击"应用"按钮。

04 单击"取消"按钮，完成冷却管道的添加，结果如图 15-113 所示。

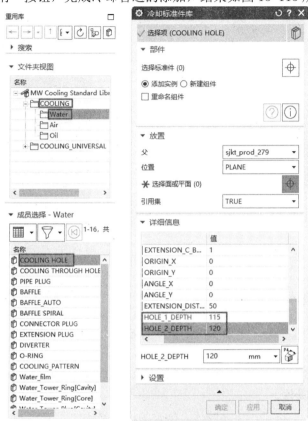

图 15-110　设置冷却管道参数

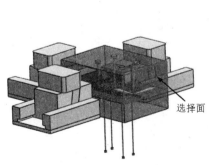

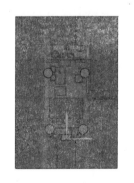

图 15-111　选择面　　　　图 15-112　"标准件位置"对话框　　图 15-113　添加冷却管道

05 单击"注塑模向导"选项卡"冷却工具"面板上的"冷却标准件库"按钮 ，弹出"重用库"对话框和"冷却标准件库"对话框。在"重用库"对话框的"名称"中选择"COOLING"→"Water"，在"成员选择"中选择"COOLING HOLE"，在"冷却标准件库"对话框的"详细

信息"中设置"PIPE_THREAD"为"M8"、"HOLE_1_DEPTH"为75、"HOLE_2_DEPTH"为80。

06 选择如图 15-114 所示的面作为冷却管的放置面。

07 重复 **02** ～ **04**，完成全部冷却管道的添加，结果如图 15-115 所示。

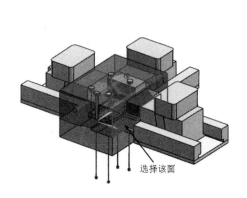
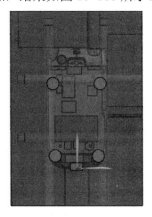

图 15-114　选择面　　　　　　　　图 15-115　添加全部冷却管道

15.3.8　建立腔体

01 单击"注塑模向导"选项卡"主要"面板上的"腔"按钮，弹出"开腔"对话框，如图 15-116 所示。

02 选择模具的模板、型腔和型芯为目标体，然后选择定位环、主流道、浇口、顶杆、滑块和冷却系统为工具体。

03 单击"确定"按钮，建立腔体。创建的模具整体如图 15-117 所示。

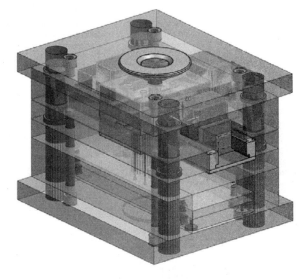

图 15-116　"开腔"对话框　　　　　　图 15-117　模具整体